LA METEOROLOGÍA
EN *LA REGENTA*.
EL CLIMA DE ASTURIAS
DEL SIGLO XIX AL SIGLO XXI

LA METEOROLOGÍA EN *LA REGENTA*. EL CLIMA DE ASTURIAS DEL SIGLO XIX AL SIGLO XXI

Manuel Antonio Mora García

REAL INSTITUTO DE ESTUDIOS ASTURIANOS

OVIEDO - 2025

GOBIERNO DEL
PRINCIPADO DE ASTURIAS

CONFEDERACIÓN ESPAÑOLA DE
CENTROS DE ESTUDIOS LOCALES

© del texto: el autor
Imagen de cubierta: Vista de Oviedo. 1910. Manuel Arboleya. © Museo Bellas Artes de Asturias. Col. Pedro Masa
Imagen de contracubierta: Fotografía de José Luis Navarro.
© de esta edición, Real Instituto de Estudios Asturianos®
Plaza de Porlier, 9 - 1.ª planta
33003, OVIEDO
Teléfono: 984 18 28 01
Correo electrónico: ridea@asturias.org

ISBN: 979-13-990775-2-0
Depósito legal: AS 02350-2025
Imprime: Gráficas SUMMA

*A mis padres, que con su esmerada
educación me inculcaron los principios
y valores fundamentales de la vida,
y despertaron mi interés
por la meteorología y las Artes.*

ÍNDICE

PRÓLOGO DEL AUTOR

Estimada lectora, estimado lector:

La celebración del 140 aniversario de la publicación de *La Regenta* ha sido la oportunidad para publicar este trabajo, iniciado en 2012 pero inconcluso por diferentes motivos. Fue entonces cuando fui destinado como Delegado Territorial de la Agencia Estatal de Meteorología (AEMET) en el Principado de Asturias y pude conocer y experimentar el singular clima asturiano, tan diferente al castellano al que estaba acostumbrado. Tuve la inestimable colaboración de Ramón Celis, jefe de la Sección de Climatología de Asturias y Cantabria, que me documentó sobre los trabajos existentes sobre el clima asturiano y, conociendo mi afición a la historia y a la literatura, me recomendó leer *La Regenta*, obra magna de Leopoldo Alas *Clarín*, que en palabras de Celis: «describe perfectamente el clima asturiano».

En la Delegación Territorial de AEMET se encontraban los cuadernos manuscritos de la serie de observaciones meteorológicas de la Universidad de Oviedo, iniciada en 1851. Con la colaboración del personal de la Delegación y alumnos en prácticas de la Universidad de Oviedo se emprendió el proyecto REDASHO (REcuperación de los DAtos de la Serie Histórica de Oviedo), digitalizando y filtrando los mismos. Para la interpretación de estos datos ha sido fundamental la colaboración de César Rodríguez Ballesteros, compañero del área de Climatología de AEMET, que ha realizado un depurado final de los datos y ha elaborado los gráficos que aparecen en esta obra.

De la lectura detenida de *La Regenta* y de otras obras de *Clarín*, y tras un análisis de los datos climatológicos históricos, surge el presente trabajo que, gracias a Ramón Rodríguez, director del Real Instituto de Estudios Asturianos (RIDEA) y a su equipo directivo, ha visto la luz. Pretende ser una aportación singular a las numerosas investigaciones sobre *La Regenta,* desde un punto de vista meteorológico, aunque como neófito en los estudios *clarinianos*, este ensayo difícilmente alcanzará el exquisito rigor literario que caracteriza estos trabajos.

A Leopoldo Alas, dotado de una gran curiosidad intelectual, le interesaba la meteorología. El tiempo y el clima son un elemento descriptivo que aparece en sus cuentos y novelas, de forma sobresaliente en *La Regenta,* como parte del naturalismo literario. La utilización de términos meteorológicos y marinos en lenguaje con sentido figurado, asimismo es una característica singular que podemos observar de forma recurrente en su obra. En *La Regenta* subyace la meteorología, no sólo la meteorología popular, que forma parte de la etnografía, sino también la meteorología con rigor científico, incluso podríamos considerar a *la lluvia* como protagonista inanimada de la novela.

Este ensayo también trata de interesar a los aficionados a la meteorología, que pueden conocer el clima de Oviedo de aquella época a través de la lectura de *La Regenta* y los registros meteorológicos del Observatorio Meteorológico de la Universidad de Oviedo, e identificar algunos eventos históricos del clima asturiano, con mapas y gráficos explicativos.

El análisis de los datos diarios de la serie histórica de Oviedo es una oportunidad para mostrar la evolución del clima asturiano del siglo XIX al siglo XXI, y corroborar el actual cambio climático. El notable incremento observado en la temperatura media desde mediados del siglo XIX, coincidiendo con el final de la Pequeña Edad de Hielo, es un hecho constatado. Las proyecciones climáticas señalan que a nivel global continuará el incremento de temperaturas durante al menos la mitad del siglo XXI, con una mayor frecuencia e intensidad de episodios de calor extremo, y también se producirán cambios en la distribución regional de las precipitaciones. En España, se espera que ese incremento de temperaturas sea superior al global, y una disminución de la cantidad media de precipitación, aunque aumentarán las precipitaciones de carácter extremo. También se espera un incremento de la aridez y mayor frecuencia de incendios forestales, según los últimos estudios contrastados de la comunidad científica.

El cambio climático tendrá consecuencias en los ecosistemas, por ello, la sociedad debe hacer esfuerzos para minimizar la crisis climática y conseguir que, el clima y el paisaje asturiano que genialmente describe *Clarín,* perdure durante muchos años.

Espero que los lectores disfruten con la lectura de esta obra, amenizada por las magníficas ilustraciones y fotografías que se incluyen, que permiten introducirnos en el ambiente de la época y conocer algunas curiosidades.

PRÓLOGO DE RICARDO LABRA

Los libros vivos, que no han quedado fosilizados en los sustratos del tiempo, están permanentemente actualizados por cada generación de lectores. Cada época hace su particular lectura de una determinada obra literaria, que se superpone connotativamente a las yuxtapuestas lecturas de otros periodos. Lecturas que, en su interacción con el sistema de vigencias de su determinado contexto histórico, van modificando y enriqueciendo la inmanente escritura de sus páginas a lo largo del tiempo. Esta constante traslación y enriquecimiento de significados, generación tras generación, es lo que diferencia un libro vivo de un libro muerto, por muy canónico que sea.

La Regenta, por sus diferentes lecturas contextuales, es un libro vivo entre los libros vivos de nuestra literatura, de nuestra tradición literaria; aunque conviene no olvidar que ha pasado por un largo periodo de oscuridad y de ostracismo, hasta el extremo de que la novela más relevante del realismo-naturalismo español, y una de las cumbres literarias de la literatura europea, no haya formado parte de nuestro canon literario hasta épocas relativamente recientes.

Quizá, debido a esa suerte de *damnatio memoriae* padecida por *La Regenta*, a partir de los años sesenta del pasado siglo se han prodigado los estudios y los análisis críticos sobre la novela del escritor ovetense. Estudios y análisis que han desbordado el ámbito y las metodologías de las disciplinas filológicas, con el objeto de dilucidar con otras herramientas académicas algunas de las cuestiones, arcanos, y enigmas que todavía plantea la magna novela del escritor ovetense.

La mayoría de las indagaciones sobre *La Regenta* suelen detenerse en el análisis caracterológico de sus principales personajes, sin olvidar a los grandes secundarios, cuyos desabridos pasos configuran la reconocible urdimbre del mosaico *vetustense*; pero en ninguna de ellas se había reparado, al menos monográficamente, y este es uno de los méritos de Manuel Antonio Mora García, en un elemento tan caracterizador como el clima y el tiempo, sobre todo, si se tiene en cuenta que el clima de *La Regenta* —la lluvia, la humedad, la niebla, el viento, etc.— es tan determinante y genesíaco que el propio Leopoldo Alas *Clarín* le otorga carta de naturaleza: al señalar metafóricamente en los *vetustenses* su condición de anfibios.

El clima, a través de sus fenómenos meteorológicos, actúa en *La Regenta* como un envolvente sustrato que condiciona cualitativamente los núcleos argumentales de la novela, desde los estados de ánimo —el pathos— de sus principales personajes hasta los ritmos que modulan su trama. Esta estructurante función del clima se evidencia paradigmáticamente en el hecho de que el principio y final de la novela estén marcados por la presencia otoñal del viento sur. Un viento sur que trasluce, mejor que cualquier otro rasgo estilístico, la estructura circular de la novela.

No cabe duda de que existe un clima específico en *La Regenta*, igual de reconocible que la ciudad de Oviedo en la *Vetusta* clariniana; un clima netamente norteño, oceánico, caracterizado por sus frecuentes lluvias y cielos neblinosos. Un clima que no solo forma parte de la memoria afectiva de los asturianos, sino que también incide determinantemente en su idiosincrasia y en su forma de ver y de percibir el mundo. Leopoldo Alas tenía bien arraigado, como buen asturiano —utilizo deliberadamente este adjetivo de pertenencia—, y demuestra solventemente este estudio, el registro climático de su provincia en los huesos y en el alma.

Manuel Antonio Mora García aporta, en esta documentada investigación, el contexto climático en el que se desenvolvió Leopoldo Alas *Clarín* durante el periodo de redacción de *La Regenta*, aportando intuitivas y documentadas analogías que arrojan nueva luz sobre el insondable palimpsesto clariniano.

Un trabajo sustantivo y abarcador que vuelve a iluminar las memorables páginas de *La Regenta* con las herramientas de una inesperada disciplina científica, la meteorología.

Ricardo Labra

PRÓLOGO DE MARÍA JOSÉ RALLO.

La Regenta es sin duda una de las obras más importantes de la España del siglo XIX y ha sido objeto de análisis por numerosos investigadores y estudiosos desde diversos puntos de vista, mayoritariamente del ámbito de las humanidades.

Sin embargo, este ensayo de Manuel Mora aborda la novela desde un punto de vista inédito: la meteorología, un factor sin duda fundamental en el desarrollo de la trama y que sirve también como metáfora de la sociedad de *Vetusta*: el clima atmosférico se entrelaza con el clima social.

Aunque es la primera vez que se estudia extensamente el tiempo y el clima en *La Regenta*, no es la primera vez que Manuel Mora realiza este tipo de análisis en una novela de referencia. Ya lo hizo, por ejemplo, con *El Hereje*, de Miguel Delibes. Y es que Manuel integra amplios conocimientos de la atmósfera con un profundo amor por la literatura y otras artes. Otro ejemplo de ello es su estudio de la meteorología de las principales obras del Museo del Prado.

La Regenta se desarrolla en *Vetusta*, ciudad ficticia, aunque inspirada por *Clarín* en Oviedo. La capital del Principado de Asturias está inexorablemente unida en el imaginario colectivo al clima típico de la cornisa cantábrica: cielos habitualmente cubiertos de nubes, con lloviznas o lluvias frecuentes, inviernos fríos y veranos suaves, poco apetecibles para quienes buscan el sol y el calor. Ese clima sombrío moldea el carácter de los habitantes de *Vetusta*, que conforman una sociedad opresiva a través de la pluma del autor.

Sin embargo, ese clima que hasta hace no muchas décadas era considerado como desapacible o incluso «áspero», es hoy un valor más que añadir a los muchos con los que cuenta el extremo norte de España. Y, es que, los veranos cada vez más cálidos que padece nuestro país aumenta el atractivo de la costa del Cantábrico como destino vacacional más templado.

Si se reescribiese *La Regenta* en nuestra época, quizás el telón de fondo conformado por las condiciones meteorológicas de *Vetusta* sería diferente. Desde luego, se trataría de una ciudad más calurosa en verano, con mayor probabilidad de padecer olas de calor e incendios en sus montes. Probablemente no habría tantos días de llovizna y fenómenos como las tormentas o las granizadas serían más intensas que antaño.

Y si *La Regenta* se ambientase a finales de este siglo, doscientos años después de su publicación, de acuerdo con todos los estudios científicos, estaríamos en una ciudad donde la probabilidad de alcanzar 35 ºC en verano sería similar a la de llegar a 28 ºC en las últimas décadas del siglo XIX. Estaría ubicada en un entorno donde la vegetación dispondría de menos recursos hídricos por una evaporación más intensa. Una ciudad, en definitiva, diferente y probablemente más árida.

Aunque estemos realizando un ejercicio literario, no dejemos de pensar que esas proyecciones climáticas, en este caso centradas en la ciudad de Oviedo, están basadas en el método científico que, con rigor y conscientes de las incertidumbres, desarrollan científicos de todo el mundo y, entre ellos, los profesionales de la Agencia Estatal de Meteorología para investigar y conocer cómo será el clima de nuestro país en el futuro. Con unas consecuencias que podrán ser más o menos adversas en función de cómo nos adaptemos y trabajemos para mitigar el cambio climático.

Este trabajo llevado a cabo por los profesionales de Aemet basado en la ciencia es fundamental, al igual que lo es la emisión de avisos por fenómenos meteorológicos adversos, intensificados por el cambio climático. Pero también es de importancia capital la divulgación y concienciación sobre el cambio climático y, de alguna manera, esta obra de Manuel Mora aporta su pequeño granito de arena en este cometido. No en vano, nos permite averiguar cómo se vivía a merced de la temperie hace casi un siglo y medio, y lo hace en un momento, como el actual, en el que es clave nuestra acción como sociedad para enfrentarnos en el futuro a un clima más o menos severo.

Así pues, lector, espero sobre todo que disfrutes de la lectura de esta obra pero que, también, te ayude a reflexionar sobre uno de los grandes retos a los que se enfrenta la humanidad. Por mi parte, solo queda agradecer a Manuel Mora el esfuerzo, cariño y rigor puestos por su parte para que esta obra vea la luz.

María José Rallo
Presidenta de la Agencia Estatal de Meteorología.

INTRODUCCIÓN

El tiempo y el clima son inherentes a la humanidad. Las condiciones meteorológicas en tiempos remotos condicionaron la actividad del hombre primitivo, primero como cazador y recolector y posteriormente como agricultor o ganadero. Los fenómenos meteorológicos adversos como las lluvias torrenciales que originan graves inundaciones, los impactos asociados a los ciclones tropicales, las olas de frío y de calor, las sequías de larga duración, etc., han causado centenares de miles de muertes e innumerables daños materiales en todo el mundo durante los últimos años.

El hombre primitivo tuvo que adaptarse a los cambios climáticos, que provocaron migraciones masivas e incluso, según algunos científicos, la extinción de especies como los neandertales. En la actualidad, ante la realidad del cambio climático, el ser humano busca estrategias de mitigación y adaptación al mismo.

La meteorología es una ciencia tardía. Los instrumentos necesarios para la medida de las distintas variables atmosféricas, como el termómetro o el barómetro, no se inventaron hasta finales del siglo XVI y principios del XVII, y el conocimiento de las complejas leyes físicas que gobiernan los movimientos atmosféricos, iniciado en el siglo XVIII no se completó hasta el siglo XX. La necesidad de disponer de predicciones meteorológicas con base científica fue el germen para la creación de los primeros Servicios Meteorológicos a mediados del siglo XIX. Previamente se organizaron redes de observación meteorológica con instrumentos, básicamente con fines médicos, estadísticos o académicos.

La meteorología tiene reflejo en las artes y las letras, entre las que destaca la pintura y la narrativa. Los dos textos más leídos por la humanidad, la Biblia y El Quijote, contienen referencias al tiempo y al clima, al igual que algunas obras maestras de la pintura. La meteorología adquiere mayor protagonismo con la corriente artística del naturalismo que surgió en el siglo XIX. Los autores literarios y artísticos de este movimiento muestran con gran realismo todo lo referente al medio natural, aludiendo al tiempo y al clima en sus obras.

El naturalismo literario surgió en Francia en la segunda mitad del siglo XIX, integrando el naturalismo, el positivismo y el cientificismo de la época, según las teorías del escritor Émile Zola. Leopoldo García-Alas, *Clarín,* fue uno de los referentes de este movimiento en España, y su obra maestra, *La Regenta*, ha sido objeto de múltiples análisis por estudiosos e investigadores desde diferentes puntos de vista.

En este trabajo queremos mostrar un aspecto poco estudiado, basado en las numerosas referencias meteorológicas que aparecen en *la Regenta,* que describen el clima de Asturias a finales del siglo XIX. Armando Palacio Valdés, escritor y amigo de Leopoldo Alas, también nos deja bellos apuntes del clima asturiano en *El Maestrante* y en *Marta y María.*

Clarín nació tan solo unos meses después de iniciarse las observaciones meteorológicas en el Observatorio de la Universidad de Oviedo, uno de los pioneros de la red de observación meteorológica en España. Esta serie de datos centenaria, que continúa en la actualidad en el Observatorio de la Agencia Estatal de Meteorología en Oviedo, nos permite conocer cómo ha evolucionado el clima desde entonces.

1. TIEMPO Y CLIMA EN LA OBRA DE CLARÍN

Leopoldo García-Alas Ureña (1852-1901), *Clarín*, es una de las grandes figuras de la literatura española del siglo XIX, autor de más de un centenar de cuentos y de varias novelas cortas, así como de dos mil cuatrocientos artículos periodísticos de crítica literaria y política. Escribió tan solo dos novelas, siendo *La Regenta* su obra más reconocida, ambientada en la ciudad de Oviedo a finales del siglo XIX.

Figura 1. *Leopoldo Alas (Clarín)*. Retrato incluido en el cartel de colaboradores de «Asturias». Tip. O. Bellmunt, Gijón, 1895-1900. h 1895. Muséu del Pueblu d'Asturies.

La Regenta es un exponente de la novela naturalista española. *Clarín*, de formación krausista, con claras influencias de Émile Zola, fue discípulo de Francisco Giner de los Ríos, uno de los fundadores de la Institución Libre de Enseñanza. La observación de la naturaleza, en especial del tiempo y el clima, está muy presente en *La Regenta*. Como expresa Tilmann Altenberg:

> «Zola ve al novelista como observador a la vez que experimentador... la novela experimental se compone a partir de una amplia documentación del sector de la realidad escogido para la reproducción novelístico-experimental...resultado de un estudio profundo y detallado que abarca desde la lectura extensa hasta el conocimiento directo de personas, lugares y ambientes» (Altenberg, 2014).

Clarín matiza esta idea:

> «El naturalismo que [...] no aspira a confundir el arte con la ciencia, que no depende del positivismo, tiene como nota característica el pretender que el arte estudie e interprete la verdad, para que la expresión bella sea conforme a la realidad, y esto quiere y cree conseguirlo por medio de la observación atenta, rigurosa de los datos que ofrece el mundo real, y por medio de la experimentación que coloca estos datos en las condiciones que se necesitan para aprender sus leyes, su modo natural de escribir con arreglo a ellas. [...] la verdad, tal como es, el conocimiento profundo, seguro y exacto de la realidad» (Citado por Martínez, 1987).

De acuerdo a estas ideas, *Clarín*, con su extraordinaria capacidad creativa, describe intencionadamente el clima y el tiempo de *Vetusta* (ciudad ficticia en la que transcurre la acción de *La Regenta*) de forma meticulosa y prolija. Lo hace de una forma sublime, en especial el carácter pluviométrico, hasta el punto que podríamos considerar a *la lluvia* como otro personaje más, protagonista inanimado de la narración e hilo conductor de la misma a lo largo de los tres *años hidrológicos*[1] que abarca el relato, como nos muestran los ilustradores de la primera edición, Juan Llimona y Francisco Gómez con sus magníficos dibujos y grabados que reproducimos a lo largo de este trabajo. En la siguiente imagen, podemos contemplar un magnífico óleo del pintor impresionista francés Gustave Caillebotte (1848-1894), contemporáneo de Leopoldo Alas.

Ese interés en describir el tiempo y el clima de *Vetusta* en *La Regenta* contrasta con las escasas referencias que aparecen en la otra novela que escribió, *Su único hijo* (1890), de la que destacamos estas dos citas, que hacen referencia a la niebla, las nubes y el viento:

---

[1] El año *hidrológico* se define como «periodo continuo de doce meses seleccionado de manera que la mayoría de la precipitación sólida y líquida tienen su escorrentía en el citado periodo». Así el almacenamiento interanual se reduce al mínimo. Suele iniciarse el 1 de octubre y finaliza el 30 de septiembre (Ascaso y Casals, 1986).

Figura 2. *Calle de París, tiempo lluvioso* (1877). Gustave Caillebotte. Art Institute of Chicago. CC0 Public Domain Designation.

«Los barrenderos levantaban nubes de polvo que un sol anaranjado teñía del mismo color de la niebla que se arrastraba sobre los tejados».

«La luna corría, detrás de las nubes tenues que el viento empujaba».

Sin embargo, en sus cuentos también encontramos numerosas referencias a la meteorología. Algunos de ellos, previos a la publicación de *La Regenta* (1884-1885), sirvieron como fuente de inspiración para la redacción de la misma. *Pipá*, redactado en 1879 y publicado junto con una colección de cuentos con título homónimo en 1886, está ambientado en Oviedo, y refleja el clima en aquellos años fríos, describiendo una gran nevada (probablemente la acaecida el 24 de febrero de 1879, lunes de carnaval, en la que el espesor de la nieve alcanzó 18 cm según los datos del Observatorio Meteorológico de Oviedo). En la siguiente imagen podemos ver el ovetense Campo de san Francisco nevado, probablemente a principios del siglo XX.

«Ello es que una tarde de invierno, precisamente la del domingo de Quincuagésima, Pipá, con las manos en los bolsillos, es decir, en el sitio propio de los bolsillos, de haberlos tenido sus pantalones, pero en fin con las manos dentro de aquellos dos agujeros, contemplaba cómo se pasa la vida y cómo caía la nieve silenciosa y triste sobre el sucio

21

Figura 3. *Dos hombres posan en el Campo de san Francisco tras una gran nevada*. Formato tarjeta postal. Sello al reverso: LIBRERIA/ CELESTINO COLLADA/ Uria, 26- OVIEDO. Colección Miscelánea. Muséu del Pueblu d'Asturies.

empedrado de la calle de los Extremeños, teatro habitual de las hazañas de Pipá en punto a sus intereses gastronómicos. Estaba pensando Pipá, muy dado a fantasías, que la nieve le hacía la cama, echándole para aquella noche escogida, una sábana muy limpia sobre el colchón berroqueño en que ordinariamente descansaba».

Una de las acepciones del término «trapo», según el *Diccionario de la Lengua Española* (*DLE*), es «copo grande de nieve». *Clarín* cita los trapos, con el epíteto que los caracteriza:

«Los últimos trapos blancos habían caído sobre calles y tejados; el cielo quedaba sin nieve y empezaban a asomar entre las nubes tenues, como gasas, algunas estrellas y los cuernos de la luna».

En este cuento, tras la intensa nevada, *Clarín* relata la rápida mejoría del tiempo al cabo de unas horas, empleando la metáfora.

«Era media noche. Ni una nube quedaba en el cielo. La luna había despedido a sus convidados y sola se paseaba por su palacio del cielo, vestida todavía con las galas de su luz postiza».

Clarín, en sentido figurado, expresa que la luna se desplaza más rápidamente que las nubes (obviamente ocurre al revés). Este recurso poético lo empleará también en *La Regenta*.

«Todo es soledad, nieve y silencio; y la luna corre detrás de las nubecillas, ora ocultándose y dejando la plaza oscura, ya apareciendo en un trecho de cielo todo azul e iluminando la blancura y sacando de sus copos burbujas de luz que parecen piedras preciosas».

También alude a la frecuente lluvia invernal:

«¡Cuántas horas de muchos días tristes y oscuros y lluviosos de invierno, mientras los transeúntes pasaban sin mirar siquiera al señor Pablo ni a la Pistañina, su nieta, Pipá permanecía en pie, con las manos en el lugar que debieran ocupar los bolsillos de los pantalones, la gorra sin visera echada hacia la nuca, saboreando aquella armonía inenarrable de los ayes del bordón y de la voz flautada, temblorosa y penetrante de la Pistañina!».

Una fría lluvia que, como consecuencia del viento racheado, cae oblicuamente, como expresa en *La conversión de Chiripa*, publicado en *Cuentos morales* (1896). El *austro*, término olvidado en el actual vocabulario meteorológico, es el «viento de dirección sur». El uso de metáforas, símiles y paráfrasis en los que emplea términos meteorológicos y marinos, es frecuente en la obra de *Clarín*, enriqueciendo la descripción de los hechos. La meteorología popular también aparece en la obra de *Clarín*, como en la siguiente cita, que alude al refrán: «Quien se pone debajo de la hoja, dos veces se moja».

«Llovía a cántaros, y un viento furioso, que Chiripa no sabía que se llamaba el Austro, barría el mundo, implacable; despojaba de transeúntes las calles como una carga de caballería, y torciendo los chorros que caían de las nubes, los convertía en látigos que azotaban oblicuos. Ni en los porches ni en los portales valía guarecerse, porque el viento y el agua los invadían; cada mochuelo se iba a su olivo; se cerraban puertas con estrépito; poco a poco se apagaban los ruidos de la ciudad industriosa, y los elementos desencadenados campaban por sus respetos, como ejército que hubiera tomado la plaza por asalto. Chiripa, a quien había sorprendido la tormenta en el Gran Parque, tendido en un banco de madera, se había refugiado primero bajo la copa de un castaño de Indias, y en efecto, se había mojado ya las dos veces de que habla el refrán; después había subido a la plataforma del kiosko de la música, pero bien pronto le arrojó de allí a latigazo limpio el agua pérfida que se agachaba para azotarle de lado, con las frías punzadas de sus culebras cristalinas. Parecía besarle con lascivia la carne pálida que asomaba aquí y allí entre los remiendos del traje, que se caía a pedazos».

«Y, a todo esto, el cielo desplomándose en chubascos, y él temblando de frío... calado hasta los huesos... Sólo Chiripa corría por las calles, como perseguido por el agua y el viento».

El artista Vincent Van Gogh (1853-1890), coetáneo de *Clarín*, capta magistralmente la lluvia en este óleo.

Figura 4. *Lluvia*. 1889. Vincent Van Gogh. Philadelphia Museum of Art: The Henry P. McIlhenny Collection in memory of Frances P. McIlhenny, 1986-26-36. www.philamuseum.org. Obra de dominio público.

En *Mi entierro. Discurso de un loco,* publicado en *Pipá* (1886), también menciona la lluvia y la humedad (el protagonista fallece a causa de una gripe o resfriado consecuencia de la humedad y el frío en los pies[2], al igual que uno de los personajes de *La Regenta*).

«Parte del ataúd, la de los pies, la mojaba fina lluvia que caía; ¡siempre la humedad!».

También describe el clima del interior de Asturias y el folklore del antruejo (antroxu o carnestolendas) en *El entierro de la sardina*, incluido en la recopilación de cuentos *El gallo de Sócrates* (1901), publicado póstumamente.

«Rescoldo, o mejor, la Pola de Rescoldo, es una ciudad de muchos vecinos; está situada en la falda Norte de una sierra muy fría, sierra bien

---

[2] El *resfriado* o la *gripe* son infecciones de las vías respiratorias virales contagiosas, mientras que la neumonía puede ser causada por virus, bacterias u hongos. Pese a la creencia popular fuertemente arraigada, no hay relación directa entre la humedad o frío en los pies y dichas enfermedades respiratorias, aunque sí indirectamente, ya que el frío y la humedad contribuyen a bajar nuestras defensas.

poblada de monte bajo, donde se prepara en gran abundancia carbón de leña, que es una de las principales riquezas con que se industrian aquellos honrados montañeses. Durante gran parte del año, los polesos dan diente con diente, y muchas patadas en el suelo para calentar los pies; pero este rigor del clima no les quita el buen humor cuando llegan las fiestas en que la tradición local manda divertirse de firme».

«No hay habitante de Rescoldo, hembra ó varón que no confiese, si es franco, que el mayor placer mundano que ofrece el pueblo está en la noche del miércoles de Ceniza, al enterrar la sardina en el paseo de los Negrillos. Si no llueve o nieva, la fiesta es segura. Que hiele no importa».

«Una tarde de lluvia, fría, obscura, salía el jubilado don Celso Arteaga del Casino, defendiéndose como podía de la intemperie, con chanclos y paraguas».

En *Avecilla* (1882), cuento publicado en *Pipá* (1886), ambientado en Madrid, el relato comienza en octubre, al igual que en *La Regenta*. El otoño tiene un significado especial para *Clarín*, como expresa en el prólogo de *Cuentos morales*: «Tanto valdría llamar amanerado al otoño, la estación más filosófica del año... y de la vida». En el mes de octubre, tanto en Madrid como en Asturias, suelen aparecer los primeros días fríos del otoño, anticipo del invierno:

«Era una tarde de las primeras frías de Octubre».

«Don Casto tembló del frío que le dio acordarse del reuma y del invierno».

En este cuento *Clarín* recurre a un símil meteorológico, empleando el término *borrasca*[3]:

«El tocador de Pepita era muy sencillo, tal vez demasiado: un espejo de marco negro colgado de un clavo en la pared. Su luna recordaba un día de borrasca en el mar por lo profundas que eran las ondulaciones aparentes de la superficie».

En *Zurita,* cuento publicado en *Pipá* (1886), emplea la expresión «dejó pasar el chubasco», similar a la popular locución «aguantar el chaparrón», sinónimo de resiliencia; asimismo refiere el calor de las noches veraniegas en Madrid:

«El pobre Zurita dejó pasar el chubasco, tranquilo, como un hombre empapado en agua ve caer un aguacero».

«Salió de su casa Aquiles a dar un paseo. Hacía calor. El cielo ostentaba todos sus brillantes».

---

[3] El término *borrasca* tiene varias acepciones, la más común es depresión atmosférica, es decir, área de bajas presiones en superficie, pero en este caso significa tempestad, tormenta de mar.

En *Superchería* (1892) hace referencia a las elevadas temperaturas de los veranos madrileños, refiere una «temperatura bochornosa», es decir, un calor sofocante:

> «Nicolás el filósofo pasó el verano de aquel año sin moverse de Madrid. El calor le mataba; el mal humor, complicado en él con tantos pensamientos de hastío y desconsuelo, aumentaba con aquella temperatura bochornosa».

Ese clima extremo de Madrid, con veranos calurosos, queda de manifiesto de forma metafórica e irónica en sus periódicas colaboraciones en la *Revista de Asturias (Correo de Madrid)*. En aquella época, los madrileños más pudientes evitaban el calor veraneando en las costas del norte, algo que se ha generalizado y extendido a multitud de destinos turísticos en la sociedad actual.

> «Querido Félix: Madrid a estas horas no merece la pena de que se hable de él. Como el frío mata la vegetación (ten tesis general, y no nos metamos en botánicas porque el diablo las carga) el calor mata las ideas; sólo sobrevive la idea del amor en todas sus manifestaciones…» (5 de junio de 1878)
>
> «mientras a los muy católicos vecinos de la corte se les derriten los sesos piadosamente por esas calles del Ayuntamiento» (25 de junio de 1878).
>
> «Oigo a muchos decir: eso de veranear es cuestión de moda; en Madrid se pasa tan bien el verano como en cualquier parte. ¡Pero esta gente no tiene idea de lo que es respirar…¡Me voy, me voy de Madrid!» (5 de julio de 1878).

Este titular que aparece en *La Publicidad* resume el calor agobiante de Madrid, al que no estaba acostumbrado *Clarín.*

> «Madrid se derrite» (7 de julio de 1878).

Durante los años de residencia en Madrid, *Clarín* procuraba pasar los veranos en Asturias. Sin embargo, durante buena parte del verano de 1882, se vio obligado a permanecer en Madrid, ya que debía realizar varios trámites previos para ocupar su plaza de catedrático en Zaragoza. «El 9 o el 10 de agosto, se despide de Madrid, en romance» (Lissorgues, 2007):

> «Ahí te quedas enhoramala,
> Madrid de ajenos pecados,
> que yo me voy con los propios […]
> lejos me voy, […]
> Madrid, congreso de cínifes,
> parrilla de incautos,
> quemadero de la sangre,
> inquisición del verano,
> vivero de pulmonía,
> panoplia de los sablazos,
> hipódromo de Toreno […]»

En su obra *Un viaje a Madrid* (1886) nos describe un día lluvioso. *Clarín* refiere un cielo gris, empleando la expresión «del gris de que han de ser los pollinos» a modo de paráfrasis. El *DLE* contiene una locución adjetiva similar: «panza de burra», que significa «cielo uniformemente entoldado y de color gris oscuro».

> «La mañana estaba triste; la lluvia flotaba en el aire en forma de polvo húmedo; todo era gris, del gris de que han de ser los pollinos, según el Diccionario».

Retomando el relato citado anteriormente, *Superchería*, aparecen referencias a la lluvia primaveral en Guadalajara, donde *Clarín* residió varios meses durante su juventud.

> «Llegó a la triste ciudad del Henares al empezar la noche, entre los pliegues de una nube que descargaba en hilos muy delgados y fríos el agua, que parecía caer ya sucia, que sucia corría sobre la tierra pegajosa».

Clarín relata el tiempo frío y nublado durante la celebración matutina de la fiesta de la Balesquida, Martes de Campo o Día del Bollo en Oviedo, que coincide con el martes de Pentecostés[4], empleando la metáfora:

> «El tiempo está frio: pero esto ya lo habrán dicho los gacetilleros de la localidad: el cielo azul no está arriba, se ha bajado al Campo y anda roto en pedacitos por los ojos de las muchachas» (*Revista de Asturias*, 30 de mayo de 1880).

Un tiempo que contrasta con el que se disfruta durante la tarde en Avilés, donde se celebra la romería de La Virgen de la Luz. *Clarín,* que se desplaza ese mismo día desde Oviedo a Avilés, describe metafóricamente las nubes orográficas del monte Naranco, los cielos casi despejados en la costa, con algunas nubes del género *cirrus* que define como «nubecillas briscadas» y el atardecer rojizo. También retrata el paisaje, como *plenairista* que cambiara el pincel por la pluma.

> «¡La Luz! Ello mismo lo dice: fue aquello una borrachera de lumínico: dejamos muy atrás el Naranco, que fruncía el ceño arrugando las nubes paradas de su cumbre: pasamos la cuesta de la Miranda y en el horizonte vimos copias del mar en el cielo, todo azul y rizado apenas por ligeras nubecillas briscadas, imagen de las ondas: allí estaba el sol que asistía a su fiesta en la Luz, desdeñando el Bollo. El sol siempre será poeta, siempre ha de preferir la luz al trigo. Abríamos los ojos, como el sediento las fauces, para beber todos aquellos rayos que por los términos de Occidente vertía el sol, en magnífico despilfarro de resplandores: continuando el símil de llamar a la luz néctar del alma diré que aquella puesta del luminar mayor se me antojó el acto solemne

---

[4] El martes de Pentecostés del año 1880 se celebró el 18 mayo.

Figura 5. *Imagen de la Romería de los Mártires de Tiraña.*1914. Modesto Montoto. Muséu del Pueblu d'Asturies.

de descorchar una botella de un licor ígneo: el sol, rojo, era el lacrado tapón hecho pedazos, y el líquido, la luz dorada, saltaba al techo, a las estrellas, inundando gran parte de la bóveda con los chorros hirvientes de purpurina luz: las nubecillas rizadas blanquecinas representaban la espuma de aquel Champagne celeste-no Champagne ¡no! Maldito sea el Champagne! Como ya demostraré luego.

Llegué, vi… y cegué. Dispensadme si no os describo topográfica-mente el lugar de la romería: solo recuerdo que hay allí muchos al-tos y bajos, mucha cuesta, tanta que a muchos romeros se les iban los pies. El panorama es magnífico: hondonadas, laderas, montes de corte pentélico, anfiteatro de colinas: todo verde, pero con distintos matices según miro a la cumbre, a la extensa pradera o al espeso bosque: en fin estudios de paisaje por todos lados. No se trata de eso. ¡Qué mujeres!» (*Revista de Asturias*, 30 de mayo de 1880).

Este contraste de tiempo entre la costa, con cielos poco nubosos o des-pejados, y el interior con cielos nubosos o muy nubosos, ocurre con cierta frecuencia, como resultado de la interacción del viento del nordeste con la topografía. Ese día en concreto, el 18 de mayo de 1880, el Observatorio de la Universidad de Oviedo registró una temperatura máxima de 18,5 ºC y una mí-nima de 10,0 ºC, con cielo cubierto y viento moderado del nordeste. El viento moderado y el cielo cubierto contribuirían a que la sensación térmica durante la mañana fuera relativamente fría. Es probable que con ese flujo del nordeste, en Avilés el cielo estuviera despejado o poco nuboso.

Figura 6. *Atardecer purpura-carmesí.* Mantas Hesthaven. Fotografía de Pexels, bajo licencia libre para uso personal y comercial.

En *El diablo en Semana Santa*, cuento precursor de *La Regenta* incluido en *Solos de Clarín* (1881), parafrasea un *candilazo* o *arrebol*, coloración rojiza o anaranjada (en este caso de color carmesí) de los atardeceres debida a la dispersión de la luz en las capas bajas de la atmósfera.

> «Y así, mirando al cielo, que estaba todo azul al Oriente, y al Poniente se engalanaba con ligeras nubecillas de amaranto…»

En este cuento, Satanás toma la forma de niebla y también la de *nubarrón*, que define el *DLE* como «nube grande, oscura y densa, separada de las otras», sin embargo el término *nubarrajo* se trata de un vulgarismo, no incluido en dicho diccionario. *Clarín* hace referencia a la pareidolia (término no recogido en el *DLE*), o proceso imaginativo de búsqueda de formas reconocibles en las nubes (también aparece en *La Regenta*).

> «Es de advertir que los habitantes de aquella ciudad no veían al diablo tal como era, sino parte en forma de niebla que se arrastraba al lado del río perezosa, y parte como nubarrón negro y bajo que amenaza tormenta y que iba en dirección de la catedral desde las afueras.
>
> Verdad es que el nubarrón tenía la figura de un avechucho raro, así como cigüeña con gorro de dormir; pero esto no lo veían todos, y los niños, que eran los que mejor determinaban el parecido de la nube, no merecían el crédito de nadie. Un acólito de muy tiernos años, que había subido en compañía del campanero a tocar las oraciones, le decía: «Señor Paco, mire usted este nubarrajo que está tan cerca; parece un aguilucho que vuelve a la torre, pero trae una alcuza en el pico; vendrá por aceite para las brujas».

Figura 7. *Nubes lluviosas sobre la isla Gili*. Fotografía de Martijn Meijerink, publicada en Wikimedia Commons, bajo licencia CC0 1.0 Universal (dominio público).

Clarín nos muestra sus conocimientos de meteorología y del vocabulario asturiano en *Sobre motivos de una novela de Galdós,* publicado en *Mezclilla* (1889). Realiza un ejercicio de paráfrasis mencionando diversos *hidrometeoros*[5] que son utilizados como comparanza. Según el *Diccionariu de la Llingua Asturiana (DALLA)*, la *cierza, borrín o nublina* son sinónimos de *niebla*[6], pero como aclara *Clarín*, «niebla que moja», cuyo efecto es similar al *calabobos*[7]:

> «En las novelas de Galdós no hay el pesimismo épico de Zola, por ejemplo; no cae en ellas la tristeza como lluvia torrencial que, además de anegar, asusta; sino como llovizna, como agua de calabobos, según dicen en muchas partes, como cierza (palabra asturiana), que llega a los huesos sin ser vista ni oída».

La lluvia, la tormenta y el arco iris aparecen de forma metafórica en *Speraindeo* (1880), recordando el Diluvio Universal:

---

[5] Un hidrometeoro es un meteoro que consiste en un conjunto de partículas de agua, líquida o sólida, en caída o en suspensión en la atmósfera, o levantadas de la superficie del globo por el viento, o depositadas sobre los objetos del suelo en la atmósfera libre (Ascaso y Casals, 1986).

[6] La niebla se define como suspensión en la atmósfera de gotas muy pequeñas de agua, que reducen la visibilidad horizontal sobre la superficie del globo a menos de un kilómetro (Ascaso y Casals, 1986).

[7] El calabobos se define como lluvia menuda y continua que, cayendo con suavidad, al cabo moja al que la recibe (Ascaso y Casals, 1986).

«El derecho no se lo negaba Dª. Robustiana a su esposo; sabía, como buena católica, cuáles eran las prerrogativas del Sr. Soldevilla; pero tenía la ilustre señora un arma poderosísima, siempre eficaz, para dominar y avasallar y esclavizar a su natural señor. Dª. Robustiana tenía a su disposición todas las aguas del diluvio que oportunamente derramaba en líquidas perlas por los nunca bien enjutos lagrimales de sus ojos. D. Juan, inflexible ante todas las debilidades, fiel guardador de todas las disciplinas, desde la eclesiástica hasta la familiar, convertíase, sin echarlo de ver, en manso cordero, en un Juan de las Viñas cada vez que se nublaba el hermoso cielo de los ojos de la Arlanzon y amenazaba tormenta. Si las cataratas de aquel cielo se abrían y anegaban la tierra, solo se contenía la torrencial lluvia satisfaciendo por completo la voluntad de Dª. Robustiana; un «sí, lo que tu quieras», era el arco iris que señalaba la alianza... las cataratas volvían a cerrarse y la paloma tornaba con el ramo de oliva».

En *Doña Berta* (1892*), Clarín* refiere las nieblas asturianas:

«Mientras ella fregaba un cangilón, por el postigo de la huerta, que estaba al nivel de la cocina, entró el gato, cubierto de rocío, con la cierza de aquella mañana plomiza y húmeda pegada al cuerpo blanco y reluciente».

Y también, de forma lírica, las nevadas y heladas de los rigurosos inviernos madrileños, como se aprecia en las figuras 8 y 9. *Armiño*, en referencia a la nieve, tiene la acepción de «cosa pura o limpia».:

«Amanecía, y la nieve que caía a montones, con su silencio felino que tiene el aire traidor del andar del gato, iba echando, capa sobre capa, por toda la anchura de la Puerta del Sol, paletadas de armiño, que ya habían borrado desde horas atrás las huellas de los transeúntes trasnochadores...Y quedó la plaza sola; solas doña Berta y la nieve. Estaba inmóvil la vieja; los pies, calzados con chanclos, hundidos en la blandura; el paraguas abierto, cual forrado de tela blanca».

«El piso estaba resbaladizo, seco y pulimentado por la helada».

Clarín, en *El caballero de la mesa redonda,* publicado en *Cuentos morales* (1896), describe el clima de un balneario asturiano (con nombre ficticio, ya citado en *La Regenta*). Nos muestra el contraste entre el verano y el otoño y cómo influyen los cambios de tiempo en nuestro estado afectivo. Esta especial sensibilidad del ser humano al tiempo atmosférico, que afecta a su estado anímico, está muy presente en la protagonista de *La Regenta*.

«Ya hacía frío en Termas-altas; se echaba de menos la ropa de invierno y las habitaciones preparadas para defendernos de los constipados y pulmonías; el comedor, largo y ancho como una catedral, de paredes desnudas, pintadas de colores alegres que hacían estornudar por su frescura, tomaba aires de mercado cubierto. Se bajaba a almorzar y a comer, con abrigo; las señoras se envolvían en sus chales y mantones; a cada momento se oía una voz imperativa, que gritaba: —¡Cierre usted esa puerta!».

Figura 8. *La Cibeles y el Paseo de Recoletos en día de nevada.* 1876. Tomás Campuzano y Aguirre. Imagen procedente del Museo de Historia de Madrid, consultada a través de www.memoriademadrid.es

Figura 9. *La Puerta del Sol un día de nevada.* 1907. Imagen procedente del Museo de Historia de Madrid, consultada a través de www.memoriademadrid.es

«Decir que aquello estaba perdido, que la casa amenazaba ruina, que el viento entraba por todas partes, que el agua mineral ya no estaba caliente siquiera, ni tibia; que en aquel país llovía demasiado en otoño, tal vez por culpa del señor Campeche (el dueño de los baños), era lo que constituía los lugares comunes de la conversación. Algunas veces el mismo señor Campeche se descuidaba, y no sabiendo de qué hablarle a un forastero, le decía de corrido, como quien repite una lección de memoria: «Pero ¿ha visto usted qué clima más endemoniado? ¡Siempre lloviendo! ¡Cómo se aburre uno aquí!

Nadie se explicaba, satisfactoriamente a lo menos, por qué en los meses alegres de Mayo y Junio, y aun en los de calor, Termas altas era una Arcadia balnearia; y en otoño, un hospital triste, aburrido, frío, donde todos tenían mal humor».

«Pero, si el país ofrecía tales delicias naturales, en cuanto empezaba Septiembre se aguaba la fiesta; nublas, vientos, aguaceros, días sin fin de lluvia fría y triste, de horizonte de plomo, un frío húmedo que hacía pensar en el de la sepultura; tales eran los achaques de la estación en aquel delicioso país de panorama».

«De modo, que por el verano venían los que querían divertirse, y por el otoño los que querían curarse. Tal vez esto, no menos que las variaciones meteorológicas, era causa de la desigualdad de humores en las diferentes temporadas».

«Probablemente contribuiría el clima a esta diferencia. El paisaje era de los más hermosos de litoral del Norte; verdura por todas partes, colinas como macetas de flores, riachuelos, bosques, un lago de verdad, accidentes románticos del terreno, tales como grutas, islas en miniatura, cascadas, y hasta una sima en lo alto de un monte cónico, que el señor Campeche juraba que era el cráter de un volcán apagado».

Clarín considera los meses de mayo y junio en Asturias como «alegres», pero no «de calor». Sin embargo, esta última afirmación estaría en duda en nuestros días, en que no es extraño que se registren episodios de calor durante el mes de junio (incluso durante mayo), como consecuencia del cambio climático. Al comparar las temperaturas medias de ambos meses en Oviedo a finales del siglo XIX y en la actualidad (periodos de referencia 1871-1900 y 1991-2020), tras aplicar correcciones por cambios de emplazamiento del Observatorio, el mes de mayo en la actualidad tiene una notable anomalía positiva de temperatura respecto a finales del siglo XIX (+2,3 ºC respecto a la temperatura media del mes y +3,0 ºC respecto al valor medio de temperatura máxima). En cuanto al mes de junio, con los mismos criterios, la anomalía también es positiva (+2.1 ºC respecto a la temperatura media del mes y +1,5 ºC respecto al valor medio de temperatura máxima).

Aunque no hemos realizado un análisis exhaustivo de la extensa obra clariniana, las anteriores referencias, y las que aparecen a continuación, alusivas a las nevadas y lluvias torrenciales, nos permiten afirmar que a *Clarín* le interesaba el tiempo y el clima.

1.1. *Clarín* y las nevadas en la cordillera Cantábrica

Pese al fuerte desarrollo del ferrocarril durante el siglo XIX como medio de transporte en España, la cordillera Cantábrica continuó siendo un gran obstáculo para las comunicaciones entre Asturias y Madrid, de forma que el medio de transporte habitual era mixto, utilizando la diligencia (*la Ferrocarrilana*) desde Asturias a León, y a partir de ahí el ferrocarril. En sus primeros viajes a Madrid, *Clarín* tardaba más de 30 horas en completar este recorrido. El trazado ferroviario de la conocida como *rampa de Pajares*, se emprendió en el último tercio del siglo XIX, generándose mucha polémica por las modificaciones que se propusieron sobre el proyecto inicial (el propio *Clarín* asistió a una manifestación popular en contra del cambio de trazado el 27 de junio de 1880). El 15 de agosto de 1884 fue inaugurado este tramo ferroviario, que conectaba Asturias con Madrid. El suceso tuvo una gran repercusión mediática, como muestran los siguientes grabados de *La Ilustración Española e Iberoamericana*.

Las intensas nevadas que a finales del siglo XIX afectaban a la cordillera Cantábrica interrumpían las comunicaciones durante varios días e incluso semanas. Únicamente, los expertos e intrépidos peatones realizaban la peligrosa travesía transportando el correo.

Figura 10. *El ilustrísimo señor obispo de Oviedo bendiciendo la vía ante el túnel de la Perruca, en presencia de SS.MM y AA.RR, el 15 del actual (Dibujo del natural por Comba).1884. La Ilustración Española y Americana, Año XXVIII, n.º 32, 30 de agosto de 1884.*
Imagen procedente de los fondos de la Biblioteca Nacional de España bajo licencia CC-BY 4.0 o equivalente.

Figura 11. *1. El último día de las diligencias, en Busdongo. 2. La locomotora «Pelayo» rompiendo la cinta que cerraba la vía. 3. Ceremonia de colocar d. Alfonso XII el último rail del camino. 4. S. A. R. la princesa de Asturias firmando el acta inaugural. 5. Trabajador y campesina de la Ferruca. 6. Banquete en la estación de Puente de los Fierros. (Composición y dibujo del natural, por Comba). La Ilustración Española y Americana, Año XXVIII, n.º 32, 30 de agosto de 1884.* Imagen procedente de los fondos de la Biblioteca Nacional de España bajo licencia CC-BY 4.0 o equivalente.

Figura 12. Grabado titulado *Puerto de Pajares (Oviedo). Conducción de la correspondencia pública, por peatones, durante el temporal de nieves*, publicado en la revista *La Ilustración Española y Americana*, año XXV, nº IV, p. 60. Muséu del Pueblu d'Asturies.

35

En el cuento *De burguesa a burguesa* que se incluye en *Solos de Clarín* (1881), se describe esta circunstancia en forma de carta, fechada en Pajares (concejo de Lena) a 1 de febrero, en la que aflora la ironía característica de *Clarín*.

«Mi querida Visitación: Cuando esta llegue a tus manos estará tu pobre Pura, tu buena amiga, enterrada en vida, con no sé cuántos kilómetros de nieve sobre la cabeza. Nos ha cogido la mayor nevada del siglo en medio del puerto, y no podemos volver atrás ni llegar a nuestro bendito pueblo, del que ojalá no hubiéramos salido nunca. El correo lo llevan los peatones; yo he ofrecido el oro y el moro porque me pasara un peatón, y porque me pesaran en el estanquillo, para llegar a mi destino en calidad de certificado, costara los sellos que costara: imposible, me fue forzoso renunciar a mi proyecto, y aquí me tienes extraviada en el camino como carta de Posada Herrera».

«y aquí nos tienes con la nieve al cuello, en un lugarón que no tiene nombre en el mapa; yo furiosa, Purita desesperanzada de coger una proporción, y Juan dando patraditas en el suelo, soplándose los nudillos y murmurando a cada paso: ¡maldita sea mi suerte!».

También hace referencia al intenso frío de los inviernos madrileños de aquella época, causante de afecciones respiratorias según la creencia popular, como expresa el popular refrán: «El aire de Madrid mata un hombre y no apaga un candil».

«Figúrate, tú, Visita, que lo primero que hace Juan en cuanto llegamos a Madrid es coger una pulmonía».

Uno de los biógrafos clarinianos más reconocidos, Yvan Lissorgues, también refiere estas grandes nevadas al citar las vacaciones de Navidad de Leopoldo Alas en 1875:

«Este invierno, como otros, para salir de Oviedo tiene que esperar hasta principios de febrero que el puerto esté abierto» (Lissorgues, 2007).

La Regenta fue publicada en dos tomos por la editorial Daniel Cortezo y Cª. de Barcelona (el primero en diciembre de 1884 y el segundo en junio de 1885). Curiosamente, el envío por ferrocarril desde Barcelona de los ejemplares del primer tomo con destino a Asturias, se retrasó varios días al encontrarse intransitable el puerto de Pajares por las intensas nevadas. En Asturias nevó de forma ininterrumpida y copiosa desde el 26 al 29 de diciembre, bajo la influencia de una borrasca fría estacionaria, recogiéndose 43 mm[8] en forma de agua y nieve en Oviedo. El tren no llegó a Oviedo hasta el 5 de enero. El expectante *Clarín*, que recibió los primeros ejemplares de *La Regenta* a través de su librero en Oviedo el 7 o el 8 de enero, tuvo un regalo de Reyes muy especial.

---

[8] La cantidad de precipitación recogida por el pluviómetro se mide en milímetros (mm). Un milímetro equivale a un litro por metro cuadrado. En general, un espesor de un cm de nieve en el suelo equivale a un mm de precipitación líquida.

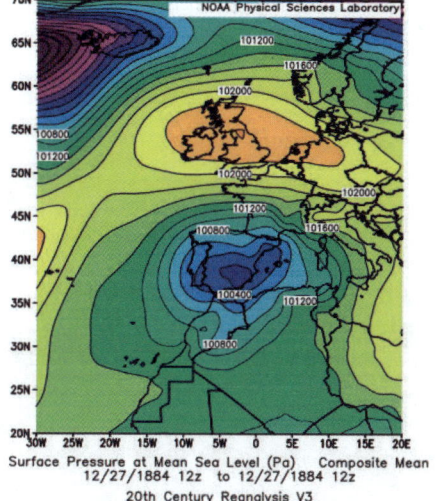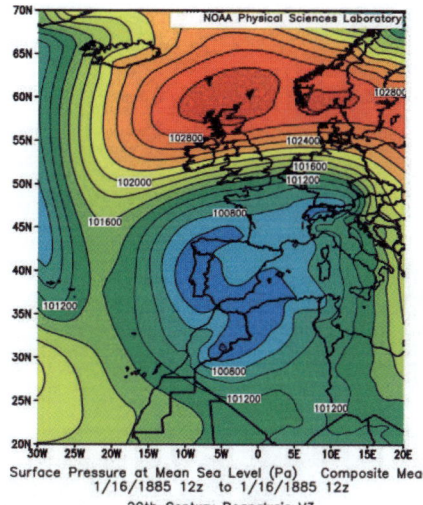

Figura 13. *Reanálisis de presión reducida al nivel del mar (Pa) del 27 de diciembre de 1884 a las 12 UTC.* Fuente: 20th Century Reanalysis v3. NOAA. NOAA/OAR/PSL, Boulder, Colorado, USA, https://psl.noaa.gov/

Figura 14. *Reanálisis de presión reducida al nivel del mar (Pa) del 16 de enero de 1885 a las 12 UTC.* Fuente 20th Century Reanalysis v3. NOAA. NOAA/OAR/PSL, Boulder, Colorado, USA, https://psl.noaa.gov/

En el *reanálisis*[9] de presión reducida al nivel del mar del 27 de diciembre de 1884, las isobaras (líneas de igual presión reducida al nivel del mar) muestran la borrasca centrada en la Península.

Poco tiempo después, entre el 14 y el 17 de enero de 1885, se repitió la situación *sinóptica*[10] con otra borrasca estacionaria y se acumuló un espesor de 16 cm de nieve en las calles de Oviedo.

El diario ovetense *El Carbayón* se hizo eco de la noticia en su edición del 16 de enero. El espesor de la nieve superó los 75 cm en zonas de montaña, mientras que en las inmediaciones de Oviedo alcanzó un espesor entre 10 y 20 cm, para disfrute de los jóvenes, como recoge el diario.

---

[9] Un reanálisis consiste en el análisis de una variable meteorológica, en este caso de presión reducida al nivel del mar, mediante trazado de isolíneas (isobaras en el caso de presión), a partir del postproceso de datos observados.

[10] La escala sinóptica en meteorología es aquella que abarca longitudes superiores a los 2000 km para el análisis de campos meteorológicos.

Figura 15. Imagen procedente del archivo municipal del Ayuntamiento de Oviedo. Archivo Adolfo Arman.

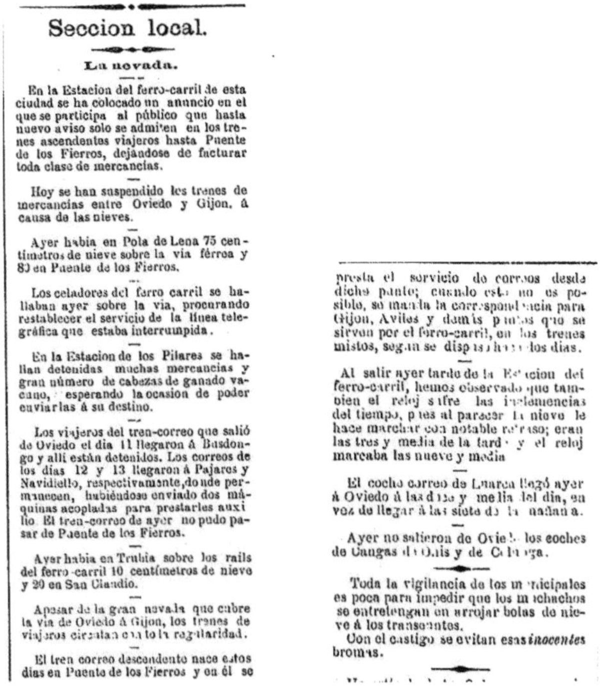

Seccion local.

La nevada.

En la Estacion del ferro-carril de esta ciudad se ha colocado un anuncio en el que se participa al público que hasta nuevo aviso solo se admiten en los trenes ascendentes viajeros hasta Puente de los Fierros, dejándose de facturar toda clase de mercancías.

Hoy se han suspendido los trenes de mercancías entre Oviedo y Gijon, á causa de las nieves.

Ayer había en Pola de Lena 75 centímetros de nieve sobre la via férrea y 80 en Puente de los Fierros.

Los celadores del ferro carril se hallaban ayer sobre la via, procurando restablecer el servicio de la línea telegráfica que estaba interrumpida.

En la Estacion de los Pilares se hallan detenidas muchas mercancías y gran número de cabezas de ganado vacuno, esperando la ocasion de poder enviarlas á su destino.

Los viajeros del tren-correo que salió de Oviedo el dia 11 llegaron á Busdongo y allí están detenidos. Los correos de los dias 12 y 13 llegaron á Pajares y Navidiello, respectivamente, donde permanecen, habiéndose enviado dos máquinas acopladas para prestarles auxilio. El tren-correo de ayer no pudo pasar de Puente de los Fierros.

Ayer había en Trubia sobre los rails del ferro-carril 10 centímetros de nieve y 20 en San Claudio.

Apesar de la gran nevada que cubre la via de Oviedo á Gijon, los trenes de viajeros circulan con toda regularidad.

El tren correo descendente nace estos dias en Puente de los Fierros y en él se

presta el servicio de correos desde dicho punto; cuando esto no es posible, se manda la correspondencia para Gijon, Aviles y demás puntos que se sirven por el ferro-carril, en los trenes mistos, segun se dispone en los dias.

Al salir ayer tarde de la Estacion del ferro-carril, hemos observado que tambien el reloj sufre las inclemencias del tiempo, pues al parecer la nieve le hace marchar con notable retraso; eran las tres y media de la tarde y el reloj marcaba las nueve y media.

El coche correo de Luarca llegó ayer á Oviedo á las diez y media del dia, en vez de llegar á las siete de la mañana.

Ayer no salieron de Oviedo los coches de Cangas de Onís y de Colunga.

Toda la vigilancia de los municipales es poca para impedir que los muchachos se entretengan en arrojar bolas de nieve á los transeuntes. Con el castigo se evitan esas *inocentes* bromas.

Figura 16. *El carbayón diario asturiano de la mañana: Año VII Número 1192-1885 enero 16.* Reproducción tomada de la Biblioteca Virtual del Principado de Asturias bajo licencia CC.O 1.0.

En contraste a las tristes noticias (hubo tres fallecidos: un cura que se extravió y dos aldeanos desaparecidos por un alud), el diario ofrecía otras curiosas noticias menos luctuosas.

El conductor de correo, detenido el jueves en el *cuarton* por arrojar una bola de nieve á un agente de órden público, no fué el de Siero, y sí el de Laviana.

Tenemos gusto en rectificar el error en que ayer incurrimos, porque el conductor del correo de Siero, *Xuan de Liquiñan*, se hallaba aquel dia ausente de Oviedo.

En estos dias se vendieron en Busdongo, por no poderse trasportar al punto donde iban destinadas, mas de treinta banastas de pescado, al reducido precio de medio real libra. A consecuencia del frio murieron en el mismo pueblo treinta y cinco gallinas.

Figura 17. El carbayón diario asturiano de la mañana: Año VII Número 1192-1885 enero 16.
Reproducción tomada de la Biblioteca Virtual del Principado de Asturias bajo licencia CC.O 1.0.

Pero la mayor nevada en Asturias de aquella época se registró en febrero de 1888 (*la nevadona de los tres ochos*). En Oviedo se recogieron 177 mm a lo largo de quince días, catorce de los cuales nevó y de éstos, dos días hubo tormenta y granizo (precipitación de glóbulos o trozos de hielo de tamaño variable). Los impactos fueron terribles, con gran número de personas fallecidas por avalanchas, graves pérdidas en el ganado, viviendas e infraestructuras destruidas, y comunicaciones cortadas.

LAS NIEVES EN ASTURIAS.—DESTROZOS CAUSADOS EN EL PUEBLO DE PAJARES POR UNA AVALANCHA.
(Croquis del natural, por el ingeniero de Caminos D. Eugenio Rivera.)

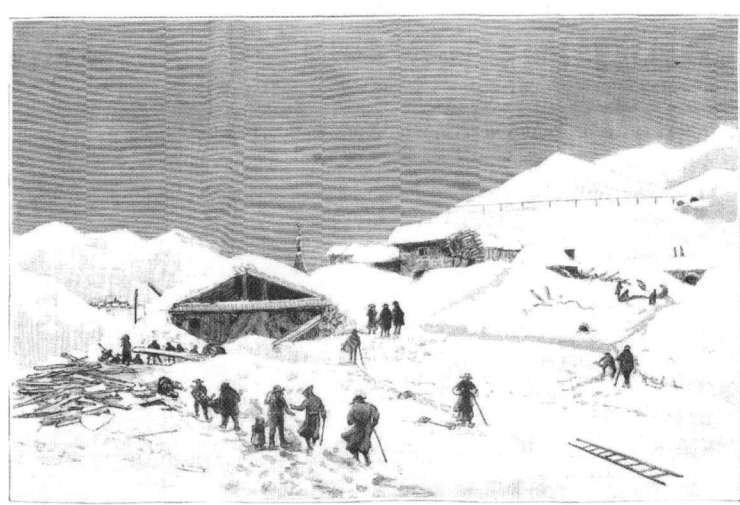

Figura 18. *Las nieves en Asturias. Destrozos causados en el pueblo de Pajares por una Avalancha (Croquis del natural, por el ingeniero de Caminos D. Eugenio Rivera. La Ilustración Española e Iberoamericana. 15 de marzo de 1888.*
Imagen procedente de los fondos de la Biblioteca Nacional de España bajo licencia CC-BY 4.0 o equivalente.

Figura 19. *Las máquinas exploradoras abriendo paso por la vía férrea- Entrada a una hospedería del Puerto. Viaducto de Matarredonda destruido por una avalancha el 27 de febrero último (De croquis del natural, remitido por el ingeniero D. Eugenio Ribera. La Ilustración Española y Americana. 8 de abril de 1888.* Imagen procedente de los fondos de la Biblioteca Nacional de España bajo licencia CC-BY 4.0 o equivalente.

En su habitual columna *Palique* en la revista *Madrid Cómico* del 24 de marzo de 1888, que titula *Broma de Carnaval retrasada por las nieves*, Clarín se refiere con sorna a esta intensa nevada.

«De mí puedo decirle, que en cuanto asturiano, he estado sin correo unos veinte días. ¿Qué civilización es esta? ¿Basta con que a los de los Estados Unidos les dé la gana de anunciar ciclones, para que yo me quede sin cartas y sin periódicos cerca de un mes? ¡Qué había mucha nieve! ¡Pues derretirla, freirla! ¿Qué se yo? Pero en fin, hacer administración».

La *Ilustración Española y Americana* también refería las copiosas nevadas registradas en América del Norte, en concreto del 11 al 13 de marzo de 1888 en New York, una de las nevadas de mayor impacto en la historia de la ciudad, y de las fuertes heladas en Montreal (Canadá), últimos coletazos de la Pequeña Edad de Hielo.

EL TEMPORAL EN LA AMÉRICA DEL NORTE.

MONTREAL (CANADÁ).— UN EDIFICIO INCENDIADO Y HELADO.   NUEVA YORK.—LA CALLE 114.ª DURANTE LAS ÚLTIMAS NEVADAS.

Figuras 20 y 21. (izqda.): *Montreal (Canadá) -Un edificio incendiado y helado;* (dcha.): *Nueva York. La calle 114 ª durante las últimas nevadas. La Ilustración Española y Americana. 8 de abril de 1888.*
Imagen procedente de los fondos de la Biblioteca Nacional de España bajo licencia CC-BY 4.0 o equivalente.

El reanálisis del 13 de marzo de 1888 a las 00 UTC muestra un anticiclón al sur de la bahía de Hudson y una profunda borrasca en el golfo de Maine, configuración que dio lugar a la entrada de una masa de aire polar muy frío a la vez que aire muy húmedo del Atlántico que confluyeron en la costa nordeste de Estados Unidos.

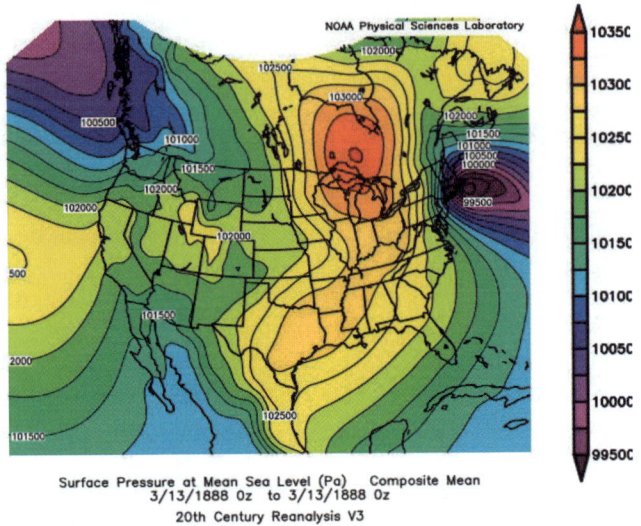

Figura 22. *Reanálisis de presión reducida al nivel del mar (Pa) del 13 de marzo de 1888 a las 00 UTC.* Fuente 20th Century Reanalysis v3. NOAA. NOAA/OAR/PSL, Boulder, Colorado, USA, https://psl. noaa.gov/

Su ironía también asoma en el número del 7 de abril de 1888, mencionando varios instrumentos meteorológicos, entre ellos el anemómetro, que se emplea para la medida de la intensidad o velocidad del viento (en el texto aparece escrito de forma incorrecta, quizás por error tipográfico), o el barómetro (utilizado para la medida de la presión atmosférica).

> «No sé por qué se ha de llevar en el bolsillo reloj, cronómetro, y no se ha de llevar barómetro, termómetro, ananemómetro y un metro natural, o cualquier medida para áridos, etc., etc. No llevamos la medida del calor o del frío, que hace, ni la del tiempo….que va a hacer (o no), no llevamos barómetro con o sin fluctuaciones».

En la actualidad siguen registrándose nevadas copiosas en la cordillera Cantábrica, pero los impactos son mucho menores, obviamente por la gran cantidad de recursos empleados en las campañas de vialidad invernal emprendidas por las administraciones públicas.

1.2. *Clarín* y las inundaciones de Murcia

Las precipitaciones de carácter torrencial típicas del sureste de la Península dan lugar en algunas ocasiones a crecidas e inundaciones de carácter catastrófico, existiendo registros históricos de dichos episodios desde hace siglos. El más reciente ha sido el ocurrido en Valencia el 29 de octubre de 2024, la catástrofe natural más grave del presente siglo en España, en la que perdieron la vida 227 personas.

En la segunda mitad del siglo XIX se produjeron numerosas riadas con víctimas en la región de Murcia, destacando la del 15 de octubre de 1879, conocida como *la riada de Santa Teresa*, que dejó más de 1000 fallecidos.

Estas lluvias torrenciales suelen producirse en otoño, periodo en que el mar, fuente inagotable de vapor de agua, adquiere mayor temperatura. La llegada de una *vaguada*[11] en niveles medios de la atmósfera o la formación de una DANA (acrónimo de Depresión Aislada en Niveles Altos), junto al flujo marítimo del este en niveles bajos, que aporta aire cálido y húmedo, originan precipitaciones torrenciales que en muchas ocasiones tienen carácter persistente y dan lugar a inundaciones. Los reanálisis de niveles medios y bajos de la atmósfera del 24 de octubre de 2024 muestran la depresión aislada en niveles medios de la atmósfera centrada en el Estrecho de Gibraltar, y un área de bajas presiones en superficie centrada en el mar de Alborán, con un fuerte *gradiente de isobaras*[12] en disposición casi *zonal*[13], que da lugar a un intenso flujo marítimo del este sobre las costas mediterráneas (figuras 23 y 24).

Las precipitaciones del 14 de octubre de 1879 en la región de Murcia provocaron las avenidas del río Guadalentín y del río Segura, inundando la vega baja del Segura durante casi 250 km hasta el mar, registrándose en Murcia capital un caudal de 2500 m³/s. Los reanálisis de niveles medios y bajos de la atmósfera muestran la DANA, ubicada al suroeste de la Península, en este caso sin apenas reflejo en el mapa de presión reducida al nivel del mar, y el flujo marítimo en niveles bajos sobre el sureste peninsular (figuras 25 y 26).

---

[11] Una vaguada es una ondulación marcada en forma de «U» o «V» de las isobaras o isohipsas (líneas que unen puntos de igual altitud e igual presión) que rodean una depresión atmosférica en una representación gráfica.

[12] El gradiente de isobaras es una medida de la separación de las mismas. En los mapas meteorológicos las isobaras indican la dirección del viento (paralelo a las isobaras dejando las altas presiones a la derecha en el hemisferio norte), y también la intensidad de acuerdo al gradiente (mayor intensidad cuanto menor sea el espaciado entre ellas y viceversa).

[13] Cuando las isobaras o isohipsas tienen aproximadamente la misma dirección que un paralelo terrestre, se considera que el flujo es zonal, mientras que si se orientan de forma paralela a un meridiano terrestre el flujo es meridiano.

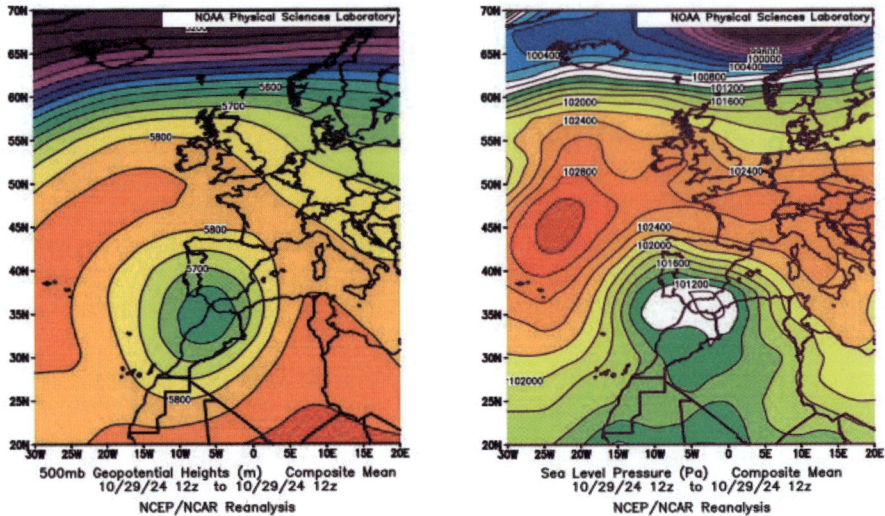

Figuras 23 y 24. *Reanálisis de altura de geopotencial en 500 hPa (izqda.) y de presión reducida al nivel del mar (dcha.) del 29 de octubre de 2024 a las 12 UTC.*
Fuente 6-Hourly NCEP/NCAR Reanalysis Data Composites. NOAA. NOAA/OAR/PSL, Boulder, Colorado, USA, https://psl.noaa.gov/

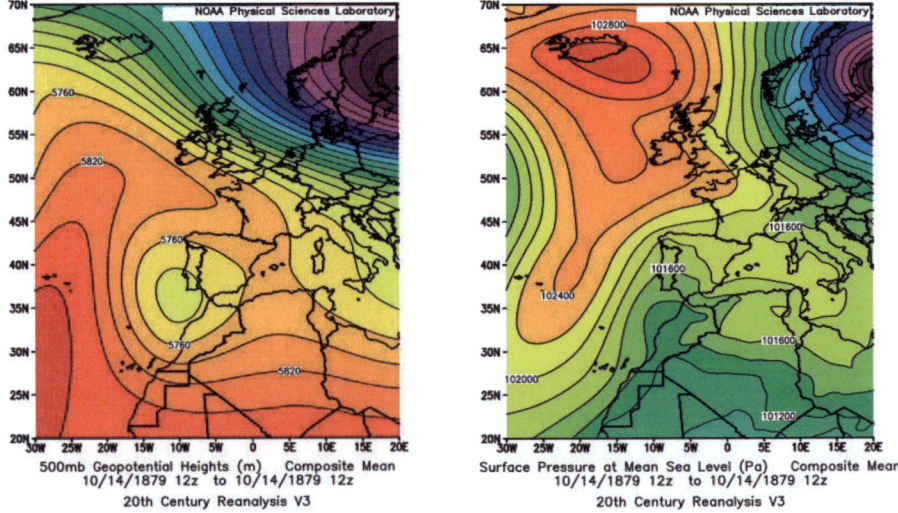

Figuras 25 y 26. *Reanálisis de geopotencial en 500 hPa (izqda.) y de presión reducida al nivel del mar (dcha.) del 14 de octubre de 1879 a las 12 UTC.*
Fuente 20th Century Reanalysis v3. NOAA. NOAA/OAR/PSL, Boulder, Colorado, USA, https://psl.noaa.gov/

Clarín publica en *La Unión* el 26 de octubre de 1879 un artículo de crítica social ante la desgracia provocada por esta riada, haciendo referencia a las condiciones meteorológicas, y censurando el despilfarro de los fastos con motivo de la inminente boda real del rey Alfonso XII con María Cristina de Habsburgo-Lorena. También emplea un modismo de carácter meteorológico: «acordarse de Santa Bárbara cuando truena», que significa «no pensar en prevenir un peligro o una contrariedad hasta que se ha presentado». Su origen se encuentra en el culto a Santa Bárbara, protectora de rayos y tormentas.

«Llovida del cielo, no se sabe por qué, ni para qué, acaso porque el ciclón pasó por allí y por nada más, la desgracia más horrorosa cae sobre una provincia».

«¿qué diferencia hay entre el visionario que pide constantemente alivio para la desgracia, reformas en bien del pobre, y los que se acuerdan de Santa Bárbara cuando truena?».

Figura 27. *Lorca.- Estragos causados por el desbordamiento del Guadalentín. Ruinas del Lavadero y Fuente del Oro. — La calle de la Rambla, después de la inundación. — Caserío de Santa Quitaria, y Casa-escuela, donde se salvaron 214 personas. (Croquis remitidos por el Sr. D. Manuel Barberau.) La Ilustración Española y Americana del Año XXIII, Número XLI. 8-11-1879.*
Imagen procedente de los fondos de la Biblioteca Nacional de España bajo licencia CC-BY 4.0 o equivalente.

Figura 28. *Imponente aspecto del rio Segura en las primeras horas de la madrugada del 15 de Octubre. Vista tomada desde el paseo del Malecón. La Ilustración Española y Americana del Año XXIII, Número XLI. 8-11-1879.*
Imagen procedente de los fondos de la Biblioteca Nacional de España bajo licencia CC-BY 4.0 o equivalente.

Según las proyecciones climáticas, estos episodios de lluvias torrenciales es muy probable que sean más frecuentes y extremos en los próximos años, por lo que se deberán realizar esfuerzos para mejorar las actuales medidas de mitigación y adaptación al cambio climático.

1.3 *Clarín*, testigo del inicio de la meteorología oficial

La meteorología oficial en España comenzó a mediados del siglo XIX con la creación de una red de Observatorios Meteorológicos, principalmente en Universidades e Institutos de capitales de provincia, que registraban las variables meteorológicas con fines estadísticos y académicos, pero el Servicio Meteorológico Nacional, cuya función primordial era la predicción meteorológica, no fue creado hasta 1887. Sin embargo, en Europa ya existían Servicios Meteorológicos desde mediados del siglo XIX que realizaban predicciones y avisos rudimentarios, que solían aparecer en la prensa.

La información meteorológica suscitaba el interés de la sociedad, y los datos eran publicados en la prensa diaria (curiosamente no aparecían en *El Carbayón*, el diario más popular de Oviedo en esa época, tal vez porque los datos de todos los Observatorios, enviados por telégrafo, ya figuraban en *La Gazeta*, diario oficial nacional).

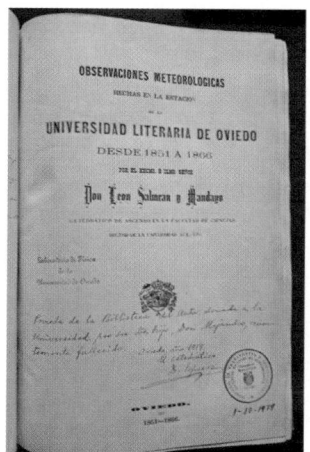 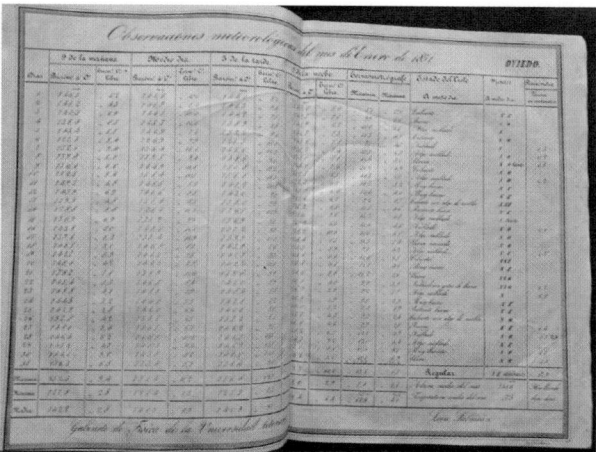

Figuras 29 y 30. *Cuadernos de observaciones meteorológicas del Observatorio de la Universidad de Oviedo.* Fuente: AEMET

El Observatorio Meteorológico de la Universidad de Oviedo comenzó su actividad en el año 1851, iniciándose una serie de observaciones meteorológicas que continúa en la actualidad en el Observatorio de la Agencia Estatal de Meteorología, en el ovetense barrio de El Cristo. Gracias a los registros meteorológicos diarios del Observatorio de la Universidad de Oviedo, y en especial a las publicaciones del director del observatorio en aquella época, el catedrático de instituto Luis González Frades, podemos conocer el clima y algunas efemérides de aquella época.

Leopoldo Alas, nacido tan solo un año después del inicio de estas observaciones, tuvo su primer contacto con la ciencia meteorológica durante su estancia en el instituto, donde tuvo como profesores a varios directores del Observatorio Meteorológico. Aunque la meteorología no era una asignatura lectiva, estos profesores debieron dejar su impronta en *Clarín*, unos conocimientos meteorológicos básicos que tanto él como el escritor Armando Palacio Valdés, su amigo y compañero del instituto, plasmaron en sus obras. El joven Leopoldo Alas, ávido y precoz lector, de espíritu inquieto y con ansias de aprender, y dotado de la curiosidad intelectual de los grandes genios, optó por la formación en *letras*; pero bien pudo optar por las *ciencias*, ya que su abuelo paterno, Ramón García Alas y González Pola, era profesor de matemáticas del Instituto Jovellanos de Gijón (del que llegó a ser director), y su hermano Genaro, ingeniero militar, destacó en el ámbito científico.

Leopoldo Alas ingresó en octubre de 1863 en el Instituto Provincial de Segunda Enseñanza, ubicado en el edificio histórico de la Universidad. En el patio suroeste de la misma, se encontraba el Observatorio Meteorológico. Consistía en un pequeño edificio o caseta y un jardín meteorológico, que albergaba una *garita tipo facistol*[14] con termómetros, un pluviómetro y un *actinómetro*[15], instalaciones que sin duda despertarían la curiosidad de los alumnos. Fue testigo del inicio de la azarosa construcción de la actual torre del edificio de la Universidad, destinada a observatorio meteorológico, que no fue terminada hasta 1871. En la memoria del curso académico 65-66 de la Universidad de Oviedo se cita esta circunstancia: «Las obras de la torre destinada al Observatorio meteorológico continuaron con bastante lentitud».

El responsable del inicio de las observaciones meteorológicas en la Universidad fue el catedrático León Pérez Salmeán y Mandayo (1810-1893). Entre sus alumnos se encontraba *Clarín*, tal y como relata el investigador clariniano Yvan Lissorgues:

«Profesor de Historia Natural, de Fisiología e Higiene es León Salmeán, ya mayor y también profesor de Física en la Universidad, amigo de su padre, tal vez por ser los dos amigos de Posada Herrera… Salmeán es catedrático de la Universidad y de él se dice que «aunque se llama León es manso como un cordero» (Lissorgues, 2007).

En el retorno definitivo de *Clarín* a Asturias en 1883, para ocupar su cátedra de Derecho Romano, le recibe su viejo profesor, ahora rector de la Universidad de Oviedo. Salmeán había sido nombrado rector el 6 de marzo de 1866, y en pleno curso académico le sustituye como docente Diego Terrero Pérez, doctor en Ciencias Físico-Matemáticas y profesor de Aritmética y Álgebra, a la vez que encargado y posterior director del Observatorio Meteorológico. Terrero era docente desde 1851, primero en la Universidad y después el Instituto, del que llegó a ser director. Yvan Lissorgues nos describe una velada literaria en la que participa este profesor.

«Lleno está el Paraninfo de la Universidad esta tarde de mayo. El señor alcalde, Longoria, representa la autoridad. Pocas mujeres. Él echa de menos el bello sexo: «Donde hay que sentir, admirar o amar siempre está bien la mujer».

Don Diego Terrero, que fue su profesor de matemáticas, lee, parece mentira, el Idilio de Núñez de Arce y con muy sentida entonación» (Lissorgues, 2007).

Aficionado a la poesía, fue presidente de la sección literaria del Círculo Mercantil e Industrial de Oviedo y miembro de la Sociedad Económica de Amigos del País de Asturias (Maz-Machado et al, 2021), y por tanto tenía

---

[14] Una garita o abrigo meteorológico es una construcción de madera diseñada para albergar los termómetros y protegerlos de la radiación solar, permitiendo la circulación del aire y así una medida correcta de la temperatura. La de tipo facistol o Glaisher es un simple techado de madera, a diferencia de la de tipo Stevenson, estructura cerrada con lamas de madera.

[15] El pluviómetro es un cilindro metálico con un embudo en la parte superior y un recipiente para recoger la precipitación en su interior, mientras que el actinómetro o pirheliómetro es un instrumento de medida de la radiación solar directa.

afinidades con *Clarín*. Como director del Observatorio Meteorológico le sustituye el catedrático de Física José Ceruelo, profesor de Física y Nociones de Química en el Instituto.

Aunque no consta en los estudios biográficos sobre *Clarín*, resulta verosímil que tuviera un especial vínculo con Luis González Frades, catedrático de Físico-Química en el Instituto y compañero del claustro universitario, en el que ejercía de secretario. Un año mayor que Leopoldo Alas y nacido en Valladolid, González Frades, fue encargado y posterior director del Observatorio Meteorológico entre 1877 y 1891. Su abuelo, Pedro González Martínez fue el primer director del Museo Provincial de Bellas Artes de Valladolid (actual Museo Nacional de Escultura), cargo que también ocupó su padre. Sin duda esto influyó en su formación humanista, realizando estudios de pintura, además de los estudios universitarios en Ciencias Físico-Químicas en los que obtuvo el grado de doctor (Rodríguez-Mendizábal, 2008).

Figura 31. *Luis González Frades, por Luciano Sánchez Sanctarén*. Real Academia de Bellas Artes de la Purísima Concepción. Valladolid.

49

González Frades, fue destacado meteorólogo y profesor universitario, con varias publicaciones científicas y libros de texto, además de inventor de un *anemógrafo*[16] eléctrico. Fue miembro de la Junta Provincial de Agricultura, Industria y Comercio de Oviedo. Personaje conocido y querido en Oviedo, solía ser citado en la prensa local, como cuando recibió en abril de 1885 el premio de mérito por servicios extraordinarios en la enseñanza. Por todo ello, presumimos que pertenecía al círculo intelectual de Oviedo y que era asiduo del Casino y las tertulias donde, sin duda, González Frades polarizaría el interés de la audiencia cuando el tiempo era noticia.

El Casino de Oviedo se encontraba en el palacio de Valdecarzana-Heredia, que se aprecia en este óleo de Eduardo Casielles, detrás de un jardincillo.

Figura 32. *Plaza de la Balesquida en Oviedo*. Eduardo Casielles. Ca 1885-1990. © Museo de Bellas Artes de Asturias.

---

[16] El anemógrafo es un instrumento registrador de la velocidad o intensidad del viento.

Figura 33. Imagen procedente del archivo municipal del Ayuntamiento de Oviedo.

A finales del siglo XIX la meteorología comenzaba a despertar el interés público, surgiendo los primeros aficionados. En *Sermón perdido* (1885), se encuentra la crítica al poema *Pedro Abelardo*, de Emilio Ferrari. Con cierta sorna, *Clarín* escribe:

> «¡Que ni en la iglesia ha de dejar el Sr. Ferrari su afición a la meteorología! Esto de describir a troche y moche ¿no comprende que raya en obsesión?».

El 17 de mayo de 1884 se publicaba en *El Carbayón* un interesante artículo titulado *Meteorología Popular*, firmado por J.M.L.D., en el que se propone la construcción de una *columna meteorológica* en Oviedo, dotada de instrumentos meteorológicos para consulta de los ciudadanos. El 9 de abril de 1892 el consistorio aprobó su construcción, siendo erigida en la actual plaza de Riego. Sin embargo, no llegó a ser dotada de instrumentos, por lo que fue aprovechada pocos años después, en 1898, para sostener el busto del ilustre ingeniero de minas Guillermo Schulz hasta 1993, año en que fue sustituido por el busto del general Riego. La figura 33 muestra el aspecto de la plaza de Riego a principios del siglo XX, donde se puede apreciar el busto de Schulz y el torreón de la Universidad, que alberga en su azotea la garita con los instrumentos meteorológicos del Observatorio.

En la siguiente fotografía de Adolfo Arman, tomada en la plazoleta que une las calles Rúa y Cimadevilla, de probablemente principios del siglo XX, se observa al lado de la farola un instrumento con una de esfera y aguja indicadora, similar a un reloj, que quizás podría ser un barómetro o un termómetro.

Figura 34. Imagen procedente del archivo municipal del Ayuntamiento de Oviedo.

En *Mezclilla* (1889), *Clarín* muestra su ironía refiriendo las observaciones meteorológicas:

> «No sólo son los enemigos declarados del naturalismo los que disparatan al tratar de él, sino también muchos bien intencionados partidarios de innovaciones que se hacen peligrosas en cuanto son mal comprendidas. Y no sólo en teoría, no sólo en manos de la crítica más o menos titulada, sino, lo que es peor, en poder de algunos novelistas, el tal naturalismo comienza a ser tomado por las hojas, y van apareciendo volúmenes y volúmenes de insulsas y vulgarísimas observaciones, poco más que meteorológicas, y estamos amenazados de poseer dentro de pocos años, si esto no cambia, una literatura tan abundante en páginas como soporífera».

Los estudiosos e investigadores de la obra de *Clarín* han identificado muchos matices autobiográficos en su producción literaria. No es por tanto de extrañar que en sus obras proyecte sus vivencias meteorológicas, el tiempo y el clima experimentado durante su ejercicio vital. El mismo *Clarín* decía:

> «los naturalistas se atienen por lo común al círculo geográfico que le señalan sus observaciones reales» (*La Diana*, 1882, citado por Oleza, 1988).

Clarín pasó prácticamente todos los veranos de su vida en la finca familiar de Guimarán, en el concejo asturiano de Carreño, y la mayor parte de su infancia y adolescencia en Oviedo, donde residiría definitivamente desde el mes de julio de 1883 hasta su fallecimiento en 1901. El singular clima de Asturias no deja indiferentes a sus habitantes, y a uno de sus más ilustres, Leopoldo Alas, le interesaba la meteorología. En este artículo del *Imparcial* define a la perfección el estío asturiano de la época: «primavera al principio, suave otoño después, verano apenas algún día».

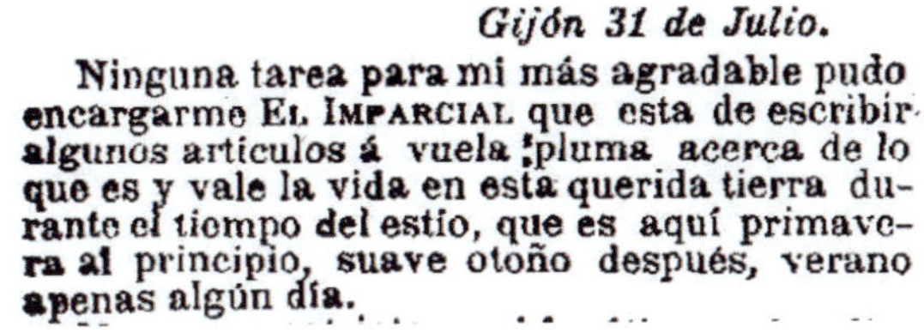

Gijón 31 de Julio.

Ninguna tarea para mi más agradable pudo encargarme EL IMPARCIAL que esta de escribir algunos artículos á vuela ¡pluma acerca de lo que es y vale la vida en esta querida tierra durante el tiempo del estío, que es aquí primavera al principio, suave otoño después, verano apenas algún día.

Figura 35. *El imparcial. 17 de agosto de 1894.*
Imagen procedente de los fondos de la Biblioteca Nacional de España bajo licencia CC-BY 4.0 o equivalente

Un clima veraniego similar al de algunos años recientes, como 2011, que resultó muy frío respecto al periodo de referencia 1991-2020, con una anomalía de -1.0 °C en las temperaturas máximas (figura 36).

Leopoldo Alas recibió una completa formación en sus años de instituto, con varios profesores que destacaron en el ámbito de la meteorología, que tal vez despertaron en *Clarín* el interés por esta ciencia.

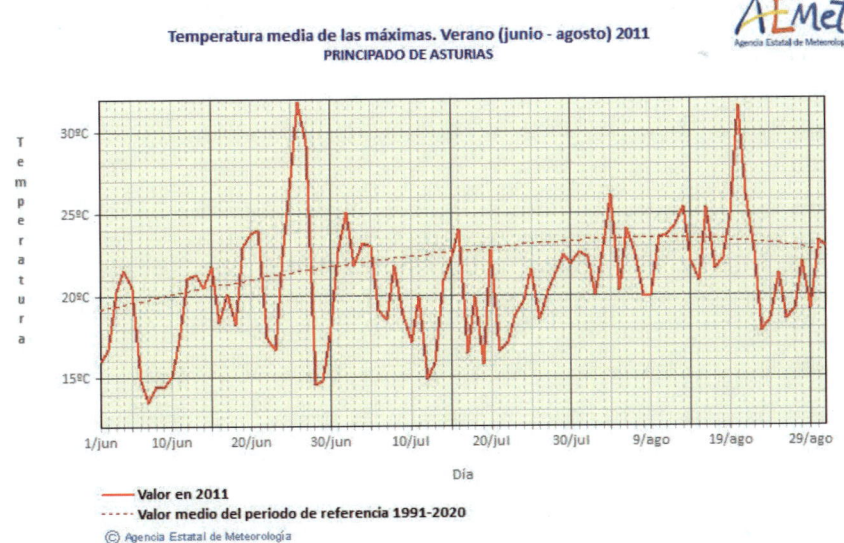

Figura 36. *Temperatura media de las máximas diarias en verano en el Principado de Asturias en 2011 (periodo de referencia 1991-2020) obtenido con todas las estaciones disponibles.* Fuente: AEMET.

2. MADRID Y OVIEDO, CLIMAS MUY DIFERENTES

Leopoldo Alas estuvo buena parte de su vida, entre los 19 y los 30 años, alternando su residencia entre Madrid y Asturias. El clima de Madrid, tan diferente al de Oviedo, dejó huella en el escritor, como se lee en esta cita que aparece en el cuento titulado *Reflejo. Confidencias,* publicado en *El gallo de Sócrates* (1901):

> «Voy muy pocas veces a Madrid, entre otras razones, porque le tengo miedo al clima. Después de tantos años de ausencia, he perdido ya en la corte la ciudadanía... climatológica (si vale hablar así, que lo dudo), bien ganada, *illo tempore,* en la alegre y descuidada juventud».

El clima de Madrid a finales del siglo XIX, comparado con el de Oviedo, era mucho más seco (precipitación media anual de 431 mm y 843 mm respectivamente). En el gráfico 1 podemos observar esa diferencia, muy marcada durante todos los meses del año.

En cuanto al carácter térmico, los inviernos en Madrid eran más fríos que en Oviedo, como podemos observar en el gráfico 2. En la tabla 1 se aprecia que las temperaturas mínimas en los meses de diciembre y enero eran realmente gélidas en Madrid (valor medio mensual de 0,1 ºC y 0,0 ºC respectivamente). Sin embargo los veranos en Madrid eran mucho más cálidos que en Oviedo. Estas características térmicas comparativas poco han cambiado en la actualidad, salvo la tendencia al alza del valor de referencia en ambas capitales, como consecuencia del cambio climático.

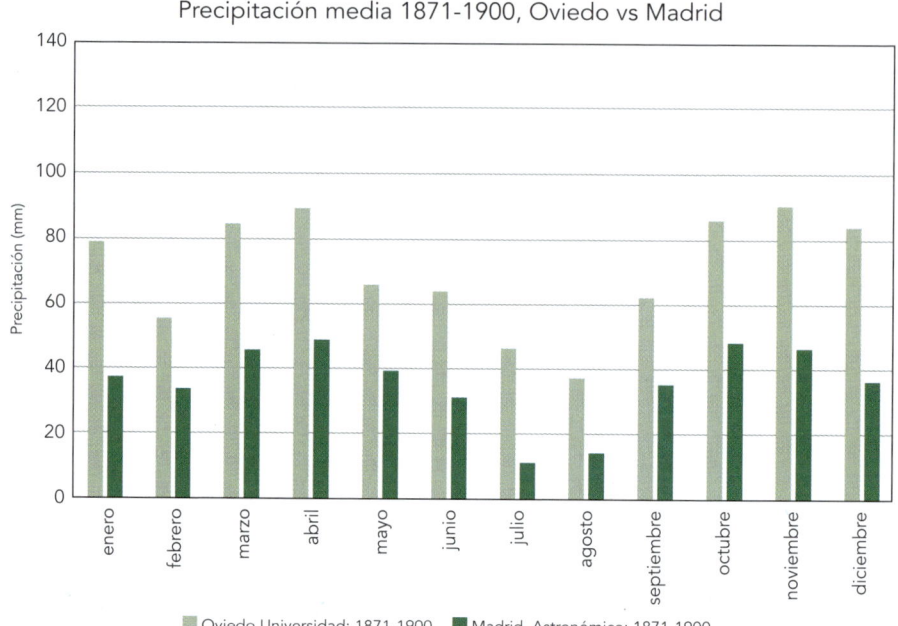

Gráfico 1. *Comparativa de precipitación media mensual en los Observatorios de Oviedo y Madrid en el periodo de referencia 1871-1900.* César Rodríguez Ballesteros. Fuente AEMET

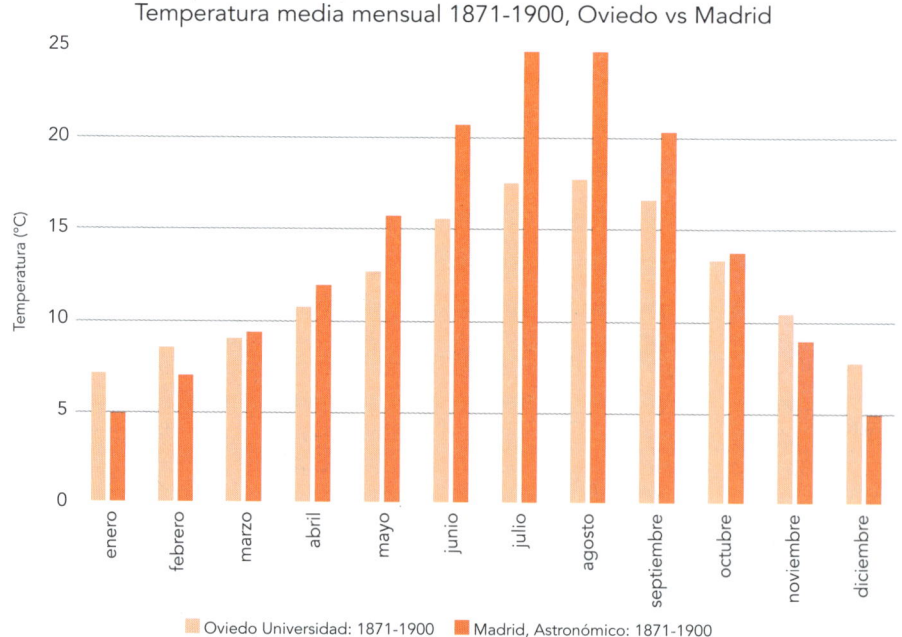

Gráfico 2. *Comparativa de temperatura media mensual en los Observatorios de Oviedo y Madrid en el periodo de referencia 1871-1900.* César Rodríguez Ballesteros. Fuente AEMET

	Oviedo: Valores medios del periodo 1871-1900 (P1)				Madrid: Valores medios del periodo 1871-1900 (P2)				Diferencia entre ambos periodos (P1 - P2)			
	T. Med	T. Máx	T. Mín	Prec	T. Med	T. Máx	T. Mín	Prec	T. Med	T. Máx	T. Mín	Prec
Ene.	7,1	11,1	3,2	78,7	4,9	9,7	0,0	37,4	2,2	1,4	3,2	41,3
Feb.	8,5	12,8	4,2	55,8	7,0	12,6	1,3	33,7	1,5	0,2	2,9	22,1
Mar.	9,0	13,1	4,8	84,1	9,3	15,5	3,0	46,2	-0,3	-2,4	1,8	37,9
Abr.	10,7	14,9	6,6	89,2	11,9	18,5	5,3	49,3	-1,2	-3,6	1,3	39,9
May.	12,6	16,8	8,4	65,8	15,7	23,1	8,3	40,0	-3,1	-6,3	0,1	25,8
Jun.	15,5	19,6	11,3	63,3	20,7	28,7	12,6	31,2	-5,2	-9,1	-1,3	32,1
Jul.	17,6	21,7	13,5	46,2	24,7	33,4	16,1	11,5	-7,1	-11,7	-2,6	34,7
Ago.	17,8	22,2	13,2	37,2	24,7	33,4	15,9	14,8	-6,9	-11,2	-2,7	22,4
Sep.	16,6	21,1	12,1	61,8	20,3	27,8	12,8	35,9	-3,7	-6,7	-0,7	25,9
Oct.	13,3	17,3	9,2	86,1	13,7	19,8	7,5	48,2	-0,4	-2,5	1,7	37,9
Nov.	10,4	14,3	6,6	90,4	8,9	14,0	3,7	46,1	1,5	0,3	2,9	44,3
Dic.	7,7	11,5	3,9	83,9	4,8	9,4	0,1	36,8	2,9	2,1	3,8	47,1
Anual	12,2	16,4	8,1	842,5	13,9	20,5	7,2	431,1	-1,7	-4,1	0,9	411,4

Tabla 1. *Comparativa de valores medios mensuales de temperaturas y precipitación en los Observatorios de Oviedo y Madrid en el periodo de referencia 1871-1900.* César Rodríguez Ballesteros. Fuente AEMET

Tras su etapa madrileña, *Clarín* vuelve a Asturias, resultando lógico que percibiera un clima mucho más húmedo, como proyecta en *La Regenta*. Sin embargo, resulta llamativo tras la lectura de esta obra que, según los datos climatológicos de la serie histórica de Oviedo, la cantidad de precipitación acumulada a finales del siglo XIX era bastante inferior a los valores actuales, especialmente en otoño e invierno, aunque en los meses de junio y julio, ésta era ligeramente superior a la actualidad, como podemos apreciar en el gráfico 3.

En cuanto a la temperatura (sin correcciones por cambio de emplazamiento), el clima a finales del siglo XIX era mucho más frío que el actual, como se observa en el gráfico 4, mostrando de forma inequívoca los efectos del cambio climático.

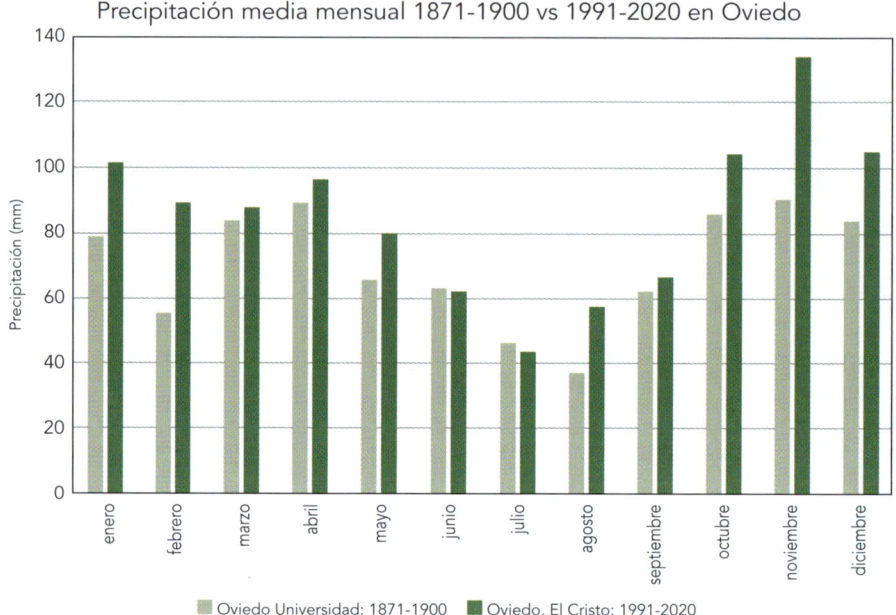

Gráfico 3: *Comparativa de precipitación media mensual en Oviedo (periodo 1871-1900 vs periodo 1991-2020)*. César Rodríguez Ballesteros. Fuente AEMET

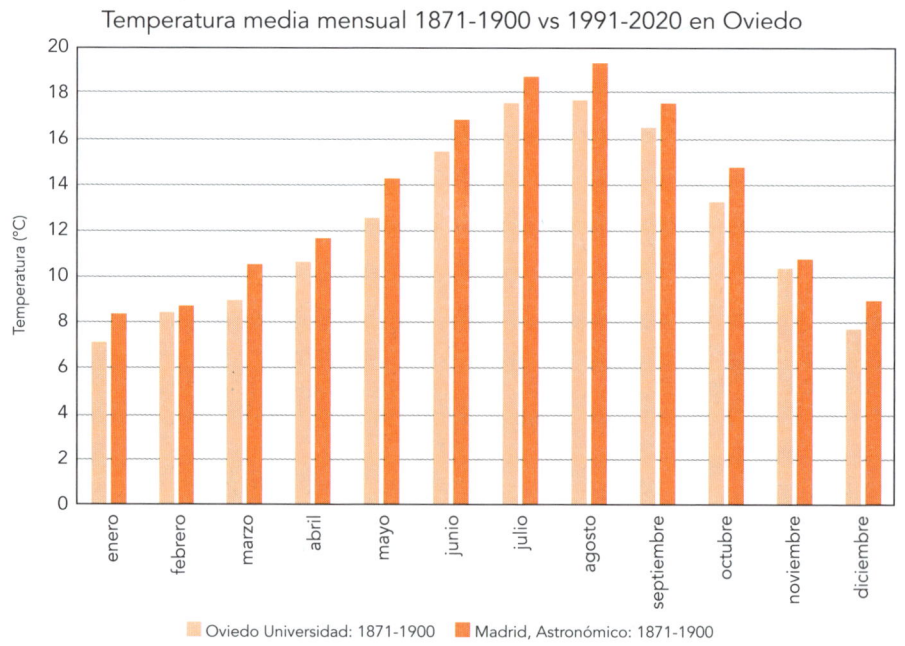

Gráfico 4. *Comparativa de temperatura media mensual en Oviedo (periodo 1871-1900 vs periodo 1991-2020)*. César Rodríguez Ballesteros. Fuente AEMET

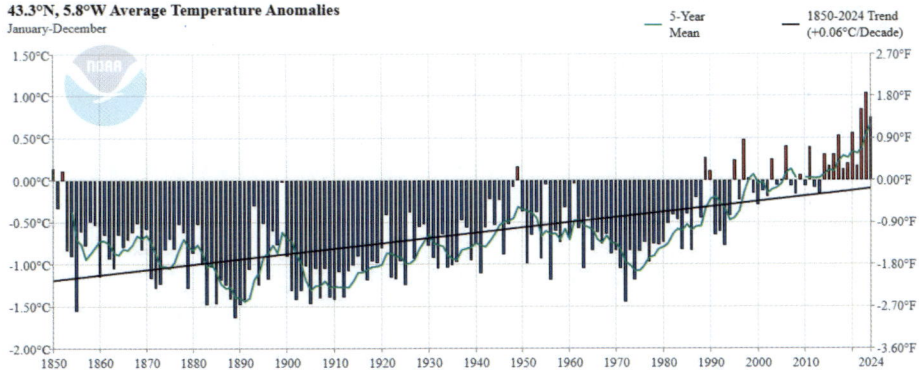

Gráfico 5. *Anomalías de temperatura media anual respecto al periodo de referencia 1991-2020, media móvil (5 años) y tendencia 1850-2024.* NOAA National Centers for Environmental information, Climate at a Glance: Global Time Series, published January 2025, retrieved on January 28, 2025 from https://www.ncei.noaa.gov/access/monitoring/climate-at-a-glance/global/time-series

El programa de reconstrucción climática de la *National Oceanic and Atmospheric Administration (NOAA)* nos muestra de forma aproximada la evolución de la temperatura media anual en Oviedo desde 1851 hasta la actualidad, observándose claramente una tendencia ascendente, consecuencia del actual cambio climático, con un incremento brusco de temperatura en los últimos años.

Según esta base de datos, los años 1883, 1884 y 1885, años en torno a la publicación de *La Regenta*, fueron fríos, con anomalías de -1,55 ºC, -1,10 ºC y -1,54 ºC respecto a la media del periodo de referencia actual (1991-2020), valores parecidos a los registrados en el Observatorio de la Universidad de Oviedo (anomalías de -1,7 °C, -1,8 °C y -1,9 °C respectivamente). En el último capítulo realizamos un completo análisis comparativo del clima en tiempos de *La Regenta* y en la actualidad, teniendo en cuenta factores adicionales como los provocados por el cambio de emplazamiento del Observatorio de Oviedo.

REFERENCIAS AL TIEMPO Y CLIMA
EN *LA REGENTA*

3.1 Breves apuntes biográficos

A lo largo de su vida, Leopoldo Alas viajó por buena parte del territorio español. En su infancia y adolescencia, motivado por los diversos destinos de su padre, Gobernador Civil; y en su madurez, por cuestiones académicas y profesionales. De esta forma, pudo conocer diferentes climas, y con su carácter observador, adquirir experiencias meteorológicas que acumuló en su memoria para plasmarlas en algunas de sus obras, como *La Regenta*. Por ello es interesante ahondar en los aspectos biográficos. Yvan Lissorgues, en su exhaustivo trabajo sobre la vida de *Clarín*, detalla los múltiples viajes y datos biográficos que a continuación resumimos (Lissorgues, 2007).

Aunque nacido en Zamora el 25 de abril de 1852, es muy probable que antes de cumplir los dos años acompañara a su madre a Oviedo, donde residían sus abuelos maternos, con breves estancias en la finca de sus abuelos paternos en Guimarán, en el concejo asturiano de Carreño. En julio de 1858 su padre, Gobernador Civil de Zamora, toma posesión del cargo de Gobernador Civil de León, y la familia se traslada a esta ciudad. En marzo de 1863, su padre es nombrado Gobernador Civil de Pontevedra, y la familia lo acompaña hasta mayo de 1863, en que retorna a Oviedo.

Asentado en Oviedo, Leopoldo inicia el bachillerato, pero en julio de 1865 su padre es nombrado Gobernador Civil de Guadalajara, y la familia se traslada a esta ciudad, donde el hermano mayor de Leopoldo cursaba la carrera militar como alumno de la Academia de Ingenieros. En febrero de 1866, la familia, por motivos personales, retorna a Oviedo. Leopoldo inicia la carrera de Derecho en 1869 que finaliza en tan solo dos años. En septiembre de 1871 *Clarín* fija su residencia en Madrid, doctorándose en Derecho, a la vez que comienzan sus colaboraciones periodísticas. Durante este periodo sigue vinculado a Asturias, donde pasa los meses de verano entre Carreño, Candás y Gijón, y las vacaciones durante el curso académico en Oviedo. También visita brevemente León y Valladolid en marzo de 1876.

El 25 de septiembre de 1882, Leopoldo Alas se traslada a Zaragoza en compañía de su mujer y toma posesión de su plaza de catedrático de Economía Política y Estadística en la Universidad de Zaragoza. Poco después, el Marqués de Riscal, propietario y director del periódico *El Día* le encarga un trabajo de investigación social y económica sobre la crisis de hambruna en Andalucía. Pide licencia al rector y emprende este viaje desde el 26 de diciembre de 1882 al 29 de enero de 1883, visitando Córdoba, Jerez, Málaga, Cádiz y Granada. El curso académico 1882-1883 residió en Zaragoza. En julio de 1883, obtiene destino como catedrático de Derecho Romano en la Universidad de Oviedo, donde reside hasta su prematura muerte el 13 de junio de 1901.

3.2 El proceso creativo de *La Regenta*

Durante 1884 disminuyen notablemente las colaboraciones periodísticas de Clarín para centrarse en la redacción de *La Regenta,* que por necesidades editoriales se publicó en dos tomos.

No existe consenso sobre cuándo comenzó a escribirse *La Regenta*, pero la mayoría de los investigadores clarinianos señalan que fue escrita entre el otoño de 1883 y la primavera de 1885. Según Yvan Lissorgues, comenzó a ser escrita en el verano de 1883 y un año después estaba prácticamente finalizado el primer tomo (a finales de octubre de 1884 se encuentra en la editorial el primer tomo a falta de incluir las ilustraciones, y fue publicado en diciembre de 1884). Respecto al segundo tomo, su redacción finalizó en la primavera de 1885 (a finales de abril o principios de mayo, siendo publicado en el mes de junio). Según otro investigador de la obra de *Clarín*, Antonio Vilanova, el primer tomo comenzó a escribirse a principios de otoño de 1883 y finalizó a mediados de junio de 1884 (Vilanova, 2001). El clariniano Ricardo Labra, precisa como fecha de inicio el mes de enero de 1883, durante su viaje a Andalucía y concretamente en la ciudad de Córdoba (Labra, 2021). Según Juan Antonio Cabezas, la idea inicial surgió en 1880 (Cabezas, 1946).

El manuscrito original, custodiado por la Biblioteca de Asturias Ramón Perez de Ayala (biblioteca Tolivar Alas), es conocido por los clarinianos como *La Regentina* (figura 37). Tan solo se conservan los once primeros capítulos, y aparecen intercaladas notas de trabajo (*cuaderno de Córdoba*) tomadas durante su viaje como corresponsal a Andalucía, donde se incluyen hojas sueltas con bosquejos de la obra. Curiosamente, su datación aparece entre signos de interrogación: «¿1880-1884?»

En cualquier caso, durante buena parte del periodo creativo de la novela, *Clarín* permaneció en Asturias, por lo que no resulta descabellado pensar que el tiempo registrado durante esos años, como experiencia vital, influyera en el momento de incluir las numerosas referencias climáticas que aparecen en *La Regenta*. Sin embargo, los datos registrados durante ese periodo, muestran que 1883 y 1884 (con 830 mm y 736 mm de precipitación anual respectivamente), fueron años especialmente secos respecto al valor de referencia, datos que resultan incompatibles con la excesiva pluviosidad que se intuye tras la

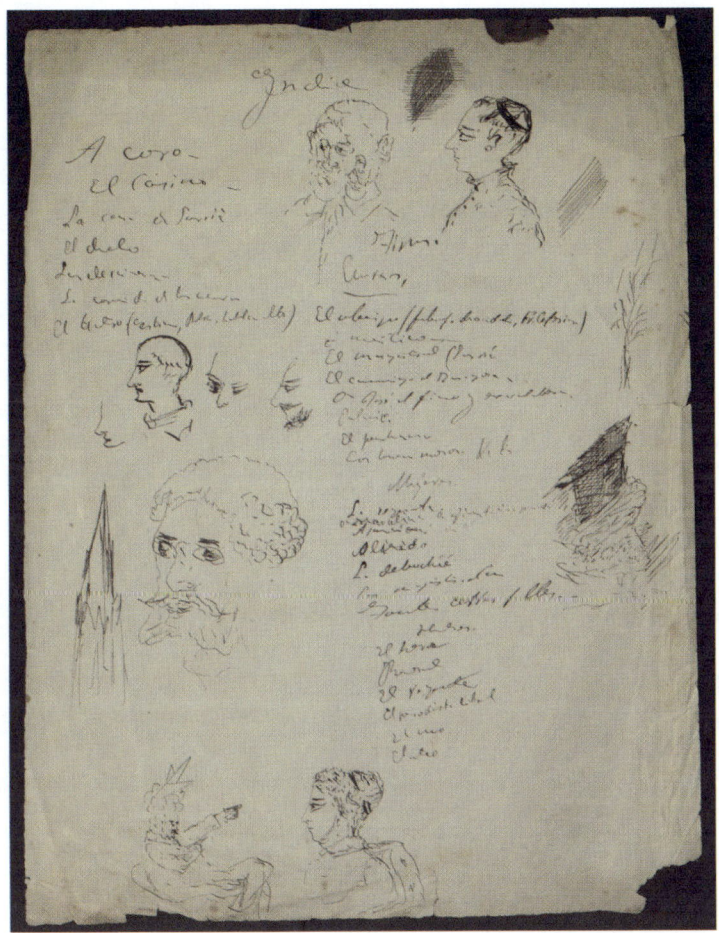

Figura 37. *La Regenta [Manuscrito] / Leopoldo Alas «Clarín» (¿entre 1880 y 1884?).*
Biblioteca de Asturias «Ramón Pérez de Ayala». Depósito Tolivar Alas. Reproducción tomada de la
Biblioteca Virtual del Principado de Asturias bajo licencia CC.O 1.0.

lectura de la obra, pero no hay que olvidar que aún en climas muy húmedos, es normal que algunos años sean secos.

Es importante separar el proceso de gestación de la novela del proceso de escritura. *Clarín* tenía una gran facilidad para escribir de forma rápida y fluida, obviamente después de un largo proceso de meditación. Los investigadores de su obra destacan su prodigioso intelecto, capaz de componer y retener en su mente el texto que luego plasmaba con fluidez extraordinaria, sin apenas correcciones, en sus escritos, incluso sin disponer de copias o borradores de los manuscritos. En ese proceso, pese a las frecuentes analepsis del relato, se observa una sorprendente continuidad en la descripción del tiempo meteorológico.

Es indudable que *Clarín*, dentro del proceso creativo adaptó el tiempo y el clima de Oviedo a su obra, resultando coherente con el clima de esa época, recurriendo a la lluvia y a la tormenta para añadir dramatismo en algunos pasajes, de una forma que resulta verosímil. También resulta llamativo el frecuente uso de términos meteorológicos y marinos en símiles y metáforas.

Los recuerdos y vivencias *climáticas* de Leopoldo Alas antes de escribir *La Regenta,* proceden de sus estancias durante su infancia y adolescencia en Asturias, León y Guadalajara, y ya en su madurez, del tiempo de residencia en Madrid y Asturias, sin olvidar la impresión recibida en algunos de sus viajes, como el realizado recién casado por Andalucía. Conoció por tanto climas variados, pero en *La Regenta*, al igual que nos describe el ambiente social y moral, el paisaje o el urbanismo de Oviedo de aquella época, nos describe su clima, utilizando su repertorio de *experiencias climáticas* de forma acertada, dando credibilidad en este aspecto al relato. Incluso podría considerarse que el tiempo y el clima son, en cierto modo, el hilo conductor de la novela.

3.3 Vetusta, Lancia y Nieva: la lluvia

El clima presenta una variabilidad interanual, de forma que cada año tiene un carácter térmico y pluviométrico diferente. *Clarín* por tanto experimentó años lluviosos, normales y secos, pero consideró caracterizar el clima de *Vetusta* como excesivamente húmedo, tal vez por el fuerte contraste que supuso pasar de vivir en Madrid, con un clima seco, a vivir en Oviedo, con un clima húmedo.

El lector o lectora de *la Regenta* que no conozca Oviedo (*Vetusta*), probablemente se lleve la impresión de una ciudad triste e inhóspita por su clima lluvioso, pese a que en la novela aparecen episodios de buen tiempo. La subjetividad del autor, su estado anímico y más bien la oportunidad argumental, transmiten esa visión negativa a través de la protagonista, que contrasta con la visión positiva de Joaquín Calvo Sotelo (1905-1993), miembro numerario de la Real Academia de la Lengua, en un artículo titulado *Lluvia,* publicado en 1962, del que extraemos estas citas:

> «Hay ciudades, pueblos preparados para la lluvia, a los cuales la lluvia les va bien. El paisaje natural y urbano que los envuelve se acomoda a la lluvia y, cuando ésta baja de las nubes, resbala sobre cauces y huellas muy conocidos, por los que ya pasó muchas veces y que se diría que la esperan como a un visitante periódico con el que se congenia. A esas ciudades la lluvia les dota de una singular belleza, les pule las viejas piedras, les limpia los pizarrosos tejados y, no satisfecha con esos oficios, los complementa con otros musicales, y así tintinea sobre el cinc de los canalillos o canta por el tobogán de las gárgolas. Santiago de Compostela es la ciudad maridada por excelencia con la lluvia, cuyo encanto y misterio resplandece un punto menos bajo la luz del sol y cobra, por el contrario, sus tonos de plateresca custodia si un cielo sombrío la remata, del que el zumo del agua se exprime metódica y parsimoniosamente dando luminosidad de espejos a las losas de la Rúa Nueva.

Cuando la lluvia es fiel acompañante de la ciudad, como quienes la habitan están siempre preparados para su llegada y ni en los vestuarios más humildes falta el capuchón impermeable o el ancho paraguas aldeano, que, de hecho, se necesitan continuamente, rara es la ocasión en la que sus poseedores se atreven a salir a la calle sin llevarlos consigo. El impermeable y el paraguas se convierten así en prendas de uso tradicional y diario, del que en muy raras ocasiones —la flor del verano y la flor del día— se prescinde».

«Si Santiago —análogamente Bilbao, Oviedo— son las ciudades peninsulares en los que los índices pluviométricos alcanzan cifras más altas, Londres, en escala internacional, los supera y rebasa».[17]

Armando Palacio Valdés, reconocido escritor y amigo de Leopoldo Alas, publicó en 1893 la novela titulada *El Maestrante*. Ambientada también en Oviedo y en la misma época, presenta similitudes con *La Regenta*. En la novela aparecen referencias al tiempo y el clima, aunque no con tanta profusión como en la obra de *Clarín*. En algunos aspectos, como en el meteorológico, es una contrafigura de *La Regenta* (Labra, 2021). Si ésta última da comienzo con la descripción de la situación meteorológica, una situación otoñal de viento sur, *El Maestrante* comienza con una situación invernal del noroeste. Palacio Valdés nos describe la indumentaria usada en la época para la lluvia en la ciudad ficticia de *Lancia* (Oviedo).

«En las entrañas mismas del invierno, como ahora, y soplando un viento del noroeste recio y empapado de lluvia, con dificultad se tropezaba alma viviente. No quiere esto decir que todos se hubiesen entregado al sueño. Lancia, como capital de provincia, aunque no de las más importantes, es población donde ya en 185... se había aprendido a trasnochar. Pero la gente se metía desde primera hora en algunas tertulias y sólo salía de ellas a las once para cenar y acostarse. A esta hora, pues, solían tropezarse algunos grupos resonantes que caminaban a toda prisa resguardados por los paraguas; las señoras rebujadas en sendos capuchones de lana, alzando las enaguas con la mano que les quedaba libre; los caballeros envueltos en sus pañosas o montecristos, los pantalones enérgicamente arremangados, rompiendo el silencio de la noche con el áspero traqueteo de las almadreñas. Porque en aquella época eran muy pocos todavía los que desdeñaban este calzado patriótico y confortable. Tal cual pollastre que por haber estado en Valladolid estudiando medicina se creía por encima de estas ruindades y alguna que otra damisela melindrosa que afectaba el no saber andar con ellas».

Las madreñas o almadreñas, típico calzado asturiano de madera, era muy popular por su practicidad para andar sobre el lodo en tiempo lluvioso. En este óleo de Mariano Moré vemos a los mineros calzados con ellas.

---

[17] Este párrafo es un ejemplo de la necesidad de contrastar los datos y no dejarnos llevar por la creencia popular (En Londres, Observatorio de Greenwich, llueve mucho menos que en Santiago, Bilbao o Oviedo: 557, 1787, 1133 y 959 mm de precipitación media anual respectivamente; y 109, 139, 124 y 122 días de precipitación anual igual o superior a 1 mm tomando como periodo de referencia el treinteno 1981-2010).

Figura 38. *Mineros asturianos*. Mariano Moré. 1928. © Museo Bellas artes de Asturias.

El escritor ovetense Ramón Pérez de Ayala (1880-1962), brillante alumno de Leopoldo Alas en la Universidad de Oviedo, también refiere la lluvia y la indumentaria de finales del siglo XIX en el prólogo a la edición conjunta de *Superchería, Cuervo, y Doña Berta* (1942), cuentos de *Clarín*:

«Al iniciar mi carrera de Leyes, los catedráticos asistían a la Universidad con levita cruzada y sombrero de copa, amén de chanclos de goma y paraguas, pues Oviedo es una de las ciudades donde más llueve en todo el universo. Los chanclos Boston era una novedad, de origen ultramarino, recibida desde luego con el más solícito y unánime acogimiento; símbolo, por otra parte, de los grandes adelantos conseguidos por la civilización del siglo XIX, que en general se preocupaba más de proteger los pies por fuera que de fomentar la cabeza por dentro. Antes, y desde siglos, en Asturias se usaban las almadreñas, especie de zueco o coturno en madera de haya, con tres pies por la base, para no hundirse en el lodo, de manera que quien se las ponía ganaba unos cinco centímetros de alzada. Dentro de las almadreñas, de hechura de nave fenicia, con relevada y puntiaguda proa, se inmiscuía el pie, calzado con botinas o zapatos elegantes de visita. Para mayor comodidad y molicie se acostumbrara revestir el interior de las almadreñas con un lecho o forro de heno seco. Cuando los ovetenses iban de visita, de tertulia o al casino, se despojaban de las almadreñas al entrar, y las dejaban hasta la salida en el zaguán, enfiladas, como góndolas en embarcadero, o las balandras de los musulmanes en el porche de la mezquita. Al comenzar mi carrera de Leyes, algunos profesores viejos proseguían fieles a sus almadreñas. Luego, en el aula, el profesor indefectiblemente se endosaba la toga, se superponía la muceta y se encasquetaba el ochavado birrete, para dictar clase. Esta formalidad se conserva todavía en las universidades británicas, y yo lo hallo de perlas. Concluida la lección, el profesor se manifestaba de nuevo en la vía pública investido con las prendas suntuarias de su jerarquía social: la levita y la chistera.

Este atuendo no lo usaban además de los profesores sino los magistrados de la Audiencia, los letrados (abogados), los más venerables y famosos, y el gobernador civil en las procesiones sonadas. Cinco años después, al concluir mi carrera, no quedaba en Oviedo un miserable sombrero de copa. Todos aquellos personajes usaban ya chaqueta, impermeable como mandil de hortera y el sombrero hongo de Julián, el cajista en la Verbena de la Paloma».

El ovetense Fermín Canella, escritor asturianista, catedrático de Derecho y rector de la Universidad de Oviedo, nos muestra orgulloso las enormes madreñas con las que va calzado en el día de su doctorado (figura 39).

Palacio Valdés refiere el clima de *Lancia* en *El Maestrante,* al igual que *Clarín* lo hace respecto a *Vetusta* en *La Regenta,* ciudades ficticias reconocibles como Oviedo. Ambos autores describen el clima de esta ciudad a finales del siglo XIX como muy húmedo. Sin embargo, los datos del Observatorio de Oviedo muestran que en el periodo 1851-1900 el número medio anual de días de precipitación apreciable era de 145 (González Frades, 1991), y en la actualidad 179 días (periodo de referencia 1991-2020), cantidades muy inferiores a las «más de las tres cuartas partes de los días del año» que refiere Palacio Valdés (más de 273 días).

«Contra la lluvia que cae sobre ella más de las tres cuartas partes del año no se conocían entonces otros preservativos naturales que el paraguas y las almadreñas. Poco después vinieron los chanclos de goma y recientemente también se introdujeron los impermeables con capuchón, que trasforman en ciertos momentos a Lancia en vasta comunidad de frailes cartujos».

Figura 39. *Retrato de estudio de Fermín Canella Secades (Oviedo, 1849-1924), con montera picona y madreñas, el día que se doctoró.1871.* Colección miscelánea (FF). Muséu del Pueblu d´Asturies.

Palacio Valdés describe el típico *orbayu* asturiano.

«Caía una lluvia menudísima, tan espesa que en poco tiempo calaba la ropa como el más fuerte aguacero».

Palacio Valdés escribió en 1883, más de un año antes de ser publicada *La Regenta*, su novela *Marta y María*. Ambientada en Avilés (*Nieva* en la novela), nos describe algunos aspectos del clima asturiano, con pasajes exquisitos y minuciosos, que incluyen la descripción de un *halo lunar*[18], y menciona

---

[18] El halo es un anillo luminoso blanco o en su mayor parte blanco, generalmente de 22º o 46 º de radio y centrado sobre el astro luminante. Puede ser solar o lunar.

Figura 40. *Vista de Oviedo. 1910.* Manuel Arboleya. © Museo Bellas Artes de Asturias. Col. Pedro Masaveu.

vientos locales como el cierzo (componente norte) y el ábrego (suroeste), aunque a diferencia de *La Regenta*, las referencias no son tan numerosas, y el tiempo y el clima no constituyen el hilo conductor de la novela.

Al igual que *La Regenta*, comienza en otoño, y ya en el segundo párrafo aparece la llovizna. Las ilustraciones de la primera edición, realizadas por José Luis Pellicer Fenyé, destacado pintor, dibujante e ilustrador, reproducen el tiempo lluvioso.

«Se sudaba muchísimo, aunque la noche no era de las más templadas de otoño.

En los soportales de las casas de enfrente acaecía poco más o menos lo mismo; pero en la calle había poca gente, porque estaba cayendo pausadamente una agua menudísima que los vecinos de Nieva se habían acostumbrado a no despreciar, pues a la postre, y a pesar de sus modos blandos y sutiles, moja como cualquiera otra. Sólo unas cuantas personas con paraguas y algunas otras que, no teniéndolo, se amparaban de su filosofía permanecían a pie firme en medio del arroyo» (*Marta y María*, capítulo I).

Figuras 41 y 42. *Marta y María.* Armando Palacio Valdés. Ilustración J. Luis Pellicer. 1883. Barcelona. Biblioteca «Arte y Letras». Reproducción tomada de la Biblioteca Virtual del Principado de Asturias bajo licencia CC.O 1.0.

Palacio Valdés describe un típico día lluvioso.

«Se preparaba un día desapacible, como los que acostumbran a disfrutar los habitantes de Nieva la mayor parte del año» (*Marta y María,* capítulo III).

«Por delante de las grandes nubes de un color violeta obscuro que se amontonaban allá en el horizonte sobre las cuatro o cinco casas de El Moral cruzaban velozmente otras pequeñas y blancas como jirones arrancados de una gasa; signo cierto de borrasca.

Una ráfaga de aire y de lluvia había azotado con fuerza la ventana. Se apartó un poco hacia atrás y vio llorar a todos los cristales a la vez. Por algún tiempo se entretuvo en seguir con la vista el camino más o menos rápido y tortuoso que las gotas de agua seguían al bajar por la superficie tersa del vidrio. El redoble intermitente de la lluvia le trajo a la memoria las muchas tardes que había pasado cerca de aquella misma ventana escuchándolo con un libro abierto en la mano» (*Marta y María,* capítulo III).

«Las ráfagas de viento cargadas de lluvia batieron durante largo rato los cristales hasta que enteramente los lavaron. Poco a poco se fueron haciendo sus golpes menos frecuentes; al cabo cesaron por completo. La luz había crecido en tanto, extendiendo por todo el nublado firmamento y mostrando ya los bultos de las colinas lejanas de Occidente, que se veían por la ventana de la pared opuesta. El temporal se resolvió, como ordinariamente, en lluvia fina y menuda que empezó a descender con pausa, tendiendo por la atmósfera un velo sutil y tremante, formado de hilos de agua, el cual amortiguaba aún más el brillo de la luz naciente y borraba los contornos de los objetos lejanos. La marea subía. La gran sábana de agua que se extendía hasta El Moral tomaba un color terroso por los bordes, obscuro y profundo por el centro» (*Marta y María,* capitulo III).

El casco histórico de la ciudad de Avilés es un bien de interés cultural, que fue declarado Conjunto Histórico-Artístico en 1955, como presentía Palacio Valdés: «Si todas las casas se restaurasen (y no hay duda que sucederá con el tiempo), la villa, merced a este sistema de construcción, tomaría cierto aspecto monumental que la haría digna de verse». La lluvia también es un rasgo peculiar de la ciudad.

«La villa de Nieva, como ya se ha dicho, tiene soportal en casi todas sus calles, de uno o de otro lado; a veces de los dos. Suele ser mezquino, bajo, desigual y sostenido por columnas lisas y redondas de piedra, sin adornos de ningún género; muy mal empedrado asimismo. Sólo en tal o cual paraje, donde alguna casa se había reedificado, ofrecía mayor amplitud y un pavimento más cómodo. Si todas las casas se restaurasen (y no hay duda que sucederá con el tiempo), la villa, merced a este sistema de construcción, tomaría cierto aspecto monumental que la haría digna de verse. Tal cual es, si no de apariencia muy bella, a lo menos ofrece comodidad a los transeúntes, que no se mojan más que cuando quieren pasar de una acera a otra. Y ciertamente que anduvieron precavidos sus ilustres fundadores, pues en punto a llover firme y acompasado, no hay población en España que le pueda alzar el gallo a nuestra villa.

Guarecidas de la lluvia ama y criada, atravesaron la plaza por uno de sus flancos, internándose después por una calle estrecha, larga y solitaria. Los honrados habitantes dormían el sueño dulce de la mañana. Sólo de vez en cuando tropezaban con algún marinero cubierto de burdo capote impermeable que, con los enseres de pescar en la mano y haciendo gran ruido con sus enormes botas de agua, se dirigía a paso largo hacia el muelle.

—¿Va usted bien abrigada, señorita? ¡Mire usted que hace un frío!... Parece que estamos ya en enero.

—Sí; me he puesto cuerpo de terciopelo, y además este gabán está bien forrado» (*Marta y María*, capítulo III).

El capítulo VIII comienza con una bella descripción de la ría de Avilés, destacando el rigor con que se describe el tiempo atmosférico.

«Llegó la primavera. Los vientos del N. E., a modo de escoba gigantesca manejada por la mano de algún dios aficionado a la limpieza, barrían a menudo el polvo y la ceniza del firmamento. Los marineros que salían de madrugada a la pesca, al poner el pie en el muelle veían muchas veces un gran pedazo de cielo azul sobre las casas lejanas del Moral, que se iba extendiendo lentamente hacia los cuatro puntos cardinales, dejando suspensas sobre el horizonte algunas levísimas rayas de niebla de color violeta semejando grandes cejas. La vasta sábana de la ría, en vez de los tristes y metálicos reflejos del invierno, dejaba escapar ahora hermosos destellos azules, y las cáscaras de nuez, llamadas barcos por mal nombre, cabeceaban impacientes en la dársena como otros potros preparados a salir. Mas por las tardes todavía el invierno reivindicaba sus derechos, ora esparciendo sobre la villa y la ría una espesa capa de niebla, que no tardaba en deshacerse en cierzo, ora haciendo correr por el cielo furiosamente negras y colosales nubes que iban a descargar su peso a lo interior. Algunos días no obstante, a la puesta del sol, un soplo de aire tibio llegaba de la parte de tierra, que advertía deliciosamente a los pacíficos habitantes de Nieva de la presencia en aquel partido judicial de la más amable y coqueta de las estaciones. Y este soplo de aire cargado de perfumes, subiendo por la nariz al cerebro de los vecinos más inclinados a la poesía y a las dulces expansiones del corazón, se portaba como enemigo declarado del sosiego de los espíritus femeninos y perturbador de la paz de las familias» (*Marta y María*, capítulo VIII).

Palacio Valdés, al igual que *Clarín* en *La Regenta*, nos muestra sus conocimientos de meteorología, en este caso describiendo la transición de la brisa de tierra a la brisa de mar; e incluso el *efecto Venturi*, fenómeno físico por el cual el viento se acelera al atravesar un estrechamiento o rodear un obstáculo.

«La superficie de la ría estaba tersa, inmóvil y brillante, como la de un espejo: la luz proyectaba sobre ella algunas extensas manchas argentadas hacia el centro y otras obscuras en los bordes. El cielo se presentaba velado por un levísimo toldo de nubes que hacían soberbia competencia a los quitasoles y sombreros de las señoras. Sólo una tenue brisa cargada con los acres olores de los pinos de la orilla venía a besar tímidamente la espalda turgente de las aguas y los cuellos no menos turgentes y frescos de las señoras. No era todavía una brisa legítimamente marinera sino mestiza, con las cualidades de mar y tierra» (*Marta y María*, capítulo IX).

«Según avanzaba hacia El Moral, las cualidades marineras de la brisa fueron sobrepujando a las terrestres: se hizo más intensa, llegando hasta soplar con violencia en algunos parajes, cuando las falúas pasaban frente a alguna cañada formada por las colinas o lomas que cerraban la cuenca de la ría» (*Marta y María*, capítulo IX).

«Los marineros soltaron el remo e izaron las velas para aprovechar el viento fresco del N. E. que los empujaba. Eran las once de la mañana. El toldo nubloso se había replegado enteramente sobre el horizonte, mostrando al descubierto un hermoso cielo diáfano y azul, donde el sol nadaba altivo y encendido como nunca» (*Marta y María*, capítulo IX).

«El viento soplaba recio, pero franco y benigno, porque tenía espacio donde extenderse» (*Marta y María*, capítulo IX).

Palacio Valdés describe el paso de un frente frío, con nubosidad variable y viento del suroeste y finalmente cielos con nubes altas muy tenues que forman un halo lunar.

«Cesó de llover al fin. Sintiose un leve soplo de viento ábrego y la espesa capa del cielo comenzó a enrarecerse despidiendo tenue y escasa claridad, que hizo resaltar las siluetas de los soldados y los árboles y los enormes bultos de las montañas que cerraban el valle» (*Marta y María*, capítulo XIII)

Figura 43. *Marta y María.* Armando Palacio Valdés. Ilustración J. Luis Pellicer. 1883.
Barcelona. Biblioteca «Arte y Letras». Reproducción tomada de la Biblioteca Virtual del Principado de Asturias bajo licencia CC.O 1.0.

«El viento siguió soplando cada vez más vivo; un viento tibio y húmedo que los presos encontraban asaz siniestro. Los árboles que bordaban las orillas de la carretera se retorcieron angustiados, dejando caer toda el agua de que estaban cargados. En la escasa claridad del cielo comenzaron a resaltar los bultos de grandes nubarrones negros que rodaban velozmente por la atmósfera cual si viniesen perseguidos de cerca por algún monstruo de la noche. Detrás de estas nubes no se percibía el azul oscuro del firmamento, sino un espeso manto gris que parecía impenetrable. No obstante, el viento, cuyo ímpetu iba siempre en aumento, logró desgarrarlo, al fin, por algunos sitios, formando gratos agujeros, en el fondo de los cuales se percibía el suave fulgurar de alguna estrella. Las grandes nubes negras venían a taparlos; pero el manto se desgarraba por otros parajes a toda prisa y las diminutas estrellas tornaban a hacer guiños amables a la tierra. Al cabo, una gran luz argentada bañó súbitamente toda la campiña. La luna había aparecido entre dos nubes, bella y esplendorosa como una virgen que abre las ventanas de su aposento. Mas apenas hubo echado una mirada curiosa a nuestra comitiva, cuando los nubarrones se estrecharon, poniendo venda a sus ojos y dejando a la tierra triste y sombría. De nuevo volvió a aparecer en lo alto y otra vez tornó a ocultarse, mirando resbalar por delante de sí una legión presurosa de nubes de todas formas y tamaños que volaban a regiones desconocidas. En el espacio de media hora presentose y ocultose un número incalculable de veces, ofreciéndose a los ojos de los viajeros como un navío presto a sumergirse en aquel océano inquieto y tenebroso.

Por último, sosegó la tempestad del cielo. Poco a poco habían ido desapareciendo detrás de las montañas los espesos nubarrones que manchaban la faz del firmamento. Unos cuantos que habían quedado rezagados y que a largos intervalos, cruzando por delante de la luna, sumían a la tierra en las tinieblas, también traspusieron los picos de las montañas. Y quedó el firmamento sereno y límpido, desplegando su oscuro manto tachonado de estrellas. La luna trazaba un círculo luminoso a su alrededor, en el cual, como reina orgullosa, no permitía brillar ningún otro astro» (*Marta y María*, capítulo XIII).

Adolfo Posada, amigo y biógrafo de *Clarín*, cita la lluvia al referir la vida estudiantil de *Clarín* y sus amigos:

«Los vecinos de Cimadevilla —según Rubín— y de la calle de la Magdalena —riñón de nuestro Oviedo, mis calles— podrían dar fe de que la conversación animada y algunas veces borrascosa de aquellos cuatro estudiantes inseparables no se agotaba ni languidecía por más que la noche extendiera sus sombras y a pesar de la lluvia, allí tan frecuente y

Figura 44. *Halo lunar de 46° capturado por Gladson Machado el 23 de noviembre de 2015.*
Fotografía publicada en Wikimedia Commons, bajo licencia Creative Commons Atribución-CompartirIgual 4.0 Internacional (CC BY-SA 4.0).

pesada, suave de intenso calabobos o torrencial, recogida entonces de los tejados y lanzadas por los serpentones sobre los transeúntes, con ruido estrepitoso que acrecentaba el del rasguear o arrastrar de las madreñas por el enlosado de las aceras. Si llovía, los discutidores rapaces corrían a refugiarse a los soportales del Ayuntamiento, del Fontán» (Posada, 1946)

Posada también nos deja esta frase alusiva al tiempo:

«El caso era divertirse y vencer el mal humor natural bajo un cielo tristón y tan a menudo lluvioso y sucio» (Posada, 1946).

Una idea general del clima y la geografía descriptiva de Asturias de aquella época aparece en el *Atlas geográfico descriptivo de la Península Ibérica*, de Emilio Valverde y Álvarez, publicado en 1880. Destacamos la frase: «En esta provincia se disfruta un clima benigno y templado, algún tanto húmedo por la frecuencia de las lluvias».

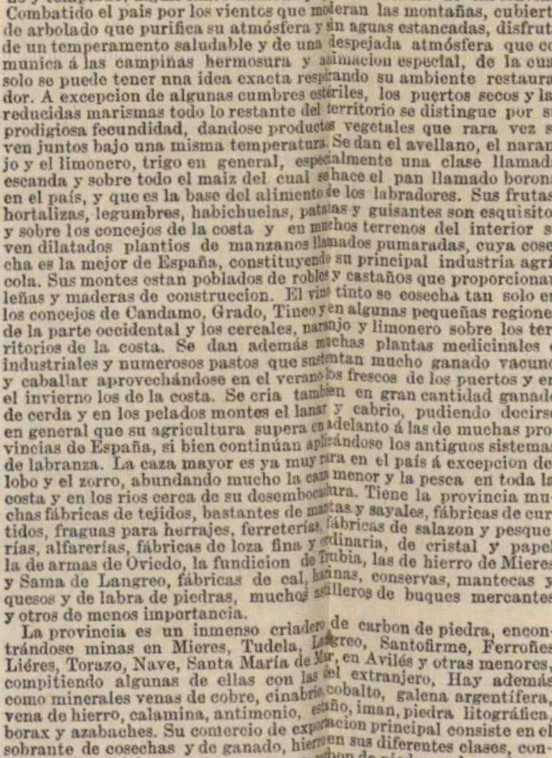

Clima y producciones.—En esta provincia se disfruta un clima benigno y templado, algun tanto húmedo por la frecuencia de las lluvias. Combatido el pais por los vientos que moderan las montañas, cubierto de arbolado que purifica su atmósfera y sin aguas estancadas, disfruta de un temperamento saludable y de una despejada atmósfera que comunica á las campiñas hermosura y animacion especial, de la cual solo se puede tener nna idea exacta respirando su ambiente restaurador. A excepcion de algunas cumbres estériles, los puertos secos y las reducidas marismas todo lo restante del territorio se distingue por su prodigiosa fecundidad, dandose productos vegetales que rara vez se ven juntos bajo una misma temperatura. Se dan el avellano, el naranjo y el limonero, trigo en general, especialmente una clase llamada escanda y sobre todo el maiz del cual se hace el pan llamado borona en el país, y que es la base del alimento de los labradores. Sus frutas, hortalizas, legumbres, habichuelas, patatas y guisantes son esquisitos y sobre los concejos de la costa y en muchos terrenos del interior se ven dilatados plantios de manzanos llamados pumaradas, cuya cosecha es la mejor de España, constituyendo su principal industria agrícola. Sus montes estan poblados de robles y castaños que proporcionan leñas y maderas de construccion. El vino tinto se cosecha tan solo en los concejos de Candamo, Grado, Tineo y en algunas pequeñas regiones de la parte occidental y los cereales, naranjo y limonero sobre los territorios de la costa. Se dan además muchas plantas medicinales é industriales y numerosos pastos que sustentan mucho ganado vacuno y caballar aprovechándose en el verano los frescos de los puertos y en el invierno los de la costa. Se cria tambien en gran cantidad ganado de cerda y en los pelados montes el lanar y cabrio, pudiendo decirse en general que su agricultura supera en adelanto á las de muchas provincias de España, si bien continúan aplicándose los antiguos sistemas de labranza. La caza mayor es ya muy rara en el país á excepcion del lobo y el zorro, abundando mucho la caza menor y la pesca en toda la costa y en los rios cerca de su desembocadura. Tiene la provincia muchas fábricas de tejidos, bastantes de mantas y sayales, fábricas de curtidos, fraguas para herrajes, ferreterías, fábricas de salazon y pesquerías, alfarerías, fábricas de loza fina y ordinaria, de cristal y papel la de armas de Oviedo, la fundicion de Trubia, las de hierro de Mieres y Sama de Langreo, fábricas de cal, harinas, conservas, mantecas y quesos y de labra de piedras, muchos astilleros de buques mercantes y otros de menos importancia.

La provincia es un inmenso criadero de carbon de piedra, encontrándose minas en Mieres, Tudela, Langreo, Santofirme, Ferroñes Liéres, Torazo, Nave, Santa María de Mar, en Avilés y otras menores, compitiendo algunas de ellas con las del extranjero, Hay además como minerales venas de cobre, cinabrio, cobalto, galena argentífera, vena de hierro, calamina, antimonio, estaño, iman, piedra litográfica, borax y azabaches. Su comercio de exportacion principal consiste en el sobrante de cosechas y de ganado, hierro en sus diferentes clases, conservas alimenticias, mantecas, quesos, carbon de piedra, cobre, plomo, escabeches, piedras muelas, de tejidos de lienzo ordinario, clavazon, sidra, vidrio, cristal, y otros efectos aunque en menor cantidad.

Figura 45. *Atlas geográfico-descriptivo de la Península Ibérica, islas Baleares, Canarias y posesiones españolas de ultramar: descripción general. por D. Emilio Valverde y Álvarez; grabado por J. Alfaro*.1880. Reproducción tomada del Instituto Geográfico Nacional, bajo licencia CC-BY 4.0.

El atlas incluye información de interés, como el número de habitantes de la capital (34 460 habitantes según el censo de 1877, que pasarían a ser 42 716 en 1887) y los servicios (estación telegráfica, centro de batallón de Reserva, centro de batallón de Reserva de Caballería, y obispado). También se incluyen las líneas férreas, figurando en proyecto la que atraviesa la cordillera Cantábrica, fundamental para las comunicaciones con Madrid.

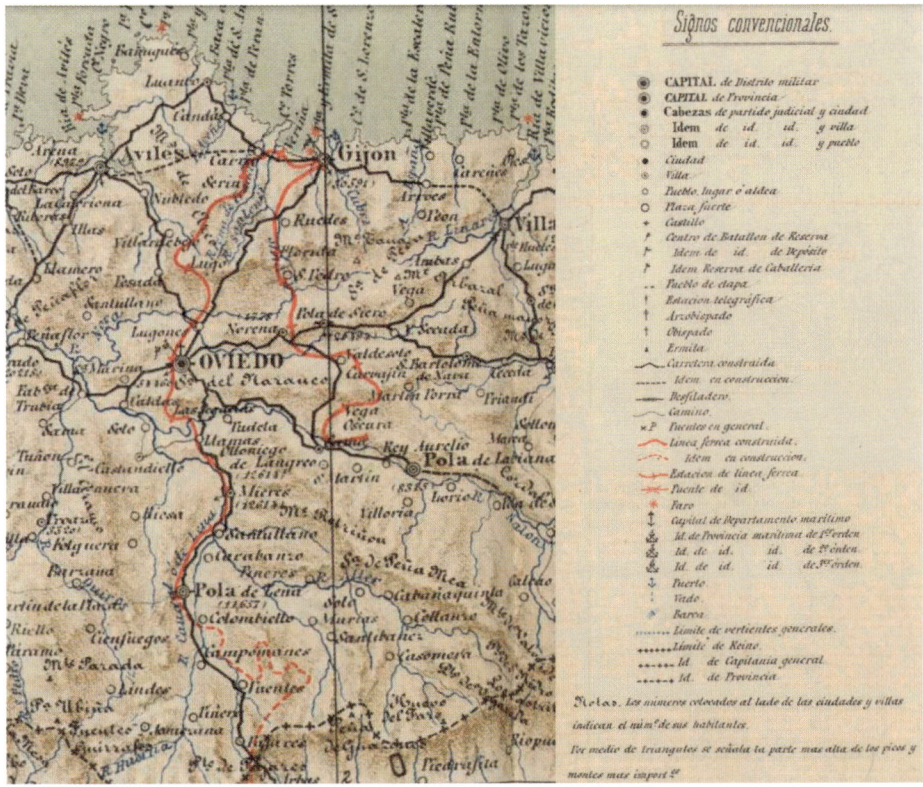

Figura 46. *Atlas geográfico-descriptivo de la Península Ibérica, islas Baleares, Canarias y posesiones españolas de ultramar: descripción general. por D. Emilio Valverde y Álvarez; grabado por J. Alfaro.*1880. Reproducción tomada del Instituto Geográfico Nacional, bajo licencia CC-BY 4.0.

3.4 Tiempo y clima en *La Regenta*

Las citas de hechos históricos que aparecen en el texto permiten identificar las fechas de inicio y fin del relato. Según Vladimir Karanovic (2012), la narración comienza el día 2 de octubre de 1878 y finaliza tres años después. Juan Oleza, en una de las notas de su edición de *La Regenta* (edición de 1987, pág. 241), indica que probablemente comienza un año antes, el 2 de octubre de 1877. En cualquier caso, la novela fue escrita posteriormente, a partir de diciembre de 1882.

La primera parte de *La Regenta* comprende 15 capítulos al igual que la segunda. El tiempo cronológico transcurre de forma desigual, en la primera parte de forma muy lenta, comenzando en la tarde de un 2 de octubre y finalizando dos días después. Sin embargo, en la segunda parte el tiempo transcurre de forma mucho más rápida, para llegar a completar tres años. El relato abarca, pues, tres años hidrológicos.

Clarín describe el tiempo de *Vetusta* en fechas concretas, generalmente coincidentes con festividades litúrgicas, de forma sucinta en algunas ocasiones pero también de forma exhaustiva en otras. Igualmente nos muestra balances climáticos que abarcan varios meses del relato, incluso resúmenes climatológicos que reflejan el clima de *Vetusta* de aquellos años.

En el presente estudio se analizan las principales citas relacionadas con el tiempo y el clima que aparecen en *La Regenta*, con referencias al clima pasado y al actual obtenidas de las series históricas de datos climatológicos.

Las citas de *La Regenta* que aparecen a continuación se refieren a la edición de Juan Oleza con la colaboración de Josep Lluis Sirera y Manuel Diago (3ª edición, 1987. Ediciones Cátedra).

3.4.1 Primera parte

El protagonismo del tiempo y el clima en *La Regenta* ya se advierte en el primer párrafo, que comienza con la descripción de una situación sinóptica típica otoñal, con un flujo de componente sur previo a la llegada de una borrasca atlántica.

Durante el otoño asturiano son habituales las *suradas*, episodios de viento sur originados por la proximidad de una borrasca atlántica. El viento procedente del sur remonta la cordillera Cantábrica y desciende recalentado, seco y acelerado, fenómeno que técnicamente se conoce como *efecto Föhn* o *Foehn* (figura 47).

La cultura popular identifica estos episodios como *el airín de les castañes*, ya que contribuye a la caída del fruto del castaño, muy extendido por Asturias y base de la alimentación tradicional en tiempos de penuria por sus cualidades nutritivas (desde tiempos ancestrales en Asturias se celebra el *amagüestu*, fiesta popular en torno a la castaña). *Clarín* describe de forma sublime la turbulencia atmosférica, generada por el viento racheado, cálido y seco, que cambia de dirección y forma remolinos al atravesar las calles de *Vetusta*.

Figura 47. *Ilustración del efecto Foehn, mostrando el ascenso y descenso del aire en una montaña.*
Creación de KES47, publicada en Wikimedia Commons, bajo licencia CC0 1.0 Universal (dominio público).

Figura 48. *La Regenta.* Ed. Daniel Cortezo y Cª. 1884-1885 (pág.5). Ilustración Juan Llimona. Grabados Enrique Gómez Polo.
Imagen procedente de los fondos de la Biblioteca Nacional de España bajo licencia CC-BY 4.0 o equivalente.

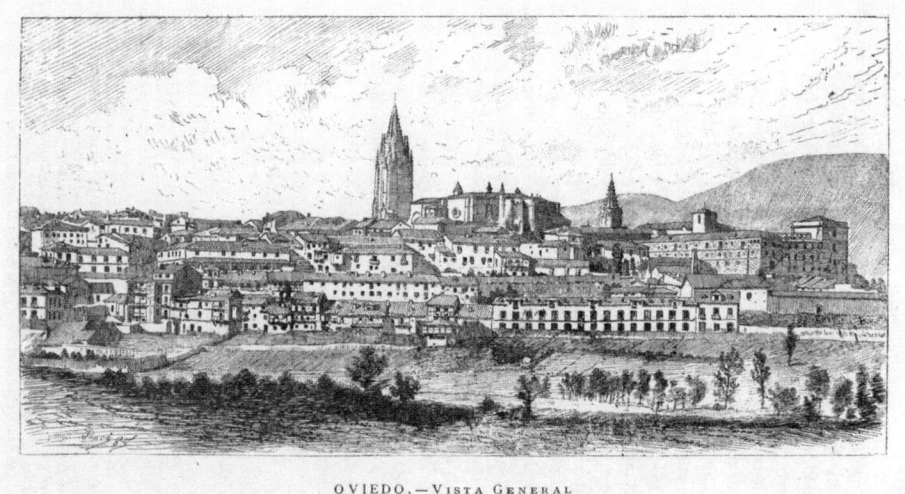

OVIEDO.—VISTA GENERAL

Figura 49. *Vista general de Oviedo.* José Pascó. 1885. *España, sus monumentos y sus artes, su naturaleza e historia. Asturias y León, Barcelona: Establecimiento Tipográfico-Editorial de Daniel Cortezo y Cª.* Imagen procedente de la Biblioteca Digital de Castilla y León, bajo licencia CC0 1.0 Universal.

«La heroica ciudad dormía la siesta. El viento Sur, caliente y perezoso, empujaba las nubes blanquecinas que se rasgaban al correr hacia el Norte. En las calles no había más ruido que el rumor estridente de los remolinos de polvo, trapos, pajas y papeles que iban de arroyo en arroyo, de acera en acera, de esquina en esquina revolando y persiguiéndose, como mariposas que se buscan y huyen y que el aire envuelve en sus pliegues invisibles. Cual turbas de pilluelos, aquellas migajas de la basura, aquellas sobras de todo se juntaban en un montón, parábanse como dormidas un momento y brincaban de nuevo sobresaltadas, dispersándose, trepando unas por las paredes hasta los cristales temblorosos de los faroles, otras hasta los carteles de papel mal pegado a las esquinas, y había pluma que llegaba a un tercer piso, y arenilla que se incrustaba para días, o para años, en la vidriera de un escaparate, agarrada a un plomo» (*La Regenta* I. Capítulo I, pág.135).

Los datos de la serie histórica de Oviedo nos muestran un episodio similar ocurrido en aquella época, durante el 9 de octubre de 1883, cuando se registró viento sur en el Observatorio, ascendiendo la temperatura a 19,5 ºC, con cielo nuboso pero sin lluvia.

El programa de reanálisis de la NOAA *20th Century Reanalysis 3* nos muestra la probable situación sinóptica, con una borrasca al oeste de Portugal y un notable gradiente de isobaras sobre la Península que origina viento moderado del sur sobre la cornisa cantábrica (figura 51).

Figura 50. *Oviedo. Vista general desde la Carretera de Castilla.* 1893.
Colección Octavio Bellmunt. Muséu del Pueblu d'Asturies.

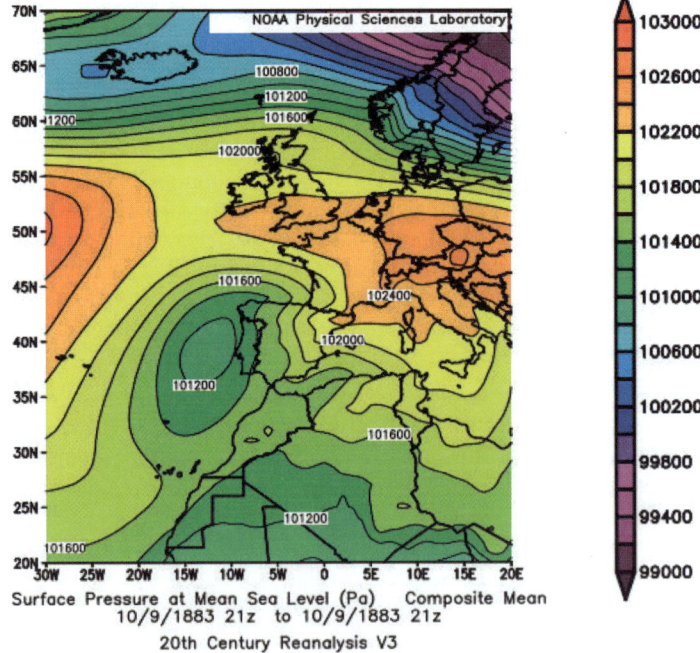

Figura 51. *Reanálisis de presión reducida al nivel del mar (Pa) del 9 de octubre de 1883 a las 12 UTC.*
Fuente 20th Century Reanalysis v3.NOAA. NOAA/OAR/PSL, Boulder, Colorado, USA, https://psl.noaa.gov/

Una situación más reciente ocurrió el 15 de octubre de 2017, cuando se alcanzó una temperatura máxima en Oviedo de 30,5 °C, con humedad relativa inferior al 30 % y con rachas de viento del sureste persistentes, que superaron los 30 km/h.

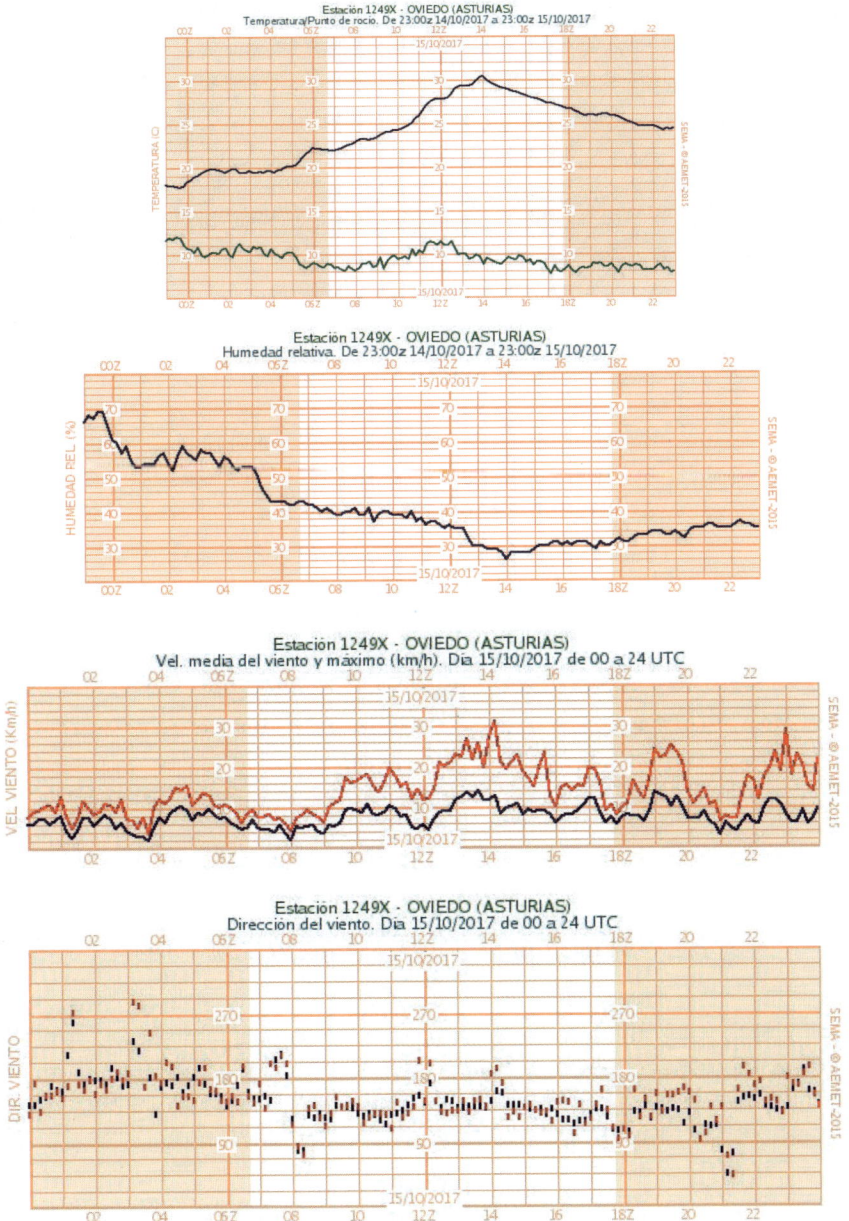

Figuras 52,53,54 y 55. *Gráficas de temperatura y punto de rocío, humedad relativa e intensidad (velocidad media y racha máxima) y dirección del viento del día 15 de octubre de 2017 en el Observatorio de Oviedo.* Fuente AEMET.

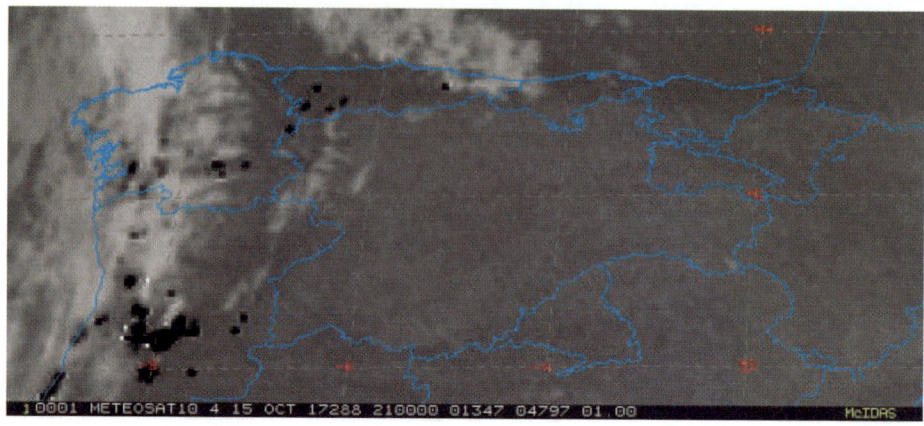

Figura 56. *Imagen del canal IR3.9 del satélite MSG-10 del día 15 de octubre de 2017 a las 21 UTC, mostrando los múltiples incendios activos en Portugal, Galicia y Asturias.* Informe operativo semanal. Area Técnicas Analisis y Predicción. AEMET.

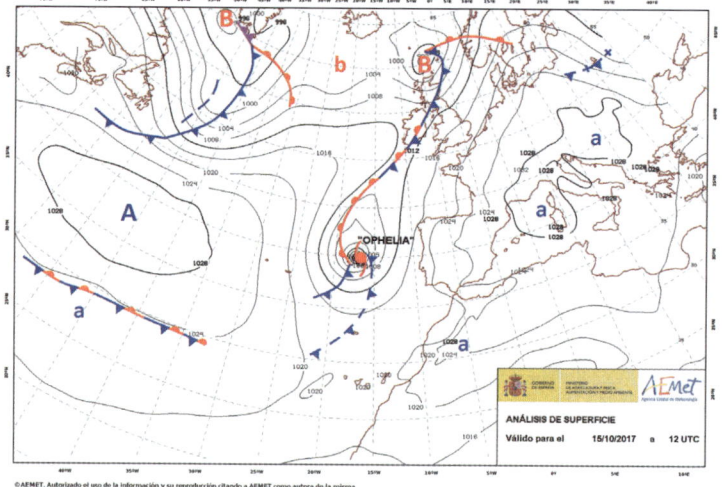

Figura 57. *Análisis de superficie del 15 de octubre de 2017 a las 12 UTC.* Fuente AEMET.

El viento y las condiciones de sequedad originadas facilitaron la propagación de numerosos incendios forestales, en Portugal, Galicia y Asturias.

El análisis de superficie de ese día mostraba la proximidad del huracán Ophelia, un insólito e intenso *huracán*[19] (categoría 3), el más próximo a la

---

[19] Un ciclón tropical (que recibe el nombre de huracán en el Atlántico y en el Pacífico este) es un sistema de baja presión de núcleo cálido de zonas intertropicales, con un fuerte gradiente de presión que da lugar a vientos extraordinarios, además de intensas lluvias. Se establecen 5 categorías numeradas en función creciente por los vientos que originan.

Península en la historia reciente, aunque se debilitó rápidamente en su desplazamiento sobre aguas frías y apenas tuvo impacto en la Península.

Clarín recoge aspectos de la meteorología popular basados en la climatología, citando en varias ocasiones el *veranillo de san Martín*, episodio de buen tiempo con temperaturas elevadas para la época que suele producirse en noviembre. Sorprende, en cierto modo, que no mencione el *Cordonazo de san Francisco*, que al contrario del *veranillo de san Martín,* se trata de un brusco cambio de tiempo, con una bajada de temperaturas y fenómenos meteorológicos adversos como lluvia y viento. Es el primer temporal de otoño, asociado a la llegada de las primeras borrascas atlánticas tras el verano. Obviamente, no se produce todos los años, pero en ocasiones coincide con la festividad de san Francisco de Asís, y la creencia popular (especialmente arraigada en países como México y Ecuador), atribuye el mal tiempo al santo, que con su cordón, hostiga las nubes. Según el *DLE*, tiene el siguiente significado: «Entre marineros, temporal o borrasca que suelen experimentarse hacia el equinoccio de otoño». El refranero, que recoge la cultura popular, también incide en el mismo sentido: «Otoñada segura, san Francisco la procura»; «La cordonada de Sant Francesc, la temen els pescadors i els mariners».

José María Lorente, ilustre meteorólogo del Servicio Meteorológico Nacional, combina sus conocimientos científicos del clima con la meteorología popular. En la publicación *Calendario meteorofenológico de 1943* se incluía su famoso calendario: *Características meteorológicas en España de cada mes del año*, del que reproducimos las referencias del mes de octubre:

OCTUBRE.—A los días desapacibles que al comenzar el mes origina el clásico temporal, tan temido por los marinos, que se llama el "cordonazo de San Francisco" (día 4), suelen seguir otros muy apacibles; quizá los más deliciosos y benignos de todo el año. La temperatura se conserva entre los límites más deseables: los 10 y los 20 grados. Pero al acabarse octubre llega a la Península el primer temporal ya bien formado y extenso del Atlántico, y las lluvias, con el consiguiente enfriamiento, dominan la situación y quitan del ánimo toda ilusión de perenne bienestar. La baja de temperatura suele ser de unos seis grados a lo largo de todo el mes.

Las lluvias puede ocurrir que sean en él las mayores del año en el litoral cantábrico y en el de Andalucía, pero no en Levante—donde suele presentarse en febrero—, ni en Cataluña, en donde no acaece hasta noviembre.

Figura 58. *Características meteorológicas en España de cada mes del año*. J.M. Lorente. *Calendario meteorofenológico de 1943*. Servicio Meteorológico Nacional. Fuente: Arcimis (AEMET)

Figuras 59, 60, 61 y 62 (izqda. a dcha. y arriba a abajo) *Retrato de estudio de Matilde Muñiz del Busto, esposa de Fermín Canella. Posa de pie, con vestido y apoya su mano sobre un libro que reposa en un fragmento de balaustrada.* Fresno Cueli, Ramón. h 1875. Muséu del Pueblu d'Asturies.
Retrato de hombre, anciano, calvo y con barba, corbata de lazo. Busto. Anverso, abajo, E. Marquerie / Libertad 43 / Gijón. Muséu del Pueblu d'Asturies.
Retrato de estudio de un sacerdote. Posa con sotana, capa y teja en la mano. Sello seco del fotógrafo: Hipólito. Foto/Dueñas Oviedo [esquina inferior izquierda]. Muséu del Pueblu d'Asturies.
Retrato de estudio de un hombre con chistera. Muséu del Pueblu d'Asturies.

Este artículo, que citaremos de nuevo más adelante, se iniciaba con el que podríamos considerar «aviso/advertencia legal»:

«Las características meteorológicas de cada mes que aquí se dan no son las que vayan a observarse en 1943, ni en ningún otro año, sino las que es frecuente que se registren en los años normales. Sólo en este sentido deben tomarse».

En el capítulo I de *La Regenta* se describe la ciudad donde transcurre la acción, *Vetusta*, y su entorno. También se presenta a algunos de los personajes de la obra, cuyos protagonistas son *Ana Ozores*, *la Regenta*, joven y bella esposa del anciano *Víctor Quintanar*, exregente de la ciudad; *Fermín de Pas*, el apuesto Provisor y Magistral de la *Catedral*; y *Álvaro Mesía*, el maduro galán que trata de conquistar a *la Regenta*. Las figuras 59 a 62 nos muestran retratos de la época, que podrían ser modelos representativos de los protagonistas.

La torre de la Catedral de Oviedo es majestuosa. *Clarín* la describe de forma metafórica, mencionando la presencia del pararrayos, y sugiere en qué momento impresiona más su contemplación: en una noche con cielo despejado o como él dice de «cielo puro».

«Como haz de músculos y nervios la piedra enroscándose en la piedra trepaba a la altura, haciendo equilibrios de acróbata en el aire; y como prodigio de juegos malabares, en una punta de caliza se mantenía, cual imantada, una bola grande de bronce dorado, y encima otra más pequeña, y sobre esta una cruz de hierro que acababa en pararrayos» (*La Regenta I.* Capítulo I, pág.138).

Figura 63. *Catedral de Oviedo*. Fotografía de José Luís Navarro

«Mejor era contemplarla en clara noche de luna, resaltando en un cielo puro, rodeada de estrellas que parecían su aureola, doblándose en pliegues de luz y sombra, fantasma gigante que velaba por la ciudad pequeña y negruzca que dormía a sus pies» (*La Regenta* I. Capítulo I, pág.138).

Las precipitaciones en Oviedo son frecuentes, distribuidas a lo largo de todo el año. Los meses de verano (junio-julio-agosto) son los menos lluviosos, y a menudo se producen periodos secos, que influyen negativamente en el estado de la vegetación. El comienzo del otoño, marcado por el gradual descenso térmico y de insolación, y la aparición de las primeras lluvias, condiciona el desarrollo de la vegetación y modula el paisaje.

«Empezaba el Otoño. Los prados renacían, la yerba había crecido fresca y vigorosa con las últimas lluvias de Septiembre. Los castañedos, robledales y pomares que en hondonadas y laderas se extendían sembrados por el ancho valle, se destacaban sobre prados y maizales con tonos oscuros; la paja del trigo, escaso, amarilleaba entre tanta verdura. Las casas de labranza y algunas quintas de recreo, blancas todas, esparcidas por sierra y valle reflejaban la luz como espejos. Aquel verde esplendoroso con tornasoles dorados y de plata, se apagaba en la sierra, como si cubriera su falda y su cumbre la sombra de una nube invisible, y un tinte rojizo aparecía entre las calvicies de la vegetación, menos vigorosa y variada que en el valle» (*La Regenta* I. Capítulo I, págs. 145-146).

Un ejemplo de «las últimas lluvias de septiembre» a las que se refiere *Clarín* podemos encontrarlo entre los días 29 de septiembre y 2 de octubre

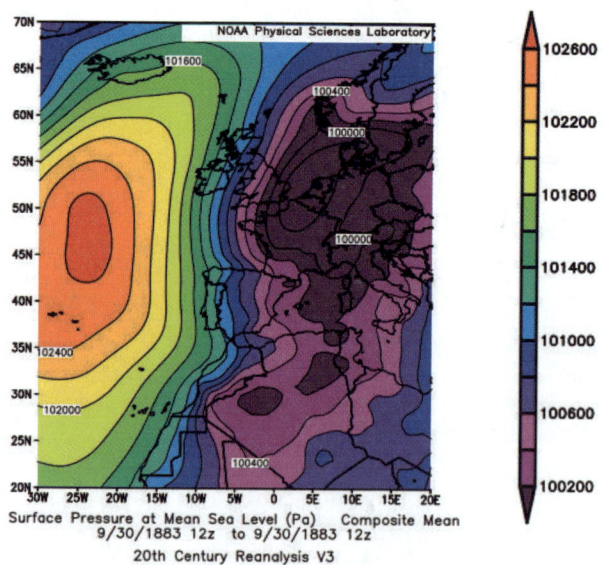

Figura 64. *Reanálisis de presión reducida al nivel del mar (Pa) del 30 de septiembre de 1883 a las 12 UTC.* Fuente 20th Century Reanalysis v3. NOAA. NOAA/OAR/PSL, Boulder, Colorado, USA, https://psl.noaa.gov/

de 1883, cuando se produjo una situación de flujo intenso del norte que dio lugar a un episodio de lluvias con un balance final de 68 mm acumulados en el Observatorio de la Universidad de Oviedo (figura 64).

El centro histórico de la ciudad de Oviedo se encuentra en torno a unos 260 m de altitud. Se ubica muy próximo y al sureste de la Sierra o Monte del Naranco, al que *Clarín* se refiere como *Corfín*, con una altitud máxima de 637 m. Hacia el suroeste de Oviedo, se encuentra la Sierra del Aramo y más al sur la cordillera Cantábrica, con elevaciones superiores a los 2000 m de altitud. Hacia el norte, a unos 50 km, se encuentra el mar Cantábrico (figura 66).

Las nieblas son frecuentes en Asturias, tanto las nieblas de valle como las de montaña. Con situaciones de viento sur, en ocasiones se forman nubes lenticulares (nubes con forma de lenteja o de platillo) a sotavento de las cordilleras montañosas, que *Clarín* describe como naves que surcan el cielo.

Clarín detalla el entorno topográfico, que completa con la descripción del estado del cielo, utilizando la metáfora:

«La sierra estaba al Noroeste y por el Sur que dejaba libre a la vista se alejaba el horizonte, señalado por siluetas de montañas desvanecidas en la niebla que deslumbraba como polvareda luminosa. Al Norte se adivinaba el mar detrás del arco perfecto del horizonte, bajo un cielo despejado, que surcaban como naves, ligeras nubecillas de un dorado pálido. Un jirón de la más leve parecía la luna, apagada, flotando entre ellas en el azul blanquecino» (*La Regenta* I. Capítulo I, pág.146).

Figura 65. *Oviedo. Vista general de la ciudad.* J. Laurent. ca. 1860-1886. Archivo Ruiz Vernacci. Instituto del Patrimonio Cultural de España, Ministerio de Cultura y Deporte.

Uno de los personajes secundarios de la novela, *Bismarck*, un pícaro ayudante del campanero, trata de evitar al *Magistral* cuando éste accede al campanario de la *Catedral* por una escalera de caracol para otear la ciudad. Según la creencia popular el tañido de las campanas alejaba las tormentas o atenuaba la intensidad del granizo, pero afortunadamente en esa época imperaba el sentido común y, obviamente, por motivos de seguridad, se abandonaban los lugares elevados, más propensos a la caída de rayos. Como fenómeno extraordinario, los cuadernos de observación de la Universidad de Oviedo señalan que el día 30 de abril de 1869 «una chispa eléctrica rompe el pararrayos de la Catedral». El *nublado*, según el *DLE* es una «nube que amenaza tormenta».

Figura 66. *Detalle de la cartografía de España.* Fuente Iberpix. Instituto Geográfico Nacional, bajo licencia CC-BY 4.0.

«Pero allí no había modo de escapar. O tirarse por una ventana, o esperar el nublado. El caracol estaba interceptado por el canónigo» (*La Regenta* I. Capítulo I, pág. 147).

Cientos de campaneros fallecieron en Europa fulminados mientras tañían las campanas en días tormentosos, debido a las falsas creencias, a la ignorancia, como la del joven *Bismarck*, que observa por primera vez el catalejo o anteojo que utilizaba el *Magistral*.

«Bismarck, oculto, vio con espanto que el canónigo sacaba de un bolsillo interior de la sotana un tubo que a él le pareció de oro. Vio que el tubo se dejaba estirar como si fuera de goma y se convertía en dos, y luego en tres, todos seguidos, pegados. Indudablemente aquello era un cañón chico, suficiente para acabar con un delantero tan insignificante como él» (*La Regenta*. Capítulo I, pág. 151).

El *Magistral* procedía de una aldea de la montaña asturiana, donde había sido pastor y acostumbraba escalar montes, en ocasiones cubiertos por nubosidad orográfica.

Figura 67. *Vista parcial (desde la catedral)*.
Imagen procedente del archivo municipal del Ayuntamiento de Oviedo.

Figura 68. *La Regenta*. Ed. Daniel Cortezo y Cª. 1884-1885. (pág.19).
Ilustración Juan Llimona. Grabados Enrique Gómez Polo.
Imagen procedente de los fondos de la Biblioteca Nacional de España bajo licencia CC-BY 4.0 o equivalente.

«Uno de los recreos solitarios de don Fermín de Pas consistía en subir a las alturas. Era montañés, y por instinto buscaba las cumbres de los montes y los campanarios de las iglesias» (*La Regenta* I. Capítulo I, pág. 151).

«En la provincia, cuya capital era Vetusta, abundaban por todas partes montes de los que se pierden entre nubes; pues a los más arduos y elevados ascendía el Magistral, dejando atrás al más robusto andarín, al más experto montañés» (*La Regenta* I. Capítulo I, págs. 151-152).

89

Con frecuencia, la nubosidad baja cubre los valles mientras las cumbres de las montañas se encuentran despejadas, técnicamente se conoce como *mar de nubes*.

«Llegar a lo más alto era un triunfo voluptuoso para De Pas. Ver muchas leguas de tierra, columbrar el mar lejano, contemplar a sus pies los pueblos como si fueran juguetes, imaginarse a los hombres como infusorios, ver pasar un águila o un milano, según los parajes, debajo de sus ojos, enseñándole el dorso dorado por el sol, mirar las nubes desde arriba, eran intensos placeres de su espíritu altanero, que De Pas se procuraba siempre que podía» (*La Regenta* I. Capítulo I, pág. 152).

A lo largo de toda la obra, *Clarín* recurre con frecuencia a comparanzas, metáforas, símiles y paráfrasis, utilizando términos meteorológicos, como la brisa. El *Magistral*, bien parecido, gran orador yególatra, es consciente de la admiración que causa entre los que le escuchan cuando habla desde el púlpito:

«aspiraba con voluptuosidad extraña el ambiente embalsamado por el incienso de la capilla mayor y por las emanaciones calientes y aromáticas que subían de las damas que le rodeaban; sentía como murmullo de la brisa en las hojas de un bosque el contenido crujir de la seda, el aleteo de los abanicos; y en aquel silencio de la atención que esperaba, delirante, creía comprender y gustaba una adoración muda que subía a él; y estaba seguro de que en tal momento pensaban los fieles en el orador esbelto, elegante, de voz melodiosa, de correctos ademanes a quien oían y veían, no en el Dios de que les hablaba.» (*La Regenta* I. Capítulo I, pág. 156).

Figura 69. *Pajares*. José Luis Cano (FF). Muséu del Pueblu d'Asturies.

Las condiciones de abundante precipitación, notable humedad y escasa insolación características del clima de Oviedo, deterioran las fachadas de los edificios. Así nos describe *Clarín* las calles, iglesias y edificios próximos a la *Catedral* de *Vetusta la húmeda:*

«Casi todas las calles de la Encimada eran estrechas, tortuosas, húmedas, sin sol; crecía en algunas la yerba» (*La Regenta* I. Capítulo I, pág. 157).

«Se llamaban, como va dicho, Santa María y san Pedro; su historia anda escrita en los cronicones de la Reconquista, y gloriosamente se pudren poco a poco víctimas de la humedad y hechas polvo por los siglos» (*La Regenta* I. Capítulo I, pág. 162).

«La piedra de todos estos edificios está ennegrecida por los rigores de la intemperie que en Vetusta la húmeda no dejan nada claro mucho tiempo, ni consienten blancura duradera» (*La Regenta* I. Capítulo I. págs. 162-163).

Figura 70. *Oviedo II. Caja 126. La casa de la Rúa.* Polentinos, Aurelio de Colmenares y Orgaz, Conde de (1873-1947).
Instituto del Patrimonio Cultural de España, Ministerio de Cultura y Deporte.

En el capítulo II se presentan a otros miembros del clero. Al introducir al Arcipreste, *Cayetano Ripamilán*, *Clarín* alude a un periodo de intransigencia en el Cabildo, utilizando la metáfora. La *galerna* es un fenómeno atmosférico característico de la costa Cantábrica que consiste en un súbito empeoramiento del tiempo, con fuertes rachas de viento y gran oleaje, muy temido por los marineros.

«Pasó aquella galerna de fanatismo, y el Arcipreste, que no lo era entonces, sobrenadó con su cargamento de bucólicas inocentadas» (*La Regenta* I. Capítulo II, pág. 188).

Los días lluviosos son frecuentes en Oviedo, a finales del siglo XIX el número medio anual de días con precipitación superior a 1 mm era de 115, prácticamente 1 de cada 3 días (en la actualidad son 125 días), a los que habría que sumar en ambos casos los días en que la precipitación es tan solo de algunas décimas de milímetro (precipitación apreciable). No es de extrañar que los *vetustentes* permanecieran a resguardo cuando llovía y aprovecharan para pasear los días con tiempo apacible.

«No era De Pas de los que solían quedarse al tertulín, como llamaban a la sabrosa plática de la sacristía después del coro. Si hacía bueno, los del tertulín acostumbraban salir juntos a paseo por una carretera o ir al Espolón. Si llovía o amenazaba, prolongaban el palique hasta que

Figura 71. *Naufragio de lanchas pescadoras ocasionadas por la «galerna», el 20 del actual. Dibujo de Rafael Monleón. La Ilustración española y americana.* 30/4/1878.
Imagen procedente de los fondos de la Biblioteca Nacional de España bajo licencia CC-BY 4.0 o equivalente.

el Palomo hacía un discreto ruido con las llaves de la catedral y cada canónigo se iba a su casa» (*La Regenta* I. Capítulo II, págs. 193-194).

Otro miembro destacado del Cabildo de *Vetusta* es el Arcediano, *Restituto Mourelo*, conocido como *Glocester*, envidioso enemigo del *Magistra*l. El buen tiempo, entendido como días despejados con temperaturas agradables, siempre era noticia y tema de conversación en *Vetusta*. En este pasaje de la obra, *Glocester* entra en la sacristía hablando del tiempo.

«Entraba en la sacristía muchas veces diciendo de modo que apenas se le oía:

—¡Buen tiempo tenemos, señores! ¡Mucho dure!» (*La Regenta* I. Capítulo II, pág. 196).

El «buen tiempo» es un concepto relativo, se entiende que es aquel que permite actividades al aire libre sin la presencia de fenómenos meteorológicos adversos como lluvia, nieve, tormentas, vientos fuertes, frío o calor extremo, etc. Ese «buen tiempo», con ausencia prolongada de precipitaciones y que resulta en condiciones de sequía agrícola, es «mal tiempo» para el agricultor.

Obdudia Fandiño es otro personaje de la novela, voluptuosa viuda, falsa amiga de *Ana Ozores*, a la que envidia. El tiempo vuelve a ser tema de conversación:

«Ya no se hablaba de Obdulia, ni de su prima la de Madrid, su modelo; se hablaba del tiempo; y Glocester no se movía» (*La Regenta* I. Capítulo II, pág. 203).

En las situaciones de viento sur, el aire remonta la cordillera Cantábrica y al descender sufre una *compresión adiabática*[20], se

Figura 72. *La Regenta*. Ed. Daniel Cortezo y Cª. 1884-1885.(pág.73) Ilustración Juan Llimona. Grabados Enrique Gómez Polo.
Imagen procedente de los fondos de la Biblioteca Nacional de España bajo licencia CC-BY 4.0 o equivalente.

___

[20] Un proceso adiabático es un proceso termodinámico teórico en el cual no existe intercambio de calor. El aire es un mal conductor térmico, por ello, para simplificar, los procesos en los que se ve involucrado se consideran adiabáticos

calienta y se acelera. Los grandes edificios de piedra, como las catedrales, tienen un gran aislamiento térmico y su interior permanece fresco incluso en verano, pero la sensación térmica depende obviamente de otros factores, entre los que se encuentra la vestimenta. En este pasaje, referido a los primeros días del mes de octubre, uno de los personajes de la novela, *don Saturno*, sale de la *Catedral* sudoroso después de ofrecer una visita guiada a unos amigos, y aunque el aire es cálido, la sensación térmica para él es fría. El viento fresco de componente norte es conocido como *cierzo*.

«Salieron a la calle todos juntos. Don Saturno se apresuró a despedirse. De sus mejillas brotaba fuego. Iba a cuerpo y tenía mucho frío. El viento caliente le sabía a cierzo.

—¡Temo una pulmonía! —dijo, mientras escapaba abrochándose la levita por la cintura» (*La Regenta* I. Capítulo II, pág. 210).

En el capítulo III se profundiza en los orígenes de *Ana Ozores*. En esta analepsis, la pequeña *Ana Ozores* y su amigo de la infancia, *Germán*, pasan la noche en una barca que al bajar la marea resulta encallada en la ría. Observar el cielo y las nubes tumbados en el suelo constituye un pasatiempo para niños y adultos. En la descripción de la escena, las nubes se desplazan rápidamente, pero en la imaginación de *Ana*, es la luna la que se desplaza con celeridad:

«Debajo del saco, como si fuera una colcha, estaban los dos tendidos sobre el tablado de la barca, cuyas bandas oscuras les impedían ver la campiña; sólo veían allá arriba nubes que corrían delante de la cara de la luna.

— ¿Tienes frío? —preguntaba Germán.

Y Ana respondía, con los ojos muy abiertos, fijos en la luna que corría, detrás de las nubes:

—¡No! » (*La Regenta* I. Capítulo III, pág. 222).

Figura 73. *La Regenta.* Ed. Daniel Cortezo y Cª. 1884-1885. (pág.83). Ilustración Juan Llimona. Grabados Enrique Gómez Polo.
Imagen procedente de los fondos de la Biblioteca Nacional de España bajo licencia CC-BY 4.0 o equivalente.

Ana Ozores solía tener ataques nerviosos. La noche del 2 de octubre sufre uno de ellos, mientras yacía durmiendo en el lecho. Su esposo, *Víctor Quintanar,* se expresa con una metáfora meteorológica:

> «—¿Ves? ya lloras; buena señal. La tormenta de nervios se deshace en agua; está conjurado el ataque, verás como no sigue» (*La Regenta* I. Capítulo III, pág. 229).

En otoño los días comienzan a ser más cortos y las noches más largas, se recibe menor insolación y las temperaturas, especialmente las nocturnas, tienden a disminuir. A modo de ejemplo, la mínima del mes de octubre de 1883 en el Observatorio de la Universidad de Oviedo fue de 4 °C el día 25, aunque a principios de mes las noches fueron igualmente frías (entre los días 2 y 4 de octubre las mínimas oscilaron entre 5 °C y 7 °C).

Volviendo al relato, la doncella, *Petra*, que había abandonado el lecho para atender la llamada de la señora, tiembla de frío:

> «Petra, temblando de frío, con los brazos cruzados, unos blanquísimos brazos bien torneados, se retiró discretamente, pero se quedó en la sala contigua esperando órdenes» (*La Regenta* I. Capítulo III, pág. 230).

Sin embargo, *don Víctor Quintanar*, experimentado cazador, acostumbrado al frío de la madrugada durante la temporada cinegética, no siente frío en la habitación.

> «—¿Tienes frío?
>
> —¡Frío yo!
>
> Y pensó que dentro de tres horas, antes de amanecer, saldría con gran sigilo por la puerta del parque —la huerta de los Ozores—. Entonces sí que haría frío, sobre todo, cuando llegaran al Montico, él y su querido Frígilis, su Pílades cinegético, como le llamaba» (*La Regenta* I. Capítulo III, pág. 230).

Pero sin duda hacía frío, aunque *Petra* no iba abrigada, como expresa *don Víctor* al despedirse de la criada:

> «—Nada más. Y acuéstate, que estás muy a la ligera y hace mucho frío» (*La Regenta* I. Capítulo III, pág. 232).

La orientación de las viviendas es fundamental para el confort térmico, especialmente en climas con poca insolación. Las habitaciones con orientación sur (mediodía), reciben mayor insolación, y por tanto son más cálidas en invierno. El relato refiere el momento, tiempo atrás, en que el matrimonio comienza a dormir por separado:

> «No se recuerda quién, pero él piensa que Anita, se atrevió a manifestar el deseo de una separación en cuanto al tálamo *quo ad thorum*. Fue acogida con mal disimulado júbilo la proposición tímida, y el matrimonio

mejor avenido del mundo dividió el lecho. Ella se fue al otro extremo del caserón, que era caliente porque estaba al Mediodía, y él se quedó en su alcoba. Pudo Anita dormir en adelante la mañana, sin que nadie interrumpiera esta delicia; y pudo Quintanar levantarse con la aurora y recrear el oído con los cercanos conciertos matutinos de codornices, tordos, perdices, tórtolas y canarios. Si algo faltaba antes para la completa armonía de aquella pareja, ya estaba colmada su felicidad doméstica, por lo que toca a la concordia» (*La Regenta* I. Capítulo III, pág. 233).

A las pocas horas, antes de amanecer, *don Víctor* se encuentra con su amigo *Frígilis* para iniciar la jornada de caza. De forma instintiva solemos hacer movimientos bruscos para aliviar la sensación de frío, como patalear en el suelo:

«En tanto allá abajo, en el parque, miraba al balcón cerrado del tocador de la Regenta, don Víctor, pálido y ojeroso, como si saliera de una orgía; daba paraditas en el suelo para sacudir el frío» (*La Regenta* I. Capítulo III, pág. 237).

El capítulo IV continúa con la historia de *Ana Ozores*. Hija de un coronel ingeniero militar, liberal y perteneciente a la nobleza *vetustense,* y una modista italiana, quedó huérfana de madre al nacer. Su padre tuvo que exiliarse, y durante su triste infancia *Ana* vivió en *Loreto*, una aldea próxima al mar, al cuidado de su estricta aya. Finalmente su padre retorna a la patria. Pese a los lúgubres augurios del padre de *Ana*, reflejo del sentimiento de decadencia y el pesimismo de esa época, el desarrollo del turismo en la segunda mitad del siglo XX dio un gran impulso a la economía española, gracias a su patrimonio cultural y natural, y al estilo de vida, pero sobre todo por el buen clima y el ambiente soleado, una fuente de riqueza.

«En el extranjero se había hecho don Carlos más filósofo y menos político. Para España no había salvación. Era un pueblo gastado. América se tragaba a Europa, además. Le preocupaban mucho las carnes en conserva que venían de los Estados Unidos.

—«Nos comen, nos comen. Somos pobres, muy pobres, unos miserables que sólo entendemos de tomar el sol» (*La Regenta* I. Capítulo IV, págs. 256-257).

Clarín muestra sus conocimientos de cultura clásica refiriendo la «lluvia de oro de Júpiter». Según la mitología clásica, el rey Acrisio supo por medio del oráculo que sería asesinado por su nieto, por lo que mantuvo encerrada a su hija Dánae para evitar que fuera fecundada. Sin embargo, Júpiter, transformado en lluvia de oro, logró poseerla entrando por la ventana de su celda (Figura 74). Fruto de esa unión, Dánae dio a luz a Perseo. Acrisio abandonó a su hija y a su nieto en el mar esperando su muerte, pero lograron sobrevivir y finalmente se cumplió la profecía, ya que Perseo mató accidentalmente a su abuelo.

Figura 74. *Dánae y la lluvia de oro*. Orazio Gentileschi (1621-1623).
Getty Museum. Dominio Público.

«En este particular don Carlos aprobaba el criterio de doña Camila; precisamente él creía que el Misterio de la Encarnación era como la lluvia de oro de Júpiter; y remontándose más, en virtud de la Mitología comparada, encontraba en la religión de los indios dogmas parecidos.

Ana en casa de su padre disponía de pocos libros devotos. Pero en cambio, sabía mucha Mitología, con velos y sin ellos» (*La Regenta* I. Capítulo IV, pág. 259).

Tras una breve estancia en Madrid, la pequeña *Ana* vuelve ilusionada a la quinta campestre de *Loreto* con su padre y su aya. En mayo, los días soleados, anticipo del verano, mejoran nuestro estado de ánimo (después del mes de agosto, con 184 horas, el mes con mayor número medio mensual de horas de sol en la actualidad en Oviedo es mayo, con 178 horas).

«Un día de sol, en Mayo, Ana que se preparaba a una vida nueva, por dentro, cantaba alegre limpiando los estantes de la biblioteca en la quinta» (*La Regenta* I. Capítulo IV, pág. 264).

Ya en la infancia, *Ana* comenzó a tener experiencias místicas. *Clarín* utiliza la metáfora para describir el furioso oleaje, las montañas, o las barcas sobre el mar. Técnicamente las nubes se clasifican en diez géneros, que se subdividen en especies y variedades. *Ana Ozores* tiene una visión, una nube imaginaria sobre la montaña, que podríamos bautizar como *cumulus mysticus*.

«Aquel día su paseo fue más largo que otras veces. La cuesta era ardua, el camino como de cabras; pavorosos acantilados a la derecha caían a pico sobre el mar, que deshacía su cólera en espuma con bramidos que llegaban a lo alto como ruidos subterráneos. A la izquierda los tomillares acompañaban el camino hasta la cumbre, coronada por pinos entre cuyas ramas el viento imitaba como un eco la queja inextinguible del océano. Ana subía a paso largo. El esfuerzo que exigía la cuesta la excitaba; se sentía calenturienta; de sus mejillas, entonces siempre heladas, brotaba fuego, como en lejanos días. Subía con una ansiedad apasionada, como si fuera camino del cielo por la cuesta arriba.

Después de un recodo de la senda que seguía, Ana vio de repente nuevo panorama; Loreto quedó invisible. Enfrente estaba el mar, que antes oía sin verlo; el mar, mucho mayor que visto desde el puerto, más pacífico, más solemne; desde allí las olas no parecían sacudidas violentas de una fiera enjaulada, sino el ritmo de una canción sublime, vibraciones de placas sonoras, iguales, simétricas, que iban de Oriente a Occidente. En los últimos términos del ocaso columbraba un anfiteatro de montañas que parecían escala de gigantes para ascender al cielo; nubes y cumbres se confundían, y se mandaban reflejados sus colores. En lo más alto de aquel *cumulus* de piedra azulada Ana divisó un punto; sabía que era un santuario. Allí estaba la Virgen. En aquel momento todos los celajes del ocaso se rasgaban brotando luz de sus entrañas para formar una aureola a la Madre de Dios, que tenía en aquella cima su templo. La puesta del sol era una apoteosis. Las velas de las lanchas de Loreto, hundidas en la sombra del monte, allá abajo, parecían palomas que volaban sobre las aguas» (*La Regenta* I. Capítulo IV, pág. 273).

En el capítulo V se completa la crónica de *Ana Ozores*, que tras fallecer su padre, cae enferma y es acogida por sus tías que viven en *Vetusta*, en el caserón familiar de los *Ozores*. *Ana* se recupera de su enfermedad y crece con salud. Muy pronto surgen pretendientes atraídos por su belleza, y un indiano, *don Frutos Redondo*, pide su mano. Ana acude a su confesor, *Ripamilán*, duda entre ingresar en un convento o acceder a la petición de matrimonio. *Ripamilán* le recomienda casarse con un paisano suyo, don *Víctor Quintanar*, magistrado, aunque más de veinte años mayor que ella. Aconsejada por su amigo *Frígilis*, y aunque no está enamorada, *Ana* se casa con él y abandona *Vetusta* hacia Granada, donde *don Víctor* había sido ascendido a Presidente de Sala.

En el capítulo VI se introduce a los personajes que frecuentan el *Casino* de *Vetusta*, entre ellos su presidente, don *Álvaro Mesía*, y se narra la actividad de dicha institución. En aquella época el palacio de Valdecarzana-Heredia albergaba el Casino de Oviedo (Figura 75).

El clima de Asturias es muy variado, con condiciones meteorológicas adversas especialmente en invierno, cuando aparece la nieve. En esta analepsis *Clarín* resume los fenómenos meteorológicos adversos invernales en zonas rurales de montaña:

Figura 75. *Oviedo II. Caja 126. Palacio de Valdecarzana. Fachada*. Polentinos, Aurelio de Colmenares y Orgaz Conde de (1873-1947).
Instituto del Patrimonio Cultural de España, Ministerio de Cultura y Deporte.

«Los jugadores vetustenses tenían una virtud: no trasnochaban. Eran hombres ocupados que tenían que madrugar. Tal médico se recogía a las diez después de perder las ganancias del día: se levantaba a las seis de la mañana, recorría todo el pueblo entre charcos y entre lodo, desafiaba la nieve, el granizo, el frío, el viento; y después de ímprobo trabajo, volvía, como con una ofrenda ante el altar, a depositar sobre el tapete verde las pesetas ganadas. Abogados, procuradores, escribanos, comerciantes, industriales, empleados, propietarios, todos hacían lo mismo» (*La Regenta* I. Capítulo VI, pág. 335).

La precipitación media anual en Oviedo a finales del siglo XIX era de 843 mm, un valor elevado aunque bastante inferior al actual (1028 mm). La precipitación anual presenta notable variabilidad, con años húmedos, muy húmedos o extraordinariamente húmedos, años normales, y años secos, muy secos o extraordinariamente secos. En el periodo vital de *Clarín* antes de escribir *La Regenta*, destacan como extremos el año 1869 con una precipitación anual de 1265 mm y el año 1863, cuando apenas se recogieron 462 mm. En tiempos recientes destacan como extremos el año 2018 con 1352 mm y el año 2011 con 793 mm.

Clarín conocía perfectamente la vida y costumbres de su ciudad, Oviedo. Con su habitual ironía, justifica la afición a los juegos de azar de los *vetustenses*, entre los que se podría incluir él mismo (Gómez, 1998), «por lo mucho que llovía en *Vetusta*».

«No en balde se afirmaba que Vetusta se distinguía por su acendrado patriotismo, su religiosidad y su afición a los juegos prohibidos. La religiosidad y el patriotismo se explicaban por la historia; la afición al juego por lo mucho que llovía en Vetusta. ¿Qué habían de hacer los socios, si no se podía pasear? Por eso proponía don Pompeyo Guimarán, el filósofo, que la catedral se convirtiera en paseo cubierto. «¡*Risum teneatis*!» contestaba Cármenes en la gacetilla del *Lábaro*» (*La Regenta* I. Capítulo VI, pág. 336).

Las referencias a la lluvia son numerosas en la novela. Como si se tratara de un parte meteorológico, *Clarín* nos informa de la presencia de la lluvia en el siguiente pasaje, que corresponde a la tarde del 3 de octubre, y cita la niebla en una comparanza:

«Eran las tres y media de la tarde. Llovía. En la sala contigua al gabinete viejo estaban los socios de costumbre, los que no jugaban a nada y los seis que jugaban al ajedrez. Estos habían colocado el respectivo tablero junto a un balcón, para tener más luz. En el fondo de la sala parecía que iba a anochecer. Sobre una mesa de mármol brillaba entre humo espeso de tabaco, como una estrella detrás de niebla, la llama de una bujía que servía para dar lumbre a los cigarros» (*La Regenta* I. Capítulo VI, pág. 337).

Resulta coherente que la lluvia fuera consecuencia de la proximidad de una borrasca atlántica, la misma que había originado el viento sur referido al comienzo de la novela. La abundante y densa nubosidad, y las precipitaciones, provocan que disminuya notablemente la luminosidad en los salones del *Casino*. Pese a transcurrir la acción a primeras horas de la tarde, al inicio del mes de octubre, cuando los días aún son relativamente largos, se requiere luz artificial.

Hablar del tiempo ha sido, es, y será, un tema de conversación habitual en las reuniones sociales. Nuestra *memoria meteorológica* es muy frágil, solo recordamos los eventos asociados a momentos singulares (la lluvia en el día de nuestra boda, la tormenta en una celebración campestre, una gran nevada, etc.), pero no retiene todas las efemérides. Por ello es necesario recurrir a los registros climatológicos:

«La meteorología tampoco faltaba nunca en los tópicos de las conferencias. El viento que soplaba tenía siempre muy preocupados a los socios beneméritos. El invierno actual siempre era más frío que todos los que recordaban, menos uno» (*La Regenta* I. Capítulo VI, pág. 338).

En días lluviosos, los tertulianos pasean por las amplias salas del *Casino*. El número medio anual de días muy lluviosos (precipitación diaria superior a 10 mm) era de 27 días en aquella época (periodo de referencia 1871-1900), siendo en la actualidad de 33 días (periodo de referencia 1991-2020).

«En el salón de baile, donde no se permitía jugar ni tomar café, se paseaban los señores de la Audiencia y otros personajes, v. gr., el marqués de Vegallana, los días de mucha agua, cuando él no podía dar sus paseos» (*La Regenta* I. Capítulo VI, pág. 338).

Adolfo Posada, buen amigo de *Clarín*, nos describe el salón de baile del *Casino* en un día de lluvia:

«Cuando llovía, fenómeno harto frecuente en «Vetusta», juntábamonos con Félix de Aramburu —el ilustre penalista— y otros amigos en el caserón aristocrático del Casino, haciendo nuestro paseo y continuando las conversaciones a lo largo —y estrecho— del salón de baile que Clarín describía pintorescamente como el interior de una gigantesca mesa de noche…En efecto parecía que nos movíamos dentro de un inmenso cajón largo, de escasa altura, resonante y en ocasiones las tardes lluviosas, tétrico. Porque conviene saber que aquel salón solo se iluminaba en las noches solemnes de las fiestas de la buena sociedad ovetense» (Posada, 1946).

En el capítulo VII, la acción transcurre en el *Casino*, donde los tertulianos hablan, y se profundiza en los personajes. *Clarín* no solo relata el comienzo de la lluvia, asociada a la borrasca que había originado el viento sur, también precisa el momento en que cesa.

«Había cesado la lluvia. Se disolvió la reunión, despidiéndose hasta la noche» (*La Regenta* I. Capítulo VII, pág. 361).

En el capítulo VIII la acción transcurre en el palacio de los *marqueses de Vegallana*, amigos de *Ana y don Víctor*, al que acuden tras abandonar el *Casino, Paco* (hijo de los marqueses) y su amigo *Álvaro Mesía*. En la casa se encuentran *Visitación*, fingida amiga de *Ana*, y *Obdulia*. Se cuenta la historia de la *marquesa, doña Rufina,* y del *marqués*.

El *marqués* tenía una extraña afición: la medida de distancias y el cálculo de áreas y volúmenes. En sus paseos contaba los pasos y sabía de memoria las dimensiones y volumen de muchos edificios. El sistema métrico decimal (SMD) en España se implantó con la Ley de Pesos y Medidas del 19 de julio de 1849, pero hubo muchas reticencias y dificultades para hacerse efectiva, y hubo que esperar a la nueva Ley de Pesas y Medidas de 8 de julio de 1892 para establecer su obligatoriedad. Previamente, un eminente matemático asturiano, Agustín de Pedrayes y Foyo, había participado activamente en los trabajos para definir el *metro* como unidad de medida internacional, residiendo en París como representante del gobierno de España entre 1798 y 1800. Aunque el *marqués* fue pionero en adaptarse a las nuevas unidades de medida, veremos más adelante que *Quintanar* aún expresa las distancias largas en leguas (para otros usos, como en los comercios, se empleaba la vara, equivalente a 83,6 cm). La población en general se mostró reticente a estos cambios, como vemos en la siguiente viñeta.

«Vegallana tenía una gran pasión: la de «tragarse leguas», o sea dar paseos de muchos kilómetros» (*La Regenta* I. Capítulo VIII, pág. 380).

«Cuando emprendía una excursión por camino desconocido, contaba los pasos, aunque hubiese medidas oficiales, porque no se fiaba de los kilómetros del Gobierno. Contaba los pasos y los millares los señalaba con piedras menudas que metía en los bolsillos de la americana. Llegaba a casa y descargaba sobre una mesa aquellos sacos para contar más

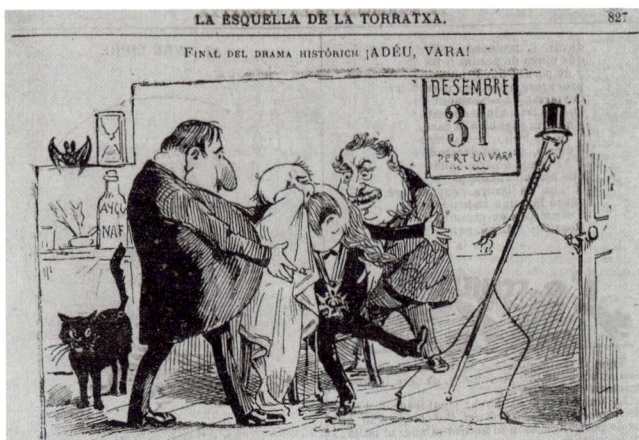

Figura 76. *Adéu, Vara*. Autor. Manuel Moliné. *La Esquella de la torratxa: periódich satírich, humorístich, il-lustrat y lilterari. Año 11 Número 572 - 1889 diciembre 28.*
Imagen procedente de los fondos de la Biblioteca Nacional de España bajo licencia CC-BY 4.0 o equivalente.

satisfecho las piedras miliarias» (*La Regenta* I. Capítulo VIII, pág. 382).

«Tenía otra manía, corolario de sus paseos, la manía de las pesas y medidas. Sabía en números decimales la capacidad de todos los teatros, congresos, iglesias, bolsas, circos y demás edificios notables de Europa. «Covent Garden tiene tantos metros de ancho por tantos de largo, y tantos de altura»; y hallaba el cubo en un decir Jesús. El Real tiene tantos metros cúbicos menos que la Gran Ópera. Mentía cuando quería deslumbrar al auditorio, pero podía ser exacto, asombrosamente exacto si se le antojaba» (*La Regenta* I. Capítulo VIII, págs. 382-383).

Gracias a esa obsesión métrica y la influencia del *marqués*, los nuevos barrios de *Vetusta* obedecían a criterios urbanísticos uniformes, no permitiéndose edificaciones de gran altura.

Figura 77. *Retrato de estudio de un hombre elegantemente vestido*. José Antonio Martínez (FF) Muséu del Pueblu d'Asturies.

102

Figura 78. *Calle Uría.*
Imagen procedente del archivo municipal del Ayuntamiento de Oviedo. Colección Adolfo Arman.

«La Colonia, la parte nueva de Vetusta, merced a la influencia poderosa del Marqués, por un rasero se había medido.

No había una casa más alta que otra» (*La Regenta* I. Capítulo VIII, pág. 384).

La Regenta fue escrita entre 1883 y 1885, años especialmente fríos que coinciden con el final de la conocida como Pequeña Edad de Hielo. Los registros climatológicos históricos constatan el calentamiento global durante los últimos 150 años, pero también hay evidencias indirectas, como son el retraso del encendido y el adelanto del apagado de las calefacciones comunitarias o particulares, que algunos años se encienden en el mes de noviembre, y se apagan en el mes de abril, todo ello teniendo en cuenta que en la actualidad no es costumbre permanecer abrigados en nuestros hogares.

Según los registros meteorológicos (datos sin corrección por cambio de emplazamiento), a finales del siglo XIX la temperatura media del mes de octubre en Oviedo era de 13,3 °C (en la actualidad 14,8 °C), y la del mes de mayo de 12,6 °C (en la actualidad 14,3 °C).

103

Clarín, de forma explícita, se refiere a la chimenea del palacio de los marqueses, que permanecía encendida de octubre a mayo. El mal tiempo no es excusa para permanecer en casa cuando existen otros alicientes y disponemos de un medio de transporte a cubierto para desplazarnos, como ocurre con *la marquesa*.

> «La gran chimenea tenía lumbre desde Octubre hasta Mayo. De noche iba al teatro doña Rufina siempre que había función, aunque nevase o cayeran rayos; para eso tenía carruajes» (*La Regenta* I. Capítulo VIII, pág. 387).

Volviendo al relato, tras la lluvia que comenzó al principio de la tarde, ésta cesa y termina luciendo el sol, que ilumina las habitaciones del palacio de los marqueses de *Vegallana*, donde conversan *Obdulia* y *Paco Vegallana*.

> «El sol que se acercaba al ocaso, entraba hasta los pies de la cama y envolvía en una aureola a aquella pareja de aturdidos» (*La Regenta* I. Capítulo VIII, pág. 408).

Obdulia, que había tenido una aventura tiempo atrás con *Paco Vegallana*, ironiza con el clima asturiano.

> «—Pero ¿verdad —dijo Obdulia, poniéndose más guapa— que esto de encontrarse de vez en cuando se parece un poco a un buen día de sol en invierno, en esta tierra maldita del agua y la niebla?» (*La Regenta* I. Capítulo VIII, pág. 409).

Mesía fue el primer amor de *Visitación,* ahora casada con un empleado de banca. *Clarín,* en sentido figurado, cita el invierno y los días de sol para referirse a esta relación amorosa.

> «Mesía y Visita no tenían en el invierno de sus amores aquellos días de sol de que hablaba Obdulia» (*La Regenta*. Capítulo VIII, pág. 409).

El capítulo VIII termina con *la Regenta* que vuelve a casa acompañada de *Petra*, después de haber confesado con *el Magistral*. *Ana* y *Petra*, al llegar a su casa, deciden no entrar y dar un paseo por la ciudad y alrededores. Comienza el capítulo IX, con la descripción del *palacio de los Ozores*. *Clarín* refiere de nuevo el daño que la elevada pluviosidad, la excesiva humedad y la falta de insolación causan a las fachadas de los edificios.

> «En la Plaza Nueva, en una rinconada sumida ya en la sombra está el palacio de los Ozores, de fachada ostentosa, recargada, sin elegancia, de sillares ennegrecidos, como los del Casino, por la humedad que trepa hasta el tejado por las paredes» (*La Regenta* I. Capítulo IX, pág. 418).

Desde el portal del *palacio de los Ozores*, *Ana* observa el vuelo de las golondrinas:

Figura 79. *La Regenta*. Ed. Daniel Cortezo y Cª. 1884-1885. (pág. 265). Ilustración Juan Llimona. Grabados Enrique Gómez Polo.
Imagen procedente de los fondos de la Biblioteca Nacional de España bajo licencia CC-BY 4.0 o equivalente.

Figura 80. *Oviedo*. Pedro Alonso Rebollar. Muséu del Pueblu d'Asturies.

Figura 81. *Ilustración de una golondrina en vuelo, grabado realizado hacia 1690, basado en el trabajo de Francis Barlow.*
Obra publicada en Wikimedia Commons, bajo licencia Creative Commons Atribución 4.0 Internacional (CC BY 4.0).

«Al llegar al portal Ana se detuvo; se estremeció como si sintiera frío. Miró hacia la bocacalle próxima; por allí el horizonte se abría lleno de resplandores. La calle del Águila era una pendiente rápida que dejaba ver en lontananza la sierra y los prados que forman su falda, verdes y relucientes entonces. Cruzaban la plaza y pasaban sobre los tejados golondrinas gárrulas, inquietas, que iban y venían, como si hiciesen sus visitas de despedida, próximo el viaje de invierno» (*La Regenta* I. Capítulo IX, pág. 418).

La fenología es la ciencia que estudia el comportamiento migratorio de las aves y, el estado de desarrollo de las plantas, en relación con las variables meteorológicas. En la actualidad, la golondrina suele abandonar la Península entre finales de septiembre y principios de noviembre, en función de las características del inicio del otoño, siendo lo normal que migre a principios de octubre. En este momento del relato nos encontramos al inicio del mes de octubre, por lo que se podría deducir, por la presencia de las golondrinas, que las temperaturas eran suaves. Como referencia, los primeros días de octubre de 1884 las temperaturas fueron relativamente cálidas, con máximas en torno a 19 °C y mínimas en torno a 11 °C. Pocos días después, las temperaturas descendieron (máximas en torno a 11 °C y mínimas en torno a 6 °C).

La ciudad de Oviedo dispone de un valioso patrimonio artístico pero, además, cuenta con un importante patrimonio natural en los alrededores. Paseando a poca distancia podemos encontrar bellos parajes en plena naturaleza (*poéticos alrededores*, en palabras de Adolfo Posada). Volviendo al relato, *Ana y Petra* salen de paseo; tras la lluvia «el sol habrá secado la tierra».

«— Oye, Petra, no llames; vamos a dar un paseo...

—¿Las dos solas?

—Sí, las dos... por los prados... a campo traviesa.

— Pero, señorita, los prados estarán muy mojados...

— Por algún camino... extraviado... por donde no haya gente. Tú que eres de esas aldeas, y conoces todo eso, ¿no sabes por dónde podremos ir sin que encontremos a nadie?

— Pero, si estará todo húmedo...

—Ya no; el sol habrá secado la tierra... ¡Yo traigo buen calzado. Anda... vamos, Petra!» (*La Regenta* I. Capítulo IX, pág. 418).

Pese a que lucía el sol, la tarde estaba húmeda.

«Un paseo a campo traviesa, después de confesar, solas, en una tarde húmeda, daba mucho en qué pensar a Petra. Ella no deseaba otra cosa, pero insistía en su oposición por ver adónde llegaba el capricho del ama. Otras habían empezado así.

Bajaron por la calle del Águila. A su extremo, pasaba, perpendicular, la carretera de Madrid.

— Por ahí no —dijo el ama—. Por aquí; vamos hacia la fuente de Mari–Pepa.

Figura 82. Imagen procedente del archivo municipal del Ayuntamiento de Oviedo. Archivo Adolfo Arman

—A estas horas no hay nadie por estos sitios, y el piso ya estará seco; todavía da el sol. Mire usted, allí está la fuente» (*La Regenta* I. Capítulo IX, pág. 419).

Clarín retrata de forma sublime el paisaje, utilizando como símil el sonido de las castañuelas al describir la brisa, o el oleaje al referirse al terreno ondulado.

«Setos de madreselva y zarzamora orlaban el camino, y de trecho en trecho se erguía el tronco de un negrillo, robusto y achaparrado, de enorme cabezota, como un as de bastos, con algunos retoños en la calvicie, varillas débiles que la brisa sacudía, haciendo resonar como castañuelas las hojas solitarias de sus extremos» (*La Regenta* I. Capítulo IX, págs. 419-420).

Cita la neblina que comienza a formarse en aquella tarde del mes de octubre, en un atardecer rojizo.

«Llegaron a la fuente de Mari–Pepa. Estaba a la sombra de robustos castaños, que tenían la corteza acribillada de cicatrices en forma de iniciales y algunas expresando nombres enteros. La orla de álamos que se veía desde lejos servía como de muralla para hacer el lugar más escondido y darle sombra a la hora de ponerse el sol; por oriente se levantaba una loma que daba abrigo al apacible retiro formado por la naturaleza en torno del manantial. Aunque situado en una hondonada, desde allí se veía magnífico paisaje, porque a la parte de occidente otras ondas del terreno que semejaban un oleaje de verdura, dejaban contemplar los lejanos términos, y allá confundido con la neblina el Corfín, una montaña que escondía sus crestas en las nubes y caía a pico sobre valles ocultos detrás de colinas y montes más próximos. El sol sesgaba el ambiente en que parecía flotar polvo luminoso, detrás del cual aparecía el Corfín con un tinte cárdeno» (*La Regenta* I. Capítulo IX, pág. 420).

Ana se sienta y admira el paisaje.

«Contemplaba las laderas de la montaña iluminada como por luces de bengala, y casi entre sueños oía a su lado el murmullo discreto del manantial y de la corriente que se precipitaba a refrescar los prados» (*La Regenta* I. Capítulo IX, pág. 420-421).

Con cierta frecuencia, podemos observar nubes medias y altas con tonalidades anaranjadas o rosáceas durante el lubricán, debido a la dispersión de la luz solar, que nos dejan bellas estampas.

Sin embargo, las referencias al *polvo luminoso*, al *tinte cárdeno* y a las *luces de bengala*, nos hacen pensar en un atardecer singular. Entre el 26 y 27 de agosto de 1883 se produjo la erupción del volcán Krakatoa en Indonesia. Fue una de las mayores erupciones volcánicas registradas en los últimos siglos, inyectando gran cantidad de material volcánico a la estratosfera[21].

Figura 83. *Canal de Castilla.* Foto del Autor

---

[21] La estratosfera en una de las capas de la atmósfera, a una altitud entre 12 y 50 km aproximadamente, caracterizada por un aumento de la temperatura con la altitud y contener ozono, que filtra las radiaciones ultravioletas del sol.

Figuras 84 y 85. (izqda.) *Ilustración de la erupción del volcán Krakatoa en 1883, grabado realizado por el Comité de Krakatoa de la Royal Society y editado por G.J. Symons.* Publicado en *The Eruption of Krakatoa and Subsequent Phenomena* (1888), bajo licencia dominio público. Fuente: Wikimedia Commons.
(dcha.) *La catástrofe de Java, La Ilustración española y americana.* 22/9/1883. Imagen procedente de los fondos de la Biblioteca Nacional de España bajo licencia CC-BY 4.0 o equivalente.

Las cenizas, a través de la circulación general de la atmósfera se distribuyeron por toda la atmósfera planetaria. Además de reducir la radiación solar incidente y por tanto provocar el enfriamiento del planeta, la dispersión selectiva de la luz solar al incidir sobre las minúsculas partículas volcánicas dio lugar a espectaculares atardeceres y amaneceres rojizos, que fueron frecuentes durante bastante tiempo en muchos lugares. Augusto Arcimis, director del Instituto Central Meteorológico, relata esos atardeceres asombrosos, que durante aquel otoño e invierno de 1883, y mucho tiempo después, llamaron la atención de los madrileños (el siguiente recorte de prensa es del 18 de julio de 1893, casi 10 años después de la erupción del Krakatoa).

> En Madrid el dia ha sido caluroso, despejado y de viento flojo de dirección variable. La temperatura máxima llegó á 33º4 y la mínima á 17º,2.
>
> En la tarde de ayer, puesto el sol, se manifestaron con bastante intensidad los resplandores crepusculares, observados después de la erupción de Krakatoa.
>
> Es probable que continúe el tiempo caluroso.
> —El director, *Arcimis.*

Figura 86. *La Publicidad (Madrid. 1883). 18/7/1893.*
Imagen procedente de los fondos de la Biblioteca Nacional de España bajo licencia CC-BY 4.0 o equivalente.

A orillas del Támesis, éste era el aspecto en la tarde del 26 de noviembre de 1883, según esta cromolitografía a partir de un boceto del Sr. W. Ascroft, de Chelsea (Symons, 1888).

Los frecuentes atardeceres rojizos que relata *Clarín* en *La Regenta* tal vez fueron experiencias personales relacionadas con este episodio, teniendo en cuenta la coincidencia en el tiempo de la erupción del Krakatoa y la redacción de la novela.

Figura 87. *Ilustración de la erupción del volcán Krakatoa en 1883, grabado realizado por el Comité de Krakatoa de la Royal Society y editado por G.J. Symons.* Publicado en *The Eruption of Krakatoa and Subsequent Phenomena* (1888), bajo licencia dominio público. Fuente: Internet Archive.

Figura 88. *Emigrantes.* ca. 1904. Evaristo Valle (Gijón, 1873-1951). Archivo Fundación Museo Evaristo Valle.

Como buen observador fenológico y conocedor de las aves, *Clarín* cita varios pájaros, como la *nevatilla*, ave migratoria que anuncia la llegada del invierno, y también describe la caída otoñal de las hojas.

«Sobre las ramas del castaño saltaban gorriones y pinzones que no cerraban el pico y no acababan nunca de cantar formalmente, distraídos en cualquier cosa, inquietos, revoltosos y vanamente gárrulos. Hojas secas caían de cuando en cuando de las ramas al manantial; flotaban dando vueltas con lenta marcha, y, acercándose al cauce estrecho por donde el agua salía, se deslizaban rápidas, rectas, y desaparecían en la corriente, donde la superficie tersa se convertía en rizada plata. Una nevatilla (en Vetusta lavandera) picoteaba el suelo y brincaba a los pies de Ana, sin miedo» (*La Regenta* I. Capítulo IX, pág. 421).

Figura 89. *Nevatilla*. Museo de Historia Natural. Descripción y costumbres de los mamíferos, aves, reptiles, peces, insectos, etc. M. Boitard. 1851. Barcelona.
Biblioteca Virtual Miguel Cervantes.

Volviendo al relato, *La Regenta*, absorta en sus pensamientos, pierde la noción del tiempo transitoriamente y la recupera bruscamente. Tras la retirada del sol, en otoño la temperatura desciende rápidamente, de forma repentina, como acertadamente refiere *Clarín*.

«Se estremeció de frío. Volvió a la realidad. Todo quedó en la sombra. El sol ocultaba entre nubes pardas y espesas, detrás de la cortina de álamos, el último pedazo de su lumbre que se le había quedado atrás, como un trapillo de púrpura. La sombra y el frío fueron repentinos. Un coro estridente de ranas despidió al sol desde un charco del prado vecino» (*La Regenta* I. Capítulo IX, pág. 428).

Ya casi anocheciendo, vuelven a la ciudad. *Clarín* describe el clima de *Vetusta*, pero también el urbanismo y el entramado social de la ciudad. En este párrafo, cita las distintas profesiones entre la clase obrera, a la vez que nos permite identificar una de las calles emblemáticas de Oviedo, la calle Uría.

«En vez de subir por la calle del Águila habían dado un rodeo y entraban por una de las pocas calles nuevas de Vetusta, de casas de tres pisos, iguales, cargadas de galerías con cristales de colores chillones y discordantes. La acera de tres metros de anchura, una acera hiperbólica para Vetusta, estaba orlada por una fila de faroles en columna, de hierro pintado de verde, y por otra fila de árboles, prisioneros en estrecha caja de madera, verde también. Por esto se llamaba *El boulevard*, o lo que era en rigor, *Calle del Triunfo de 1836*. Al anochecer, hora en que dejaban el trabajo los obreros, se convertía aquella acera en paseo donde era difícil andar sin pararse a cada tres pasos. Costureras, chalequeras, planchadoras, ribeteadoras, cigarreras, fosforeras, y armeros, zapateros, sastres, carpinteros y hasta albañiles y canteros, sin contar otras muchas clases de industriales, se daban cita bajo las acacias del Triunfo y paseaban allí una hora, arrastrando los pies sobre las piedras con estridente sonsonete» (*La Regenta* I. Capítulo IX, págs. 430-431).

En una tarde con buen tiempo, *el boulevard* (actual calle Uría, construida entre 1874 y 1880) estaba más transitado que de costumbre. La calzada, sin pavimentar, se encontraba cubierta de lodo tras la lluvia.

«Ana se vio envuelta, sin pensarlo, por aquella multitud. No se podía salir de la acera. Había mucho lodo y pasaban carros y coches sin cesar; era la hora del correo y aquel el camino de la estación» (*La Regenta* I. Capítulo IX, pág. 433).

En la calle Uría, se encontraba el famoso y centenario roble *El Carbayón*, con una altura de unos 30 m y un tronco de unos 6 m de perímetro, que fue talado en 1879 para ampliar las aceras (figura 91). Un roble de porte similar, conocido como *El Negrillo*, fue derribado por un fuerte temporal el 25 de noviembre de 1865.

Figura 90. *Calle de Uría*. Imagen procedente del archivo municipal del Ayuntamiento de Oviedo.

En *Vetusta* llueve muy a menudo, *Clarín* lo reitera a lo largo del relato.

«En Vetusta llueve casi todo el año, y los pocos días buenos se aprovechan para respirar el aire libre» (*La Regenta* I. Capítulo IX, pág. 436).

Como evidencian las fotografías de la época, el paraguas era un complemento de la indumentaria femenina asturiana, sin duda más utilizado que las sombrillas o parasoles.

Así que el buen tiempo se aprovecha para pasear o salir de compras. En esta analepsis, *Visitación* flirtea con el dependiente de una tienda de telas; el mancebo imagina una escena erótica, ambientada en una nevada.

Figura 91. *El Carbayón*. Oviedo. 1879. Imagen procedente del archivo municipal del Ayuntamiento de Oviedo. Archivo Adolfo Arman.

Figuras 92 y 93. (izqda.) *Retrato de mujer, de pie, con capa de pieles y sombrero, en la mano derecha un paraguas y en la izquierda unos guantes.* Anv. Fernando del Fresno. Fruela 3 Oviedo. h. 1898. Muséu del Pueblu d'Asturies.
(dcha.) *Dos mujeres con una sombrilla en la playa de san Lorenzo, niños jugando en la arena.* h. 1895. Arturo Truan Vahamonde (FF). Muséu del Pueblu d'Asturies.

«—Me va a coger el invierno sin un hilo sobre mi cuerpo.

El mancebo sonríe con amabilidad, figurándose de buen grado a la dama delgada, pero de buenas formas, tiritando en camisa bajo los rigores de una nevada...» (*La Regenta* I. Capítulo IX, pág. 437).

El buen tiempo es deseado por los *vetustenses,* la ciudad se anima.

«No sólo *el elemento joven de ambos sexos* (de *El Lábaro*) sino las personas formales; magistrados, catedráticos, autoridades, abogados, hasta clérigos, están deseando todo el día, sin darse cuenta, la hora de las tiendas, los días que *hace bueno* y pueden las damas «decorosamente» coger la mantilla y echarse a la calle» (*La Regenta* I. Capítulo IX, pág. 437).

No hay que olvidar que en ocasiones el mal tiempo o, para ser más rigurosos, el tiempo lluvioso, en Oviedo y en *Vetusta*, persiste durante varios días incluso una semana.

«Hay estudiante que se acuesta satisfecho con media docena de miradas recogidas acá y allá, en sus idas y venidas por el Espolón o por la calle del Comercio; y niña casadera que tiene para ocho días con una flor amorosa que fingió desdeñar por impertinente y que saborea a sus solas, mientras borda unas zapatillas durante siete días mortales, detrás del cristal que azota la lluvia incansable» (*La Regenta* I. Capítulo IX, pág. 438).

Durante el paseo de la protagonista por *el boulevard*, se encuentra con su pretendiente, *don Álvaro Mesía. Ana* achaca su aburrimiento a la pertinaz lluvia, aunque no parece suficiente excusa para su aparente reclusión.

«—Debe de aburrirse usted mucho en Vetusta, Ana —decía don Álvaro.

Buscaba en vano manera natural de llevar la conversación a un punto por lo menos análogo al que pensaba tratar muy por largo, llegada la ocasión oportuna.

—Sí, a veces me aburro. ¡Llueve tanto!

—Y aunque no llueva. Usted no va a ninguna parte.

—Será que usted no se fija en mí; bastante salgo.

Estas palabras, apenas dichas, le parecieron imprudentes. ¿Era ella quien las había pronunciado? Así hablaba Obdulia con los hombres; ¡pero ella, Ana!» (*La Regenta* I. Capítulo IX, pág. 445).

En el capítulo X, se relata cómo *la Regenta* llega a su casa y declina la invitación para ir al teatro. Queda sola en su casa y la invade la melancolía. Sale al balcón, en una noche de luna llena, con algunas nubes y una niebla en ciernes. La situación sinóptica de viento sur, con la que comienza la novela, persiste al día siguiente. De nuevo *Clarín* refiere el *airín de les castañes*, el viento blando y caliente, que tras cesar favorece la formación de la niebla. También describe el fenómeno físico de la refracción, todo ello con símiles y metáforas.

«La luna brillaba en frente, detrás de los soberbios eucaliptus del Parque, plantados por Frígilis. Duraba aquel viento sur blando, templado, perezoso; a veces ráfagas vivas movían como sonajas de panderetas las hojas, que empezaban a secarse y sonaban con timbre metálico. Eran como estremecimientos de aquella naturaleza próxima a dormir su sueño de invierno.

Ana oía ruidos confusos de la ciudad con resonancias prolongadas, melancólicas; gritos, fragmentos de canciones lejanas, ladridos. Todo desvanecido en el aire, como la luz blanquecina reverberada por la niebla tenue que se cernía sobre Vetusta, y parecía el cuerpo del viento blando y caliente. Miró al cielo, a la luz grande que tenía en frente, sin saber lo que miraba; sintió en los ojos un polvo de claridad argentina; hilo de plata que bajaba desde lo alto a sus ojos, como telas de araña; las lágrimas refractaban así los rayos de la luna» (*La Regenta* I. Capítulo X, págs. 453-454).

En la mente delirante de *Ana Ozores* se confunde fantasía con realidad, estando presentes la luna, las nubes, y la niebla que finalmente cubre la ciudad.

«Y la juventud huía, como aquellas nubecillas de plata rizada que pasaban con alas rápidas delante de la luna... ahora estaban plateadas, pero corrían, volaban, se alejaban de aquel baño de luz argentina y caían en las tinieblas que eran la vejez, la vejez triste, sin esperanzas de amor. Detrás de los vellones de plata que, como bandadas de aves cruzaban el cielo, venía una gran nube negra que llegaba hasta el horizonte. Las imágenes entonces se invirtieron; Ana vio que la luna era la que corría a caer en aquella sima de oscuridad, a extinguir su luz en aquel mar de tinieblas».

«Lo mismo era ella; como la luna, corría solitaria por el mundo a abismarse en la vejez, en la oscuridad del alma, sin amor, sin esperanza de él... ¡oh, no, no, eso no!».

Sentía en las entrañas gritos de protesta, que le parecía que reclamaban con suprema elocuencia, inspirados por la justicia, derechos de la carne, derechos de la hermosura. Y la luna seguía corriendo, como despeñada, a caer en el abismo de la nube negra que la tragaría como un mar de betún. Ana, casi delirante, veía su destino en aquellas apariencias nocturnas del cielo, y la luna era ella, y la nube la vejez, la vejez terrible, sin esperanza de ser amada. Tendió las manos al cielo, corrió por los senderos del *Parque*, como si quisiera volar y torcer el curso del astro eternamente romántico. Pero la luna se anegó en los vapores espesos de la atmósfera y Vetusta quedó envuelta en la sombra. La torre de la catedral, que a la luz de la clara noche se destacaba con su espiritual contorno, transparentando el cielo con sus encajes de piedra, rodeada de estrellas, como la Virgen en los cuadros, en la oscuridad ya no fue más que un fantasma puntiagudo; más sombra en la sombra» (*La Regenta* I. Capítulo X, pág. 461).

Mesía abandona el teatro con el presentimiento de encontrar a *Ana*. Se dirige a su casa, atravesando una calleja cubierta de fango y la columbra en el jardín. La nubosidad y los bancos de niebla impiden verla con detalle. *Mesía* se atreve a hacer un pronóstico a muy corto plazo (*nowcasting* en el lenguaje técnico).

«¡Si volviera a salir la luna! No, no saldría; la nube era inmensa y muy espesa; tardaría media hora la claridad» (*La Regenta* I. Capítulo X, pág. 463).

Don Álvaro la llama, pero como respuesta solo obtiene el ruido provocado por el viento. *Ana* había huido.

«Esperó en vano.

—Ana, Ana —volvió a decir quedo, muy quedo; pero sólo le contestaban las hojas secas, arrastradas por el viento suave sobre la arena de los senderos» (*La Regenta* I. Capítulo X, págs. 463-464).

Quintanar vuelve del teatro y encuentra a su esposa agitada, alterada por el atrevimiento de *Mesía*. *Quintanar*, consciente de la crisis nerviosa del día anterior, teme que se reproduzca la enfermedad crónica que padece, y analiza las causas del aislamiento e infelicidad de *Ana* que resume en una frase: «no hay quien te saque al sol en un año», sin matizar que precisamente los días soleados no son muy frecuentes en *Vetusta*.

«La Marquesa dice que eres demasiado formal, demasiado buena, que necesitas un poco de aire libre, ir y venir... y yo, por último, opino lo mismo, y estoy resuelto —esto lo dijo con mucha energía— estoy resuelto a que termine la vida de aislamiento. Parece que todo te aburre; tú vives allá en tus sueños... Basta, hija mía, basta de soñar. ¿Te acuerdas de lo que te pasó en Granada? Meses enteros sin querer teatros, ni visitas, ni más que escapadas a la Alhambra y al Generalife; y allí leyendo y papando moscas te pasabas las horas muertas. Resultado: que enfermaste y si no me trasladan a Valladolid, te me mueres. ¿Y en Valladolid? Recobraste la salud gracias a la fuerza de los alimentos, pero la melancolía mal disimulada seguía, los nervios erre que erre... Volvemos a Vetusta, casi pasando por encima de la ley, y nos coge el luto de tu pobre tía Águeda que se fue a juntar con la otra, y con ese pretexto te encierras en este caserón y no hay quien te saque al sol en un año. Leer y trabajar como si estuvieras a destajo... No me interrumpas; ya sabes que riño pocas veces; pero ya que ha llegado la ocasión, he de decirlo todo; eso es, todo. Frígilis me lo repite sin cesar: «Anita no es feliz» (*La Regenta* I. Capítulo X, págs. 466-467).

Quintanar propone un *Programa* en el que, ahora sí, matiza la oportunidad de los paseos «todas las tardes que haga bueno», sin que falte su mordacidad citando al gobierno.

«—¡Programa! —gritó don Víctor—: al teatro dos veces a la semana por lo menos; a la tertulia de la Marquesa cada cinco o seis días, al Espolón todas las tardes que haga bueno; a las reuniones de confianza del Casino en cuanto se inauguren este año; a las meriendas de la Marquesa, a las excursiones de la *high life* vetustense, y a la catedral cuando predique don Fermín y repiquen gordo. ¡Ah! y por el verano a Palomares, a bañarse y a vestir batas anchas que dejen entrar el aire del mar hasta el cuerpo... ea, ya sabes tu vida. Y esto no es un programa de gobierno, sino que se cumplirá en todas sus partes» (*La Regenta* I. Capítulo X, pág. 467).

El capítulo XI se inicia con el *Magistral*, gran madrugador, trabajando en su casa. El relato transcurre ya por el tercer día, el 4 de octubre, festividad de san Francisco. En octubre la insolación disminuye y las noches son suficientemente largas, de forma que las temperaturas mínimas descienden y las mañanas son frescas. La temperatura media de las mínimas del mes de octubre a finales del siglo XIX en Oviedo era de 9,2 °C (periodo de referencia 1871-1900), al menos 1,4 °C menos que en la actualidad. *El Magistral*, trabajaba bien abrigado en aquella fría mañana.

> «Don Fermín escribía a la luz tenue y blanca del crepúsculo; la mañana estaba fresca; de vez en cuando, por vía de descanso, De Pas se entretenía en soplarse los dedos. Meditaba. Tenía los pies envueltos en un mantón viejo de su madre. Cubríale la cabeza un gorro de terciopelo negro, raído; la sotana bordada de zurcidos, pardeaba de puro vieja, y las mangas de la chaqueta que vestía debajo de la sotana relucían con el brillo triste del paño muy rozado» (*La Regenta* I. Capítulo XI, pág. 472).

Los enemigos del *Magistral* acostumbraban a injuriarle públicamente. Él estaba al tanto de las murmuraciones, pero no le preocupaban en exceso.

> «No pensaba en tal cosa el Magistral aquella mañana fría de octubre, mientras se soplaba los dedos meditabundo» (*La Regenta* I. Capítulo XI, pág. 479).

A través de la confesión, aunque guardaba el debido secreto, *el Magistral* conocía detalles íntimos de la sociedad *vetustense*. De nuevo *Clarín* recurre a una comparanza meteorológica.

> «Como los observatorios meteorológicos anuncian los ciclones, el Magistral hubiera podido anunciar muchas tempestades en Vetusta, dramas de familia, escándalos y aventuras de todo género. Sabía que la mujer devota, cuando no es muy discreta, al confesarse delata flaquezas de todos los suyos» (*La Regenta* I. Capítulo XI, págs. 481-482).

Los días de sol espléndido, con cielos totalmente o casi despejados, son escasos en Oviedo. En la actualidad se registran en promedio 28 días al año (a finales del siglo XIX los registros indican un número superior, 54 días, aunque las observaciones se hacían con menor frecuencia que en la actualidad, únicamente a las 9 y a las 15 horas locales). En el mes de octubre de 1883 solo se registraron en el Observatorio de la Universidad de Oviedo dos días de cielo despejado (el 19 y el 25). En octubre de 1884 solo se registró un día despejado, el día 2, un día espléndido con una máxima de 19,5 °C y una mínima de 12 °C. No es de extrañar que *Clarín* considere una rareza el buen tiempo en *Vetusta*, como expresa *el Magistral* en esa mañana de cielo despejado.

Figuras 94 y 95. (izqda.) *Catedral de Oviedo.* Fotografía de José Luis Navarro. (dcha.) *Corner of the Garden, Alcazar, Sevilla,* 1910. Joaquín Sorolla Bastida. J. Paul Getty Museum, Los Angeles. Public Domain.

«Escribió sin descanso hasta las diez. Cuando el sol se le metió por los puntos de la pluma, levantó la cabeza, satisfecho de su tarea.

Miró al cielo. Estaba alegre, sin nubes. El buen tiempo en Vetusta vale más por lo raro» (*La Regenta* I. Capítulo XI, pág. 492).

A finales del siglo XIX no era habitual realizar largos viajes, no solo por la carestía de los mismos, también por la incomodidad y lentitud del transporte público, una queja constante de la sociedad de la época. Sin embargo, *Clarín* emprendió un viaje por Andalucía, con su reciente esposa, entre diciembre de 1882 y enero de 1883. Al igual que el pintor Joaquín Sorolla (1863-1923), quedó fascinado por los cielos completamente despejados y las suaves temperaturas del invierno andaluz.

Don Fermín sale a la calle en esa magnífica mañana, que *Clarín* compara con los despejados cielos andaluces. Sin embargo, acababa de discutir con su madre, había recibido una carta de *la Regenta* y ya se murmuraba sobre las más de dos horas que había dedicado en el confesonario a *la Regenta* el día anterior. *Clarín* de forma metafórica, identifica su buen humor con el cielo despejado.

«El sol brillaba acercándose al cenit. Sobre Vetusta ni una sola nube.
El cielo parecía andaluz.

Sí, pero el buen humor del Magistral se había nublado; su madre le había puesto nervioso, airado, no sabía contra quién» (*La Regenta* I. Capítulo XI, pág. 505).

Figura 96. *Palacio Episcopal, adyacente a la Sala Capitular de la Catedral.* Fotografía de José Luís Navarro.

El *Magistral* se dirige a casa de la familia *Carraspique*, una de cuyas hijas, que profesaba como monja en un convento bastante insalubre, está enferma de gravedad. Tras su estancia en el palacio de los *Carraspique*, se dirige al palacio Episcopal, dando comienzo al capitulo XII, donde se cuenta la historia de *don Fortunato Camoirán*, obispo de *Vetusta*.

En esta analepsis, que refiere un viaje del obispo *Camoirán* en el que supuestamente salvó milagrosamente la vida de un niño, se cita la nieve, hidrometeoro frecuente en invierno en las montañas asturianas.

«En cierta ocasión, cuando hacía su visita a las parroquias de los vericuetos, en el riñón de la montaña, jinete en un borrico, bordeando abismos, entre la nieve, se le presentó una madre desesperada con su hijo en los brazos. Una víbora había mordido al niño.

—¡Sálvamelo, sálvamelo! —gritaba la madre, de rodillas, cerrando el paso al borrico» (*La Regenta* I. Capítulo XII, pág. 524).

Clarín contrasta metafóricamente la fría nieve y el abrasador fuego para referirse a la santidad del obispo. También emplea una locución similar a un modismo actual: «ha llovido mucho desde entonces», para referir que ha transcurrido mucho tiempo:

«Tenía cincuenta años, la cabeza llena de nieve, y su corazón todavía se abrasaba en fuego de amor a María Santísima. Desde el seminario, y ya había llovido después, su vida había sido una oda consagrada a las alabanzas de la Madre de Dios. » (*La Regenta*. Capítulo XII, pág. 526).

Figura 97. *La villa y los alrededores de Tineo bajo una gran nevada.* Anónimo. Colección: *El Progreso de Asturias.* 1920 (ca). Museu Pueblu d´Asturies.

Figuras 98 y 99. (izqda.) Fotografía del álbum de la familia del político Rafael María de Labra Cadrana. h. 1890. Muséu del Pueblu d'Asturies. (dcha.) *Dos hombres jugando con la nieve en el Paseo del Bombé, en el Campo de san Francisco.* h. 1890. Fotografía disgregada del álbum preteneciente a la familia del político Rafael María de labra Cadrana (1840-1918). Muséu del Pueblu d'Asturies.

Resulta llamativo que en *La Regenta* apenas se menciona que nevara en *Vetusta*, algo que ocurre de forma ocasional todos los años en Oviedo, aunque no siempre cuaja en el suelo. Según la serie histórica de datos, en la segunda mitad del siglo XIX (periodo de referencia 1851-1890) nevaba con más frecuencia que en la actualidad (una media de 6 y 4 días anuales respectivamente). En los inviernos 1883-1884 y 1884-1885 nevó 4 y 5 días respectivamente.

El Magistral era un gran orador, un hombre erudito. Sus sermones eran muy apreciados por sus fieles. *Clarín* cita al jesuita Pietro Angelo Secchi, destacado astrónomo además de meteorólogo, Director del Observatorio del Collegio Romano e inventor del «meteorógrafo», complejo instrumento registrador de variables meteorológicas (figura 100).

> «Las damas, aunque admiraban también aquello de que Renan copia a los alemanes, y lo de que no hay más sabios que el P. Secchi y otros cinco o seis jesuitas, con lo demás de Götinga y de Tubinga y lo del orientalista Oppert, etc., etc., preferían oír al Magistral en sus sermones de costumbres y él también prefería agradar a las señoras» (*La Regenta* I. Capítulo XII, pág. 539).

El obispo había sido eclipsado por las facultades oratorias del *Magistral*, pero también había perdido en el confesonario a las feligresas más distinguidas, que ahora confesaban con *el Magistral*. *Clarín* utiliza la expresión *«mirada como un rayo»,* sinónimo de mirada recriminatoria.

> «Así era el buen Fortunato Camoirán, prelado de la diócesis exenta de Vetusta la muy noble ex-corte; aquel humilde Obispo a quien el Provisor en cuanto entró en el salón reprendió con una mirada como un rayo» (*La Regenta* I. Capítulo XII, págs. 543-544).

Al mediodía los sucesos acaecidos menguan el buen ánimo del *Magistral*, en aquella mañana de «sol brillante».

Figura 100. *Meteorógrafo P. Secchi.* INAF - Astronomical Observatory of Rome.

> «Ningún disgusto grave le habían dado; pero tantas pequeñeces juntas le habian echado a perder aquel día que había creído feliz al ver el sol brillante, al lavarse alegre frente al espejo» (*La Regenta* I. Capítulo XII, pág. 549).

El *Magistral* piensa en su madre, *doña Paula*, y se arrepiente de su buen ánimo inicial, al que había contribuido el buen tiempo.

> «Doña Paula podía estar satisfecha de su hijo; de su hijo; no del soñador necio y casquivano que aquella mañana se turbaba al leer una carta insignificante, y se alegraba sin saber por qué al ver un sol esplendoroso en un cielo diáfano. ¡El sol, el cielo! ¿qué le importaban al Vicario general de Vetusta? ¿No era él un curial que se hacía millonario para pagar a su madre deudas sagradas y para saciar con la codicia la sed de ambiciones fallidas?» (*La Regenta* I. Capítulo XII, pág. 560).

Sin embargo, tras despachar sus asuntos, sale a la calle de nuevo y pasea fuera del casco histórico; el espectacular día otoñal aviva de nuevo su espíritu. *Clarín* emplea un símil marino para describir el ruido de las hojas caídas que arrastra con su manteo.

> «Se apresuró a dejar la plazuela que cubría de sombra la parda catedral... huyó hacia las calles anchas, dejó la Encimada con sus resonantes aceras gastadas y estrechas, su triste soledad solemne, su hierba entre los guijarros, sus caserones ahumados, sus rejas de hierro encorvadas, y buscó la Colonia, saliendo por la plaza del Pan, la calle del Comercio y el Boulevard, de cuyos arbolillos caían hojas secas sobre anchas losas. El manteo del Magistral las atraía, las arrastraba por la piedra en pos de sí con un ruido de marejada rítmico y gárrulo.

Allí se veía ya mucho cielo; todo azul; enfrente la silueta del Corfín, azulada también. Aquello era la alegría, la vida» (*La Regenta* I. Capítulo XII, págs. 560-561).

En el léxico meteorológico, el viento se define por su intensidad o velocidad y la dirección de donde sopla el aire. El término *mediodía* tiene la acepción de «sur». A diferencia del viento sur, de carácter cálido, el viento de componente norte es de carácter fresco en verano y frío o muy frío en invierno. Durante su paseo el *Magistra*l percibe el giro y los rumores del viento:

«Sin poder él remediarlo, mientras el aire fresco —el viento *había cambiado* del mediodía al noroeste— le llenaba los pulmones de voluptuosa picazón, la fantasía, sin hacer caso de observaciones ni mandatos, seguía herborizando y se había plantado en los siglos primeros de la Iglesia, y el Magistral se veía con una cesta debajo del brazo recogiendo de puerta en puerta por el Boulevard y el Espolón las ricas frutas que Páez, don Frutos Redondo y demás *Vespucios* de la Colonia, arrancaban con sus propias manos en aquellos jardines que, en efecto, iba viendo a un lado y a otro detrás de verjas doradas, entre follaje deslumbrante y lleno de rumores del viento y de los pájaros» (*La Regenta* I. Capítulo XII, pág. 561).

Figura 101. Imagen procedente del archivo municipal del Ayuntamiento de Oviedo. Colección Adolfo Arman.

Aunque menos frecuentes que los días nublados o lluviosos, también hay días soleados en el mes de octubre en Oviedo, con temperaturas agradables. La mañana de aquel 4 de octubre continúa soleada, cuando *el Magistral*, después de visitar a varios feligreses con motivo de la onomástica de san Francisco, se dirige al palacio de los *marqueses de Vegallana*, con objeto de felicitar a *Paco*, el hijo de los marqueses. El capítulo XIII comienza con esta visita:

«El sol entraba en el salón amarillo y en el gabinete de la Marquesa por los anchos balcones abiertos de par en par; estaba convidado también, así como el vientecillo indiscreto que movía los flecos de los guardamalletas de raso, los cristales prismáticos de las arañas, y las hojas de los libros y periódicos esparcidos por el centro de la sala y las consolas. Si entraban raudales de luz y aire fresco, salían corrientes de alegría, carcajadas que iban a perder sus resonancias por las calles solitarias de la Encimada, ruido de faldas, de enaguas almidonadas, de manteos crujientes, de sillas traídas y llevadas, de abanicos que aletean...» (*La Regenta* I. Capítulo XIII, pág. 568).

Estos días soleados de otoño sin duda son deliciosos.

«La Marquesa tendida en una silla larga, forrada de satén, estaba en la galería de su gabinete respirando con delicia el aire fresco de la calle» (*La Regenta* I. Capítulo XIII, pág. 569).

En el palacio se encontraba *Glocester, el Arcediano*, que se ve incomodado por esta visita inesperada que le hace perder el protagonismo que ostentaba hasta ese momento. *Clarín* utiliza un símil astronómico.

«Glocester se sintió eclipsado de tal modo, que hasta creyó tener frío, como si de pronto se hubiera escondido el sol» (*La Regenta* I. Capítulo XIII, pág. 573).

El malestar de *Glocester* aumenta cuando no es invitado a comer y abandona el palacio, ya a mediodía, cuando hace calor, como describe *Clarín*.

«En el portal, mientras se echaba el manteo al hombro (y eso que hacía calor) pensó esta frase: «¡Esta señora Marquesa es una... trotaconventos, es una Celestina...!» (*La Regenta* I. Capítulo XIII, pág. 575).

Figura 102. *La Regenta*. Ed. Daniel Cortezo y Cª. 1884-1885. Ilustración Juan Llimona. Grabados Enrique Gómez Polo. pág. 419. Imagen procedente de los fondos de la Biblioteca Nacional de España bajo licencia CC-BY 4.0 o equivalente.

En el palacio de los marqueses continúa el ambiente festivo y alegre, al que contribuyen los rayos de sol que inundan el salón y el rumor del viento que mece los árboles del huerto.

«Todo aquello era broma; ni don Víctor era hoy más liberal que ayer, ni trataba de usted a Ripamilán, ni le tenía por calavera; pero así se manifestaba allí la alegría que a todos los presentes comunicaba aquel vino transparente que lucía en fino cristal, ya con reflejos de oro, ya con misteriosos tornasoles de gruta mágica, en el amaranto y el violeta oscuro del Burdeos en que se bañaban los rayos más atrevidos del sol, que entraba atravesando la verdura de la hojarasca, tapiz de las ventanas del patio. ¿Por qué no alegrarse? ¿por qué no reír y disparatar? Todo era contento: allá en la huerta rumores de agua y de árboles que mecía el viento, cánticos locos de pájaros dicharacheros; de las ventanas del patio venían perfumes traídos por el airecillo que hacía sonajas de las hojas de las plantas» (*La Regenta* I. Capítulo XIII, pág. 590).

Obdulia, con cierta melancolía, recuerda el momento de cierta pasión del día anterior, en el que aludía a «un buen día de sol en invierno».

«Se acordaba del sol de invierno de la tarde anterior» (*La Regenta* I. Capítulo XIII, pág. 593).

Los dos protagonistas, *Mesía* y *el Magistral*, iluminados por el sol, lucen su bella estampa a la vista de *la Regenta*.

«Estaban ambos en pie, cerca uno de otro, los dos arrogantes, esbeltos; la ceñida levita de Mesía, correcta, severa, ostentaba su gravedad con no menos dignas y elegantes líneas que el manteo ampuloso, hierático del clérigo, que relucía al sol, cayendo hasta la tierra» (*La Regenta* I. Capítulo XIII, pág. 598).

El día continúa con un tiempo magnífico. Después de comer, cuando se dirigen al *Vivero*, la finca de los marqueses, se protegen del sol durante el trayecto en el coche de caballos, en esa calurosa jornada.

«Todavía calentaba el sol y las damas de la carretela improvisaron con las sombrillas un toldo de colores que también cobijaba al Magistral y al Arcipreste» (*La Regenta* I. Capítulo XIII, pág. 606).

El *Magistral*, que no desea acudir al *Vivero*, desciende del carruaje en el paseo del *Espolón*. *Clarín* describe este paseo, dando comienzo al capítulo XIV.

«Era el Espolón un paseo estrecho, sin árboles, abrigado de los vientos del Nordeste, que son los más fríos en Vetusta, por una muralla no muy alta, pero gruesa y bien conservada, a cuyos extremos ostentaban su arquitectura achaparrada sendas fuentes monumentales de piedra oscura, revelando su origen en el ablativo absoluto *Rege Carolo III*, grabado en medio de cada mole como por obra del agua resbalando por la caliza años y más años. Del otro lado limitaban el paseo largos bancos de piedra también; y no tenía el Espolón más adorno, ni atractivo, a no ser el sol, que, como lo hubiera toda la tarde, calentaba aquella muralla triste. Al abrigo de ella paseaban desde tiempo inmemorial los muchos clérigos que son principal ornamento de la antigua corte vetustense; por invierno de dos a cuatro o cinco de la tarde, y en verano poco antes de ponerse el sol hasta la noche. Era aquel un lugar, a más de abrigado, solitario y lo que llamaban allí *recogido*, pero esto cuando la Colonia no existía. Ahora lo mejor de la población, el ensanche de Vetusta iba por aquel lado, y si bien el Espolón y sus inmediaciones se respetaron, a pocos pasos comenzaba el ruido, el movimiento y la animación de los hoteles que se construían, de la barriada colonial que se levantaba como por encanto, según *El Lábaro*, para el cual diez o doce años eran un soplo por lo visto» (*La Regenta* I. Capítulo XIV, págs. 610-611).

Clarín hace referencia a los vientos del nordeste, «los más fríos en Vetusta». En efecto, las irrupciones de aire polar continental, responsables de las grandes olas de frío de origen siberiano, se producen con vientos del nordeste. El 23 de marzo de 1885, ya en primavera, la temperatura máxima en Oviedo no sobrepasó los 8,5 ºC, y la mínima descendió hasta 1 ºC, como consecuencia de una intrusión de aire polar continental con viento del nordeste, como podemos apreciar en el mapa de isobaras, alineadas de NE a SW sobre la Península y muy próximas entre sí.

Ya en el presente siglo, el 3 de febrero de 2012 la temperatura máxima en Oviedo no sobrepasó los 5,0 ºC a las 3 de la tarde, con rachas de viento del nordeste de 25 km/h, en plena irrupción de una masa de aire siberiano.

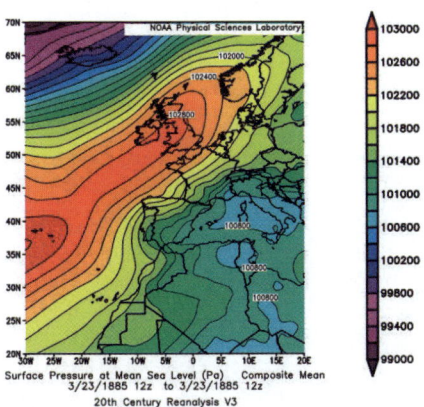

Figura 103. *Reanálisis de presión reducida al nivel del mar (Pa) del 23 de marzo de 1885 a las 12 UTC.* Fuente 20th Century Reanalysis v3. NOAA. NOAA/OAR/PSL, Boulder, Colorado, USA, https://psl.noaa.gov/

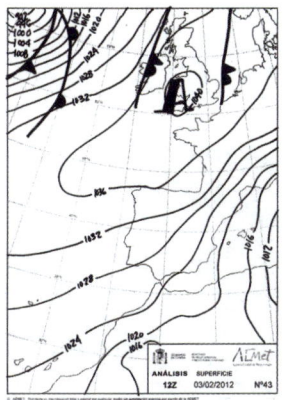

Figura 104. *Análisis de superficie del 3 de febrero de 2012 a las 12 UTC.* Fuente AEMET.

Las horas de insolación en Oviedo no son muchas, en la actualidad 1806 horas anuales de media (periodo de referencia 1991-2020), pero sin duda son muy agradecidas para pasear al mediodía durante el invierno, como señala *Clarín*.

Los estudiosos de *La Regenta* identifican *el Espolón* con el actual paseo del Bombé, de orientación noroeste-sureste y por tanto a sotavento y al abrigo de los vientos del noreste por la densa arboleda del Campo de san Francisco. Sin embargo este paseo fue construido en 1836, por lo que las fuentes que se mencionan en el relato no datan del reinado de

Figura 105. *La Regenta.* Ed. Daniel Cortezo y Cª. 1884-1885. Ilustración Juan Llimona. Grabados Enrique Gómez Polo. pág. 467. Imagen procedente de los fondos de la Biblioteca Nacional de España bajo licencia CC-BY 4.0 o equivalente.

Carlos III. Perpendicular a éste transcurría el antiguo paseo de la Silla del Rey, del que se conserva un banco de piedra con la leyenda «Reinando la magestad del señor Carlos III y siendo su Regente en este Principado D. Miguel de Barreda y Yebra se feneció este paseo Año de 1776». Las fotografías probablemente de principios del siglo XX, aunque posteriores a *La Regenta*, muestran árboles de gran porte, algo que no coincide con la descripción del *paseo del Espolón*.

Figuras 106 y 107. (izqda). *Paseo del Bombé. Oviedo.* Serie B. Núm. 5. Rev. Fototip. y tip. de Bellmunt-Gijón. Tarjeta postal.ca 1900. Muséu del Púeblu d´Asturies.
(dcha). *Tarjeta postal. Anv. Oviedo. Paseo del Bombé 1179.* Hauser y Menet. Madrid 1908. Muséu del Púeblu d´Asturies.

Figura 108. *Plano de Oviedo.* Francisco Coello. 1870. Cartoteca Rafael Mas. UAM.
Imagen procedente de la Cartoteca Rafael Mas y el Servicio de Cartografía de la Universidad Autónoma de Madrid, descargada de https://guiadigital.uam.es

Según el plano de Francisco Coello de 1870, el Salón del Bombé, el paseo de la Silla del Rey y el Paseo del Eslabón se encontraban muy próximos, tal vez de este último, por su parecido fonético, tomara su topónimo *El Espolón*.

Esta fotografía de finales del siglo XIX o principios del siglo XX del paseo de la Silla del Rey se asemeja más a la descripción de *Clarín*, aunque la orientación del paseo es diferente, nordeste-suroeste.

De igual modo que el *paseo del Espolón*, *el Corfín* podría recibir este nombre por su parecido fonético con Morcín, concejo en el que se encuentra el monte Monsacro que forma parte de la sierra del Aramo, situada a unos veinte kilómetros al suroeste de

Figura 109. *Paseo de la Silla del Rey.* Imagen procedente del archivo municipal del Ayuntamiento de Oviedo.

127

Oviedo. *Clarín*, desde su vivienda en la calle Uría, descansaba la vista admirando el bello paisaje de la sierra del Aramo, como relata en esta carta escrita a su amigo Benito Pérez Galdós en marzo de 1884.

«De Oviedo no pienso salir (a no ser por temporadas) en algunos años. Hago una vida de hombre bueno que me sienta muy bien. Mi mujer y mi hijo (seis meses) [Leopoldo], mi casita con luz, aire, techos altos y vistas a la nieve de Morcín; por café, la casa de mis padres, que ambos viven; en el casino, billar; en cátedra, algún discípulo listo, y libros de Vds. y trabajo mío. No es mal lote» (citado por Caudet, 1993).

En este óleo del pintor asturiano Telesforo Fernández vemos una vista otoñal del Aramo con las cumbres nevadas, también observable en la fotografía actual tomada desde el Monte Naranco.

Figura 110. *Alrededores de Oviedo*. Telesforo Fernández Cuevas (1849-1934). © Museo Bellas Artes de Asturias. Col. Pedro Masaveu.

Figura 111. *Oviedo y sierra del Aramo desde el monte Naranco*. Foto José Luis Navarro.

En la novela se cuenta cómo el *paseo del Espolón*, inicialmente frecuentado por el clero, finalmente se populariza y se convierte desde comienzos del otoño hasta la llegada de la primavera, en área de esparcimiento de la sociedad *vetustense*:

> «En fin, que algunas señoras de las más encopetadas se atrevieron a romper la tradición, y desde Octubre en adelante, hasta que volvía Pascua florida, se pasearon con gran descoco en el Espolón. Tras aquéllas fueron atreviéndose otras; los *pollos* advirtieron que el Paseo de los curas era más corto y más estrecho que el Paseo Grande, y esto les convenía. Y en un año se transformó en *Paseo de invierno* el apetecible Espolón, secularizándose en parte» (*La Regenta* I. Capítulo XIV, pág. 612)

Obviamente *el Espolón* solo era frecuentado cuando hacía buen tiempo.

> «Lo que se puede bien llamar juventud dorada del clero de la capital, tan envidiada por sus colegas de la montaña, que según ellos mismos se embrutecían a ojos vistas, la juventud dorada acudía sin falta todas las tardes de otoño y de invierno que hacía bueno al Espolón» (*La Regenta* I. Capítulo XIV, pág. 612)

> «Desde Pascua florida hasta el equinoccio de otoño próximamente, los curas se quedaban casi solos en el Espolón; pero en Octubre volvían algunas señoras que tenían miedo a la humedad y a *la influencia del arbolado* allá arriba en el paseo de Verano» (*La Regenta* I. Capítulo XIV, pág. 613).

Volviendo al relato, *el Magistral*, después de comer en casa de los marqueses, se dirige al *Palacio Episcopal*. De nuevo *Clarín* refiere un espectacular *candilazo*.

> «Entró en palacio.
> La sombra de la catedral, prolongándose sobre los tejados del caserón triste y achacoso del Obispo, lo obscurecía todo; mientras los rayos del sol poniente teñían de púrpura los términos lejanos, y prendían fuego a muchas casas de la Encimada, reflejando llamaradas en los cristales» (*La Regenta* I. Capítulo XIII, pág. 618).

El Magistral, ya de noche, sale del *Palacio Episcopal* y se dirige a buen paso de nuevo al *Espolón*, movido por la curiosidad. Quería ser testigo del retorno a la ciudad de los invitados a la fiesta del *Vivero*. Tras la copiosa comida y los licores ingeridos, se encuentra ligeramente aturdido y sediento. La brisa nocturna alivia su malestar. *Clarín* refiere una fuente con un león de piedra, pero las dos fuentes en los extremos del paseo del Bombé, la Fuentona y la de las Ranas, al igual que la fuente del Caracol, en el antiguo paseo del Eslabón, hoy paseo de la Herradura, no se ajustan a esa descripción.

> «Así como así, la brisa que ya empieza a soplar, me quitará este calor, este aturdimiento, esta sed…» El agua de las fuentes monumentales murmuraba a lo lejos con melancólica monotonía en medio del silencio en que yacía el paseo triste, solitario. Al acercarse al pilón de la fuente

Figura 112. *Paisaje montañoso iluminado por cielos rojos al atardecer.*
Fotografía de Pexels, bajo licencia CC0 1.0 Universal (dominio público).

> de Oeste, De Pas tuvo tentaciones de aplicar sus labios al tubo de hierro
> que apretaba con sus dientes un león de piedra, y saciar sus ansias en el
> chorro bullicioso, incitante... No se atrevió y dio la vuelta, continuando
> su paseo en la soledad. Al llegar a la otra fuente, iguales ansias, iguales
> tentaciones... Media vuelta y atrás. Así estuvo paseando media hora»
> (*La Regenta* I. Capítulo XIV, pág. 620).

Mientras espera, *el Magistral* observa la bóveda celeste. La nubosidad
orográfica cubre con frecuencia la sierra del Naranco. Es habitual considerar
erróneamente que las nubes están formadas exclusivamente por vapor de agua
(gas invisible), cuando en realidad presentan una altísima concentración de
gotitas de agua y en la mayoría de las ocasiones también cristales de hielo. La
intensidad del viento técnicamente se categoriza como: calma, flojo, moderado, fuerte, muy fuerte y huracanado. Nos llama la atención la delicadeza em-
pleada por *Clarín* para referirse a la transición de viento flojo (brisa) a viento
en calma, dando vida a la brisa, que «se dormía»:

> «La noche estaba hermosa, acababan de desvanecerse las últimas
> claridades pálidas del crepúsculo. Sobre la sierra, cuyo perfil señalaba
> una faja de vapor tenue y luminoso, brillaban las estrellas del carro, la
> Osa Mayor, y Aldebarán, por la parte del Corfín, casi rozando la cresta
> más alta de la cordillera oscura, lucía solitario en una región desierta del
> cielo. La brisa se dormía y el silbido de los sapos llenaba el campo de
> perezosa tristeza, como cántico de un culto fatalista y resignado» (*La
> Regenta* I. Capítulo XIV, pág. 624).

Observar el cielo estrellado durante una noche con cielo despejado (el término *sereno* tiene la acepción de «cielo despejado») invita a la reflexión y a evocar el pasado.

«Don Fermín no era aficionado a contemplar la noche serena; lo había sido mucho tiempo hacía, en el Seminario, en los Jesuitas y en los primeros años de su vida de sacerdote... cuando estaba delicado y tenía aquellas tristezas y aquellos escrúpulos que le comían el alma» (*La Regenta* I. Capítulo XIV, pág. 624).

Aun siendo de noche, *el Magistral*, tal vez por la ingesta de alcohol y el paso apresurado, estaba sudando. Una prueba de la erudición de *Clarín* aparece en la siguiente cita, que alude a la *armonía de las esferas*: «teoría de origen pitagórico, basada en la idea de que el universo está gobernado según proporciones numéricas armoniosas y que el movimiento de los cuerpos celestes según la representación geocéntrica del universo —el Sol, la Luna y los planetas— se rige según proporciones musicales; las distancias entre planetas corresponderían, según esta teoría, a los intervalos musicales» (Wikipedia).

«¡Las estrellas! ¡qué pocas veces las había mirado con atención desde que era canónigo...! De Pas se detuvo, se descubrió, limpió el sudor de la frente y se quedó mirando a los astros que brillaban sobre su cabeza sumidos en el abismo de lo alto. «Tenía razón Pitágoras; parecía que cantaban» (*La Regenta* I. Capítulo XIV, pág. 624).

Los carruajes pasan frente al *Espolón* y se alejan con ruido de cascabeles. *Clarín* recurre al símil (los grillos y las cigarras o chicharras emiten un sonido característico en verano, relacionado con las temperaturas elevadas).

«Los cascabeles volvieron a sonar como canto lejano de grillos y cigarras en noche de estío» (*La Regenta* I. Capítulo XIV, pág. 625).

Finalmente *el Magistral* vuelve a su residencia donde le espera su madre, que le reprocha su comportamiento durante el día. Comienza el capítulo XV. En un diálogo apasionado, subido de tono, la madre alza la voz. *Clarín*, en sentido figurado, alude al trueno.

«Bajó doña Paula y cuando salió Teresina dijo, mientras miraba hacia la puerta:
—La pobre no sé cómo tiene cuerpo.
—¿Por qué? —preguntó don Fermín que acababa de oír el primer trueno (*La Regenta* I. Capítulo XV, pág. 632)
«—¿Y a qué ha ido? —contestó De Pas al segundo trueno» (*La Regenta* I. Capítulo XV, pág. 632)

En el diálogo aparece una locución ampliamente utilizada en la actualidad, de carácter meteorológico:

«¿No ves que te tienen ganas? ¿que llueve sobre mojado?» (*La Regenta* I. Capítulo XV, pág. 634)

Finalmente se rebaja la tensión y de nuevo, en sentido figurado, *Clarín* emplea términos meteorológicos.

«La tempestad se había deshecho en lluvia de palabras y consejos. Ya no se reñía, se discutía con calor, pero sin ira» (*La Regenta* I. Capítulo XV, pág. 635).

Curiosamente, *Clarín* refiere un día de san Francisco espléndido, soleado, sin nubes incluso con una temperatura elevada. Muy al contrario de lo que la meteorología popular indica para esa fecha o en días próximos, *El cordonazo de san Francisco*, al que nos hemos referido anteriormente. El 4 de octubre de 1883 fue un día templado y lluvioso, con vientos del oeste y noroeste, una temperatura máxima de 16,5 ºC, una mínima de 5 ºC, cielo cubierto y 21,7 mm de lluvia acumulada. Ese mismo día de 1884 no llovió, aunque los cielos estuvieron cubiertos, con viento norte y temperaturas muy suaves (máxima 19,0 ºC y mínima 10,5 ºC).

El capítulo XV es el último de la primera parte, que se publicó a finales de diciembre de 1884. Durante los tres días que abarca el relato, el tiempo es apacible, incluso espléndido, sólo interrumpido por la lluvia en la tarde del segundo día, que fue de poca duración y transitoria.

3.4.2 Segunda parte

La segunda parte de la novela comienza con el capítulo XVI. Ha transcurrido prácticamente un mes y la acción se inicia el 1 de noviembre, todavía en el otoño.

Los resúmenes climatológicos son datos estadísticos de variables meteorológicas, que nos informan del tiempo promediado a lo largo de un periodo determinado, que abarca meses, estaciones o años. En *La Regenta* subyace un resumen del clima de Oviedo, que acompaña el relato, y la temperie adquiere protagonismo en algunas fases. Aunque muestra cierta subjetividad, *Clarín* relata el tiempo y el clima de forma magistral, supliendo la frialdad de los datos numéricos con un lenguaje ameno no exento de ironía.

El *veranillo de san Martín*, aunque no ocurre todos los años, es un periodo cálido en torno a su festividad, el 11 de noviembre. Analizando los datos diarios promediados durante los últimos 30 años del siglo XIX del Observatorio de la Universidad de Oviedo, utilizando una media móvil de 5 días (para suavizar los datos), se observa que las temperaturas máximas se mantienen prácticamente estables en la primera decena del mes, y al partir del día 11, descienden de forma sostenida (gráfico 6). Sin embargo, las temperaturas mínimas aunque también se mantienen estables los primeros días, luego descienden de forma más notable que las máximas. No se observa que la temperatura aumente en torno al 11 de noviembre al analizar datos promediados, lo que confirma que el repunte térmico o *veranillo* (que define el *DLE* como «Tiempo breve en que, en España, suele hacer calor durante el otoño») no se produce todos años, al menos en esa fecha.

Evolución de la temperatura en noviembre en Oviedo Universidad (media móvil de 5 días)

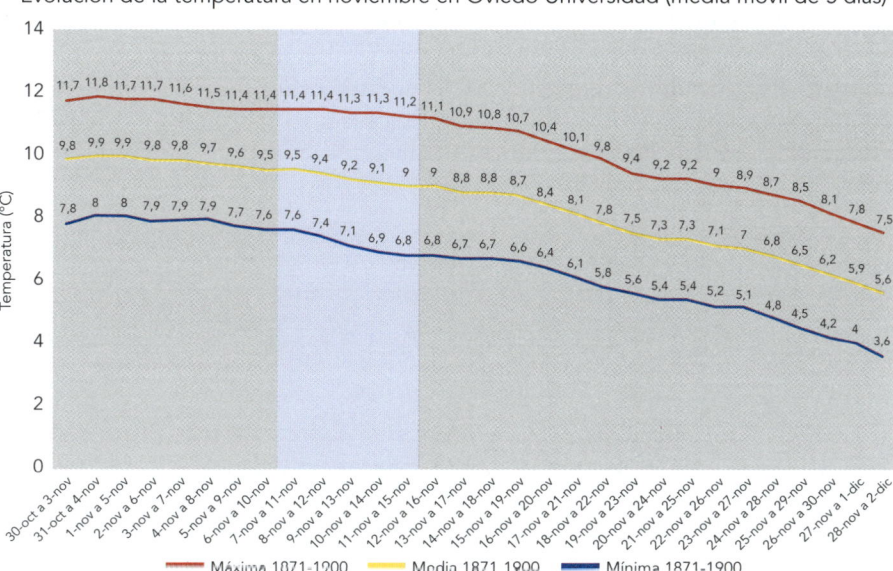

Gráfico 6. *Evolución de la temperatura (máxima, media y mínima) diaria en noviembre en el Observatorio de la Universidad de Oviedo (periodo de referencia 1871-1900).* César Rodríguez Ballesteros. Datos AEMET

Uno de los años con *veranillo de san Martín* fue 1884, aunque se adelantó unos días (el 6 de noviembre de 1884 la temperatura máxima en el observatorio de la Universidad alcanzó 21,5 ºC, cuando el valor de referencia es de 14,1 ºC). El ya citado *calendario de Lorente* hace referencia al *veranillo de san Martín o del membrillo:*

«NOVIEMBRE.-Es característico de este mes que el descenso de temperatura que comenzó en agosto se haga muy lento: sólo unos cuatro grados desde el primero al último día. En las alturas, sin embargo, al iniciarse el mes, ya se registran heladas —«Por Todos los Santos (día 1), hielo en los altos»—; pero pasada la primera decena, que suele ser turbia y revuelta por la llegada del citado primer temporal ya serio que comenzó en octubre y se prolonga con machaconería durante unos quince días, invaden la Península vientos atlánticos tropicales, que dan origen al clásico «veranillo de san Martín» (día 11) o del «membrillo», así llamado porque con exactitud matemática florecen en él esos árboles, no antes ni después. Al llegar a mediados, por san Eugenio, maduran las bellotas, y termina con eso el veranillo, al cual sigue de ordinario un temporal largo y monótono, que riega con abundancia la Península. El termómetro va aproximándose a los 0 grados —«Por san Andrés (día 30), hielo en los pies»—, y el invierno meteorológico da comienzo».

133

En el siglo XXI, el *veranillo de san Martín* fue especialmente notable el año 2023, con temperaturas superiores a 20 °C los días 11,12 y 13 de noviembre, y destaca el año 2010, con un valor de temperatura máxima de 23,5 °C el día 12. Por el contrario, el año 2019, no hubo *veranillo*, las temperaturas máximas entre los días 10 y 13 fueron inferiores a 13 °C (en los gráficos 7 y 8 aparecen las gráficas de temperaturas medias).

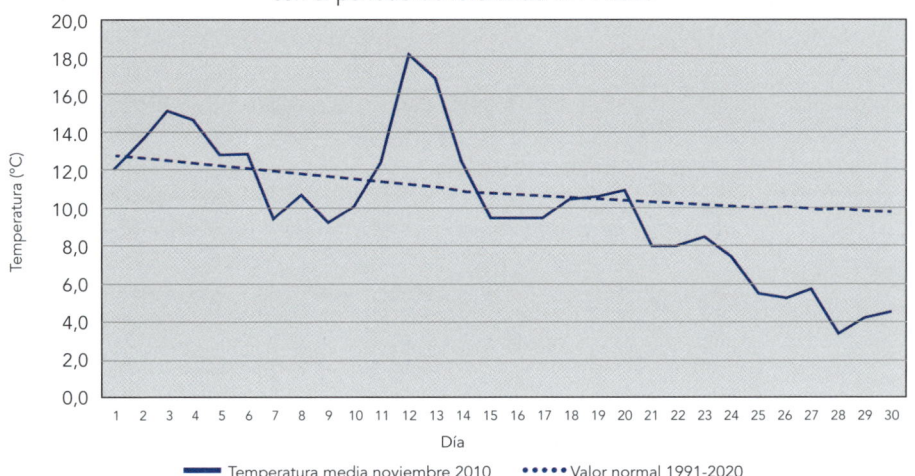

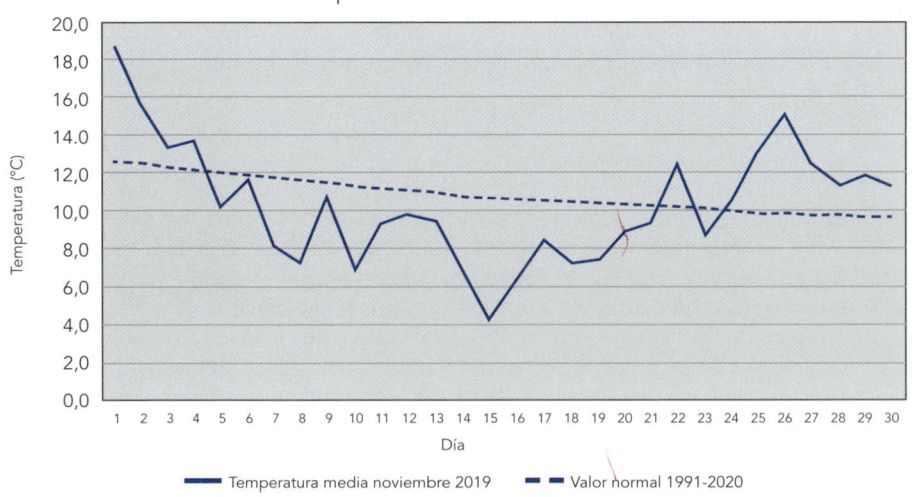

Gráficos 7 y 8. *Temperatura media diaria (línea azul gruesa) de los meses de noviembre de 2010 (arriba) y 2019 (abajo) en el observatorio de Oviedo..* Las líneas punteadas señalan el valor medio o de referencia diario del periodo (1991-2020).

El protagonismo de la temperie en *La Regenta* es indudable. La segunda parte de la novela comienza con una descripción exquisita del clima de *Vetusta*, que presenta muchas similitudes con el actual de Oviedo, en especial en los años húmedos:

«Con Octubre muere en Vetusta el buen tiempo. Al mediar Noviembre suele lucir el sol una semana, pero como si fuera ya otro sol, que tiene prisa y hace sus visitas de despedida preocupado con los preparativos del viaje del invierno. Puede decirse que es una ironía de buen tiempo lo que se llama el *veranillo de san Martín*. Los vetustenses no se fían de aquellos halagos de luz y calor y se abrigan y buscan su manera peculiar de pasar la vida a nado durante la estación odiosa que se prolonga hasta fines de Abril próximamente. Son anfibios que se preparan a vivir debajo del agua la temporada que su destino les condena a este elemento. Unos protestan todos los años haciéndose de nuevas y diciendo:

«¡Pero ve usted qué tiempo!». Otros, más filósofos, se consuelan pensando que a las muchas lluvias se debe la fertilidad y hermosura del suelo. «O el cielo o el suelo, todo no puede ser» (*La Regenta* II. Capítulo XVI, pág. 63).

Los años 2018, 2013 y 2019 fueron extraordinariamente húmedos en Oviedo, los más húmedos desde 1972. En 2018 se recogieron 1376,2 mm en 222 días de precipitación; 1371,3 mm en 198 días de precipitación en 2013 y 1366,7 mm en 209 días durante 2019. Noviembre de 2019 ostenta el récord de precipitación mensual con 368,2 mm, valor máximo mensual desde 1972. Hubo 25 días de lluvia apreciable, destacando el día 15 en que se recogieron 68,4 mm en el día civil (00 a 24 UTC) y 50,6 mm en el día pluviométrico (07 a 07 UTC). (gráfico 9).

A finales del siglo XIX, el mes más lluvioso era noviembre, seguido en este orden de abril, octubre y diciembre, con precipitaciones superiores a 80 mm de media mensual. Como bien dice *Clarín*, esa precipitación es necesaria para el desarrollo de la vegetación: «O el cielo o el suelo, todo no puede ser».

Continuando con el relato, la acción se desarrolla el 1 de noviembre, celebración cristiana del día de Todos los Santos. *La Regenta* asocia el inicio de noviembre con el tiempo lluvioso que se avecina durante el invierno, fiel reflejo del clima de Oviedo. *Clarín* remarca el artículo «otro», con la connotación de frecuente, al referirse al «invierno húmedo, monótono, interminable» que causa tristeza en *la Regenta*.

«Ana Ozores no era de los que se resignaban. Todos los años, al oír las campanas doblar tristemente el día de los Santos, por la tarde, sentía una angustia nerviosa que encontraba pábulo en los objetos exteriores, y sobre todo en la perspectiva ideal de un invierno, de *otro* invierno húmedo, monótono, interminable, que empezaba con el clamor de aquellos bronces.

Aquel año la tristeza había aparecido a la hora de siempre» (*La Regenta* II. Capítulo XVI, pág. 63)

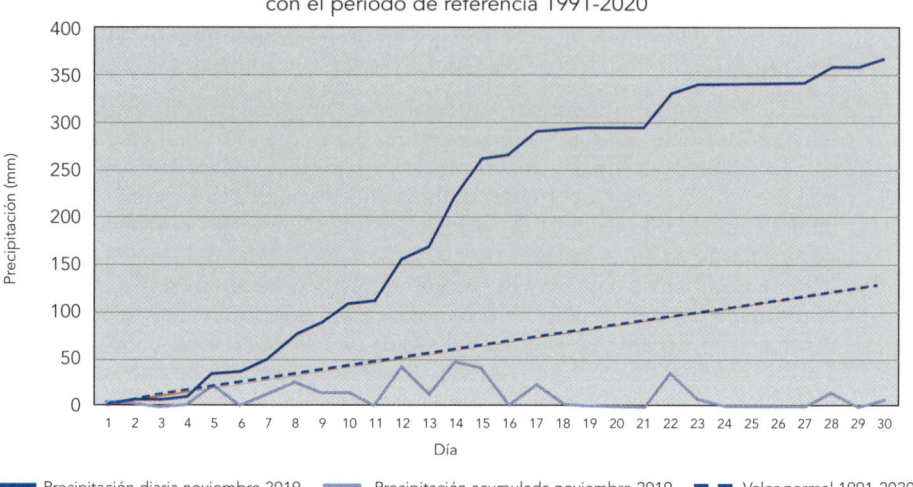

Oviedo 'El Cristo'. Precipitación diaria noviembre 2019 y comparación con el periodo de referencia 1991-2020

Gráfico 9. *Precipitación diaria (línea azul clara) y acumulada (línea azul oscura) durante el día pluviométrico (07 a 07 UTC) en el mes de noviembre de 2019 en el observatorio de Oviedo.* La línea punteada muestra el valor normal de precipitación acumulada a lo largo del mes durante el periodo de referencia 1991-2020.

A finales del siglo XIX, las estaciones más lluviosas en Oviedo eran la primavera y el otoño, con valores casi idénticos (239 mm y 238 mm respectivamente). Las sigue el invierno, con un valor de 218 mm, ligeramente inferior, siendo el verano la estación menos lluviosa (147 mm). Sin embargo, el invierno, con los días más cortos y más fríos del año, con el agravante de la abundante nubosidad, escasa insolación y la lluvia, es la época del año más desapacible.

Volviendo al relato, *Ana Ozores*, sola y absorta en pensamientos negativos, escucha el clamoreo de la cercana iglesia e identifica su tañido intermitente con las gotas de lluvia. Clarín remarca de nuevo «*otro* invierno».

> «Las campanas comenzaron a sonar con la terrible promesa de no callarse en toda la tarde ni en toda la noche. Ana se estremeció. Aquellos martillazos estaban destinados a ella; aquella maldad impune, irresponsable, mecánica del bronce repercutiendo con tenacidad irritante, sin por qué ni para qué, sólo por la razón universal de molestar, creíala descargada sobre su cabeza. No eran *fúnebres lamentos*, las campanadas como decía Trifón Cármenes en aquellos versos del *Lábaro* del día, que la doncella acababa de poner sobre el regazo de su ama; no eran fúnebres lamentos, no hablaban de los muertos, sino de la tristeza de los vivos, del letargo de todo; ¡tan, tan, tan! ¡cuántos! ¡cuántos! ¡y los que faltaban! ¿qué contaban aquellos tañidos? tal vez las gotas de que iban a caer en aquel *otro* invierno» (*La Regenta* II. Capítulo XVI, pág. 64).

El primer mes del relato, el mes de octubre, debió transcurrir con tiempo apacible en general, ya que *Clarín* refiere frecuentes salidas al campo.

«Las excursiones al Vivero se habían repetido con frecuencia durante todo Octubre» (*La Regenta II*. Capítulo XVI, pág. 72).

Ana se ve atrapada por pensamientos negativos. En sentido figurado, *Clarín* cita la *cerrazón* que, según el *DLE*, es «oscuridad grande que suele preceder a las tempestades, cubriéndose el cielo de nubes muy negras», como ilustra la figura 113.

«La tarde de *Todos los Santos* Ana creyó perder el terreno adelantado en su curación moral; la aridez del alma de que ella se había quejado a D. Fermín, y que este, citando a san Alfonso Ligorio, le había demostrado ser debilidad común, y hasta de los santos, y general duelo de los místicos; esa aridez que parece inacabable al sentirla, la envolvía el espíritu como una cerrazón en el océano; no le dejaba ver ni un rayo de luz del cielo» (*La Regenta II*. Capítulo XVI, págs. 77-78).

Esa misma tarde, *la Regenta,* asomada al balcón, ve a su pretendiente montando a caballo. *Clarín* recurre de nuevo a la *cerrazón* en sentido metafórico, como sinónimo de oscuridad (el *DLE* también incluye la acepción de «niebla espesa que dificulta la visibilidad»).

«Todo Vetusta se aburría aquella tarde, o tal se imaginaba Ana por lo menos; parecía que el mundo se iba a acabar aquel día, no por agua ni fuego sino por hastío, por la gran culpa de la estupidez humana, cuando Mesía apareciendo a caballo en la plaza, vistoso, alegre, venía a

Figura 113. Imagen procedente de la fototeca de AEMET.

interrumpir tanta tristeza fría y cenicienta con una nota de color vivo, de gracia y fuerza. Era una especie de resurrección del ánimo, de la imaginación y del sentimiento la aparición de aquella arrogante figura de caballo y caballero en una pieza, inquietos, ruidosos, llenando la plaza de repente. Era un rayo de sol en una cerrazón de la niebla, era la viva reivindicación de sus derechos, una protesta alegre y estrepitosa contra la apatía convencional, contra el silencio de muerte de las calles y contra el ruido necio de los campanarios» (*La Regenta II*. Capítulo XVI, págs. 80-81).

Mesía disfruta cabalgando por los bellos parajes de *Vetusta*, espléndidos en otoño.

«Don Álvaro no recordaba siquiera que la Iglesia celebraba aquel día la fiesta de Todos los Santos; había salido a paseo porque le gustaba el campo de Vetusta en Otoño y porque sentía opresiones, ansiedades que se le quitaban a caballo, corriendo mucho, bañándose en el aire que le iba cortando el aliento en la carrera…» (*La Regenta* II. Capítulo XVI, pág. 81).

Ante la insistencia de *Mesía* y de su esposo, *la Regenta* decide acudir al teatro esa noche, pese a tratarse de un singular día festivo, en el que los creyentes deben guardar el decoro y recogerse, evitando actos lúdicos. El viejo teatro de *Vetusta*, con deficiente aislamiento térmico, sufría los rigores del invierno, así que el público acudía bien abrigado.

Figura 114. *Oviedo nevando. Chalet Herrero.* 6-4-11. Celso Gómez Argüelles (FF). Muséu del Pueblu d'Asturies.

«El teatro de Vetusta, o sea *nuestro Coliseo de la plaza del Pan*, según le llamaba en elegante perífrasis el gacetillero y crítico de *El Lábaro*, era un antiguo corral de comedias que amenazaba ruina y daba entrada gratis a todos los vientos de la rosa náutica. Si soplaba el Norte y nevaba, solían deslizarse algunos copos por la claraboya de la lucerna. Al levantarse el telón pensaban los espectadores sensatos en la pulmonía, y algunos de las butacas se embozaban prescindiendo de la buena crianza. Era un axioma vetustense que al teatro había que ir abrigado» (*La Regenta* II. Capítulo XVI, pág. 86).

Aunque las nevadas más copiosas en Asturias se producen con borrascas frías y estacionarias invernales, como hemos analizado anteriormente, existe otra configuración sinóptica típica que produce nevadas. Como expresa *Clarín*, se trata de la entrada de una masa polar o ártica, con flujo del norte, es decir, isobaras paralelas orientadas en la dirección norte-sur sobre la cornisa cantábrica. Entre el 14 y el 15 de noviembre de 2019 se alcanzaron espesores superiores a 50 cm por encima de 1000 m de altitud, que interrumpieron las comunicaciones por carretera. En Gijón, el intenso flujo del norte originó rachas de 100 km/h y notables precipitaciones (29,5 mm en 24 horas) el día 15 (figura 115).

Una de las nevadas históricas en Oviedo ocurrió entre los días 13 y 16 de enero de 1987. Se recogieron un total de 37,1 mm en forma de lluvia y nieve, destacando el día 13 con 26,6 mm. Una borrasca ubicada sobre la Península

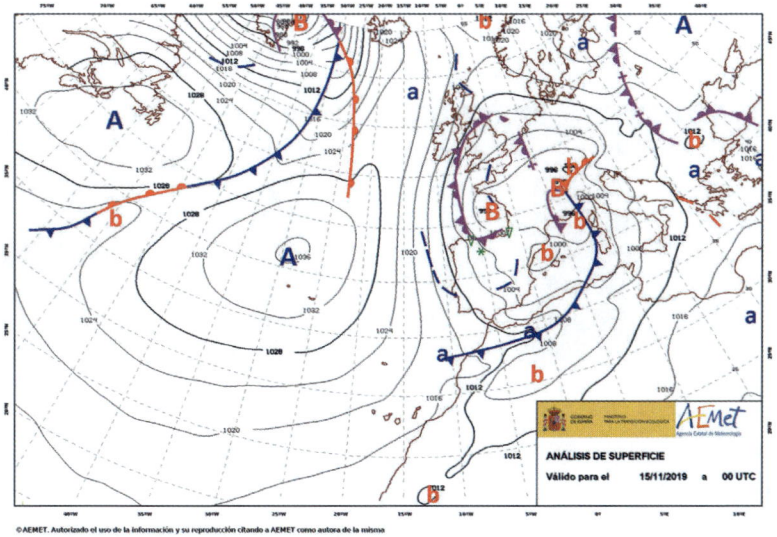

Figura 115. *Análisis de superficie del 15 de noviembre de 2019 a las 00 UTC.* Fuente AEMET.

se desplazó hacia el Mediterráneo, resultando una *advección*[22] de aire frío y húmedo sobre el área cantábrica (figura 116).

La situación sinóptica del 27 de febrero de 1993 era similar, en este caso con un flujo más marcado del norte, con advección de aire ártico muy frío (figura 121). Al día siguiente por la tarde comenzó a nevar copiosamente. En el observatorio de Oviedo se recogieron 35,3 mm en forma de nieve el día 28 de febrero. La gran nevada impidió que se celebrase un partido de fútbol en el estadio Carlos Tartiere de Buenavista y dejó imágenes espectaculares.

Otras nevadas históricas en Oviedo ocurrieron entre el 2 y el 14 de febrero de 1985, acumulándose 105.5 mm en forma de agua y nieve, entre el 18 y 23 de febrero de 1944 (44 mm acumulados en todo el episodio) y entre el 1 y el 3 febrero de 1954 (33,4 mm acumulados en todo el episodio).

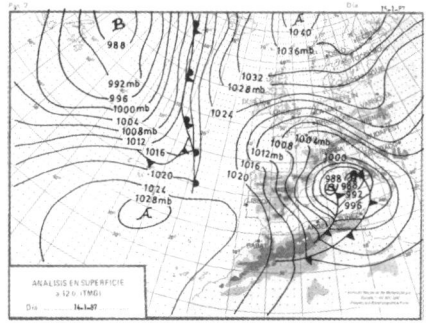 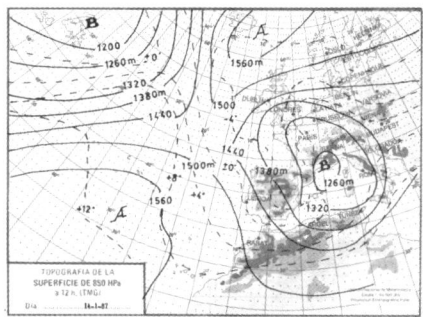

Figura 116. *Análisis de superficie y topografía de 850 hPa del 14 de enero de 1987 a las 12 UTC*. Fuente AEMET.

Figuras 117 y 118. *Estadio Carlos Tartiere de Buenavista. Oviedo*. 1987. Colección José Vélez. Muséu del Pueblu d'Asturies.

---

[22] La advección es el proceso de transporte de propiedades de una masa de aire, en general su temperatura o humedad, por el viento.

Figuras 119 y 120. (izqda.) *Personas caminan bajo la nieve por el paseo de los Álamos. 01/03/1993.* (dcha.) *Calle san Francisco bajo la nieve. 01/03/1993.* Fuente: *La Nueva España.*

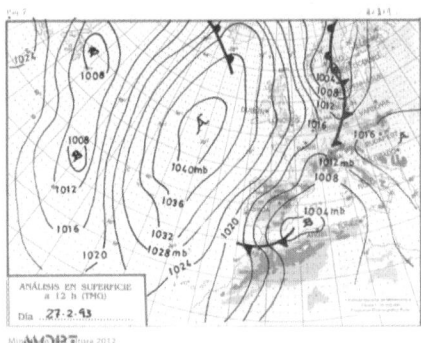 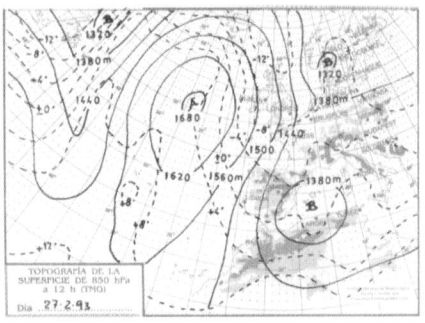

Figura 121. *Análisis de superficie (isobaras) y topografía de 850 hPa (isohipsas e isotermas) del 27 de febrero de 1993 a las 12 UTC.* Fuente AEMET.

Volviendo al relato, a diferencia del público, los comediantes y actores no tenían la posibilidad de abrigarse; debían utilizar las prendas de la guardarropía.

> «Los cómicos temblaban de frío en el escenario, dentro de la cota de malla, y las bailarinas aparecían azules y moradas dando diente con diente debajo de los polvos de arroz» (*La Regenta* II. Capítulo XVI, pág. 86).

A los actores, según *Clarín*, «*les coge el invierno con ropa de verano»,* probablemente por el ligero equipaje que portaban en sus interrumpidas giras.

> «En lo que están casi todos de acuerdo es en que la zarzuela es superior al verso, y la estadística demuestra que todas las compañías de verso truenan en Vetusta y se disuelven. Las partes de por medio

suelen quedarse en el pueblo y se les conoce porque les coge el invierno con ropa de verano, muy ajustada por lo general. Unos se hacen vecinos y se dedican a coristas endémicos para todas las óperas y zarzuelas que haya que cantar, y otros consiguen un beneficio en que ellos pasan a primeros papeles y, ayudados por varios jóvenes aficionados de la población representan alguna obra de empeño, ganan diez o doce duros y se van a otra provincia a tronar otra vez» (*La Regenta* II. Capítulo XVI, pág. 89).

El verbo tronar, en su principal acepción, está relacionado con la tormenta: «hacer o sonar truenos», y también con un «ruido o estampido», como el provocado por un arma de fuego. Sin embargo, en este caso tiene el significado de «perder al año su caudal hasta el punto de arruinarse» (*La Regenta* II, pág. 89).

Durante la representación de *Don Juan Tenorio*, *Ana Ozores* tiene una visión premonitoria; *Clarín* recurre a un símil meteorológico: «como a la luz de un relámpago».

> «Ana vio de repente, como a la luz de un relámpago, a don Víctor vestido de terciopelo negro, con jubón y ferreruelo, bañado en sangre, boca arriba, y a don Álvaro con una pistola en la mano, enfrente del cadáver» (*La Regenta* II. Capítulo XVI, pág. 112).

Al atardecer del 2 de noviembre, festividad religiosa del día de Difuntos, *el Magistral* visita a *la Regenta*, que se encontraba paseando por el jardín de su residencia, el *Parque*, y le recibe en el cenador, a punto de anochecer. Comienza el capítulo XVII.

Para iniciar la conversación, recurren al socorrido tópico de hablar del tiempo. En noviembre suelen producirse breves episodios de buen tiempo, como el referido *Veranillo de san Martín*.

> «Ana le esperaba sentada dentro del cenador. «Estaba hermosa la tarde, parecía de septiembre; no duraría mucho el buen tiempo, luego se caería el cielo hecho agua sobre Vetusta...»
>
> Todo esto se dijo al principio» (*La Regenta II*. Capítulo XVII, pág. 120).

Continúan conversando al aire libre y se avecina la noche, sin embargo, la temperatura sigue siendo suave.

> «Ya había comenzado la noche, pero no hacía frío allí, o por lo menos no lo sentían» (*La Regenta* II. Capítulo XVII, pág. 125).

Clarín recurre a un símil astronómico, citando las estrellas.

> «—¿Usted tiene enemigos?
>
> —¡Oh, amiga mía! cuenta las estrellas si puedes —y señaló al cielo—, el número de mis enemigos es infinito como las estrellas» (*La Regenta* II. Capítulo XVII, pág. 125).

La noche avanza y aparece la brisa, inmersos en una profunda conversación.

«No se oía más que la voz dulce de Ana, y de tarde en tarde, el ruido de hojas que caían o que la brisa, apenas sensible aquella noche, removía sobre la arena de los senderos.

Ni el Magistral ni la Regenta se acordaban del tiempo» (*La Regenta* II. Capítulo XVII, pág. 130).

Las nieblas son frecuentes en Oviedo, en promedio se registran 101 días anuales de niebla (periodo de referencia 1991-2020). En ocasiones comienzan a formarse al principio de la noche:

«La noche corría a todo correr. La torre de la catedral, que espiaba a los interlocutores de la glorieta desde lejos, entre la niebla que empezaba a subir por aquel lado, dejó oír tres campanadas como un aviso» (La Regenta II. Capítulo XVII, pág. 135).

En noviembre no es extraño que surja el viento frío de componente norte, racheado.

«Una ráfaga de aire frío hizo temblar a la Regenta y arremolinó hojas secas a la entrada del cenador. El Magistral se puso en pie, como si le hubieran pinchado, y dijo con voz de susto:

—¡Caramba! debe de ser muy tarde. Nos hemos entretenido aquí charlando... charlando...» (*La Regenta II*. Capítulo XVII, pág. 142).

Don Fermín de Pas se despide de *Petra*, recurriendo al tópico de hablar del tiempo.

«—Ya hace fresco, muchacha.

Petra le miró cara a cara y sonrió con la mayor gracia que supo y sin perder su actitud humilde.

—¿Estás contenta con los señores?

—Doña Ana es un ángel.

—Ya lo creo. Adiós, hija mía, adiós; sube, sube, que aquí hay corrientes... y estás muy coloradilla... debes de tener calor...» (*La Regenta II*. Capítulo XVII, pág. 143).

Petra, una vez ha marchado *el Magistral*, acude a los aposentos de *Ana*, que ya sentía el frío nocturno.

«—¿Qué quieres? —preguntó el ama, que se estaba embozando en su chal porque sentía mucho frío» (*La Regenta II*. Capítulo XVII, pág. 143).

Al amanecer del día siguiente, *Frígilis*, buscando unas semillas que había dejado en el cenador del *Parque*, encuentra un guante que había perdido *el Magistral* en su visita. *Clarín* cita el término *aura,* en lenguaje poético, sinónimo de brisa. La *aurora*, según el *DLE* es la «luz sonrosada que precede inmediatamente a la salida del sol». Según Juan Oleza, en las notas a su edición de *La Regenta*, *Clarín* ironiza representando a *Petra* como la «aurora de las doradas guedejas», en referencia a la «aurora de rosados dedos, hija de la mañana» que aparece en *La Odisea* de Homero.

«Soltó un taco madrugador y cogió el guante con dos dedos, levantándolo hasta los ojos.

—¿Quién diablos ha andado aquí? —preguntó a las auras matutinas.

Guardó el guante en un bolsillo, recogió las semillas que no había llevado el viento, y con gran cuidado volvió a escoger y separar los granos. Se trataba de una singularísima especie de pensamientos monocromos, invención suya.

Cuando sintió ruido en la casa, llamó a gritos.

—¡Anselmo, Petra, Servanda, Petra...!

Apareció Petra con el cabello suelto, en chambra, y mal tapada con un mantón viejo del ama. Parecía la aurora de las doradas guedejas; pero Frígilis, mal humorado, se encaró con la aurora.

—Oye, tú, buena pécora, ¿qué demonio de obispo entra aquí por la noche a destrozarme las semillas... ?» (*La Regenta II*. Capítulo XVII, pág. 144).

Petra disimula diciendo que el guante es de su ama. *Clarín* cita la nieve en sentido figurado, no exento de erotismo.

«Petra escondió en el seno de nieve apretada el guante morado del Magistral» (*La Regenta II*. Capítulo XVII, pág. 145).

Los episodios de lluvia continua en Oviedo suelen producirse con situaciones sinópticas del norte persistentes, o al paso de *frentes*[23] asociados a borrascas atlánticas, con un desplazamiento oeste-este. Los frentes cálidos presentan nubosidad estratiforme, densa y de gran extensión, básicamente nubes del género *altostratus* y *nimbostratus* que originan lluvias persistentes, realzadas por la orografía. *Clarín* nos ofrece una minuciosa descripción del celaje, los meteoros y el paisaje, cargada de pesadumbre pero con rigor científico. Comienza el capítulo XVIII.

Figura 122. *La Regenta*. Ed. Daniel Cortezo y Cª. 1884-1885. Ilustración Juan Llimona. Grabados Enrique Gómez Polo. pág. 85-II. Imagen procedente de los fondos de la Biblioteca Nacional de España bajo licencia CC-BY 4.0 o equivalente.

---

[23] Un frente es la zona de transición entre una masa de aire cálida y otra fría, donde se producen ascensos verticales de aire húmedo que dan lugar a nubosidad y precipitaciones. Según el desplazamiento de la masa de aire y el estado de desarrollo puede ser un frente frío, cálido u ocluido.

«Las nubes pardas, opacas, anchas como estepas, venían del Oeste, tropezaban con las crestas de Corfín, se desgarraban y deshechas en agua, caían sobre Vetusta, unas en diagonales vertiginosas, como latigazos furibundos, como castigo bíblico; otras cachazudas, tranquilas, en delgados hilos verticales. Pasaban y venían otras, y después otras que parecían las de antes, que habían dado la vuelta al mundo para desgarrarse en Corfín otra vez. La tierra fungosa se descarnaba como los huesos de Job; sobre la sierra se dejaba arrastrar por el viento perezoso, la niebla lenta y desmayada, semejante a un penacho de pluma gris; y toda la campiña entumecida, desnuda, se extendía a lo lejos, inmóvil como el cadáver de un náufrago que chorrea el agua de las olas que le arrojaron a la orilla. La tristeza resignada, fatal de la piedra que la gota eterna horada, era la expresión muda del valle y del monte; la naturaleza muerta parecía esperar que el agua disolviera su cuerpo inerte, inútil. La torre de la catedral aparecía a lo lejos, entre la cerrazón, como un mástil sumergido. La desolación del campo era resignada, poética en su dolor silencioso; pero la tristeza de la ciudad negruzca; donde la humedad sucia rezumaba por tejados y paredes agrietadas, parecía mezquina, repugnante, chillona, como canturia de pobre de solemnidad. Molestaba; no inspiraba melancolía sino un tedio desesperado» (*La Regenta* II. Capítulo XVIII, págs. 146-147).

Figuras 123 y 124. Imágenes procedentes del archivo municipal del Ayuntamiento de Oviedo. Fondo Adolfo Arman.

Según la serie histórica del Observatorio de la Universidad de Oviedo, el 16 de noviembre de 1883 se recogieron 26 mm. Se cifraron *nimbus* por la mañana y por la tarde.

Don Víctor era un gran aficionado a la caza, siempre en compañía de su gran amigo *Frígilis*, pero parece que no llevaban perro para cobrar las presas, como es habitual en la caza menor.

«Frígilis prefería mojarse a campo raso, y arrastraba consigo a Quintanar lejos de Vetusta, cerca del mar, a las praderas y marismas solitarias de Palomares y Roca Tajada, donde fatigaban el monte y la llanura, persiguiendo perdices y chochas en lo espeso de los altozanos nemorosos; y en las planicies escuetas, melancólicos y quejumbrosos alcaravanes, nubes de estorninos, tordos de agua, patos marinos, y bandadas oscuras de peguetas diligentes. Para estas excursiones lejanas, don Víctor contaba con el beneplácito de su esposa. Se salía al ser de día, en el tren correo, se llegaba a Roca Tajada una hora después, y a las diez de la noche entraban en Vetusta silenciosos, cargados de ramilletes de pluma y como sopa en vino» (*La Regenta* II. Capítulo XVIII, pág. 147).

La chocha perdiz y la pegueta o avefría, al llegar las primeras nevadas al centro de Europa se desplazan hacia el sur, anunciando la llegada del invierno. La expresión «como sopa en vino» intuimos que debe tener un

Figuras 125 y 126. (izqda.). *Retrato de un cazador.* H. 1860. Álbum fotográfico de la familia Flórez González. Museu Pueblu d'Asturies. (dcha.) *Retrato de estudio de un cazador.* Álbum fotográfico de la familia Flórez González. Museu Pueblu d'Asturies.

significado similar a «hecho una sopa», es decir, muy mojado. *Quintanar*, además de aficionado a la caza era apasionado del teatro, sin embargo *Frígilis*, rehusaba acudir al teatro, donde se constipaba debido a las corrientes de aire.

> «Frígilis en el teatro se aburría y se constipaba. Tenía horror a las corrientes de aire, y no se creía seguro más que en medio de la campiña, que no tiene puertas» (*La Regenta* II. Capítulo XVIII, pág. 147).

Frígilis era un gran conocedor de la fauna y flora de la zona, el referente para el cuidado de los jardines *vetustenses*. El *veranillo o verano de san Martín*, está arraigado fuertemente en la cultura meteorológica popular, *Clarín* de nuevo se refiere a él.

> «En cuanto las lluvias de invierno se inauguraban, después del irónico verano de san Martín, a Frígilis se le caía encima Vetusta y sólo pasaba en su recinto los días en que le reclamaban sus árboles y sus flores» (*La Regenta* II. Capítulo XVIII, pág. 150).

Cuando salía de caza, su carácter cambiaba y se volvía más extrovertido, hablando del tiempo y del campo con los aldeanos.

> «Quintanar le seguía muerto de sueño, encerrado en su uniforme de cazador, de que se reía no poco Frígilis, quien usaba la misma ropa en el monte y en la ciudad, y los mismos zapatos blancos de suela fuerte, claveteada. Se metían en un coche de tercera clase, entre aldeanos alegres, frescos, colorados; Quintanar dormitaba dando cabezadas contra la tabla dura; Frígilis repartía o tomaba cigarros de papel, gordos; y más decidor que en Vetusta, hablaba, jovial, expansivo, con los hijos del campo, de las cosechas de ogaño y de las nubes de antaño; si la conversación degeneraba y caía en los pleitos, torcía el gesto y dejaba de atender, para abismarse en la contemplación de aquella campiña triste ahora, siempre querida para él que la conocía palmo a palmo» (*La Regenta* II. Capítulo XVIII, págs. 150-151).

Según Juan Oleza, cuando *Clarín* menciona que «hablaba de las cosechas de ogaño y de las nubes de antaño», realiza una paráfrasis del refrán «en los nidos de antaño, no hay pájaros ogaño». También pudiera ser un guiño cervantino, ya que *Clarín* era admirador y lector recurrente del *Quijote* (la expresión «nubes de antaño», con significado de algo pasado e intrascendente, se repite en varias ocasiones en la segunda parte de esta obra).

> «He aquí, señor, rompidos y desbaratados estos agüeros, que no tienen que ver más con nuestros sucesos, según que yo imagino, aunque tonto, que con las nubes de antaño» (*El Ingenioso Hidalgo don Quijote de la Mancha*. Segunda parte, capítulo LXXIII).
>
> «—Señor —respondió Sancho—, bien veo que todo cuanto vuestra merced me ha dicho son cosas buenas, santas y provechosas, pero ¿de qué han de servir, si de ninguna me acuerdo? Verdad sea que aquello de no dejarme crecer las uñas y de casarme otra vez, si se ofreciere, no se

me pasará del magín; pero esotros badulaques y enredos y revoltillos, no se me acuerda ni acordará más dellos que de las nubes de antaño, y, así, será menester que se me den por escrito, que, puesto que no sé leer ni escribir, yo se los daré a mi confesor para que me los encaje y recapacite cuando fuere menester» (*El Ingenioso Hidalgo don Quijote de la Mancha*. Segunda parte, capítulo XLIII).

La pertinaz lluvia tiene matices diferentes ya sea en el campo o en la ciudad.

«Ana envidiaba a su marido la dicha de huir de Vetusta, de ir a mojarse a los montes y a las marismas, en la soledad, lejos de aquellos tejados de un rojo negruzco que el agua que les caía del cielo hacía una inmundicia» (*La Regenta* II. Capítulo XVIII, pág. 151).

El tiempo adverso afecta a nuestro estado anímico, pero no de igual forma a todas las personas. El tiempo lluvioso suele generar un estado de tristeza, pero hay excepciones, como ocurre con *Visitación* y con *Obdulia,* impertérritas frente a las lluvias, los aguaceros y el fango. En este pasaje *Clarín* también hace referencia a la *pajarita de las nieves*, también conocida como lavandera blanca o aguzanieves, cuyo nombre científico es *motacilla alba*, ave migratoria cuyo avistamiento señala la llegada del invierno.

«No se explicaba la Regenta cómo Visitación iba y venía de casa en casa, alegre como siempre, risueña, sin miedo al agua ni menos al fango del arroyo... sin pensar siquiera en que llovía, sin acordarse de que el cielo era un sudario en vez de un manto azul, como debiera. Para Visita era el tiempo siempre el mismo, no pensaba en él, y sólo le servía de tópico de conversación en las visitas de cumplido. La del Banco, como pajarita de las nieves, saltaba de piedra en piedra, esquivaba los charcos, y de paso, dejaba ver el pie no mal calzado, las enaguas no muy limpias, y a veces algo de una pantorrilla digna de mejor media. Tampoco a Obdulia el agua la encerraba en casa, ni la entumecía: también alegre y bulliciosa corría de portal en portal, desafiando los más recios chaparrones, riendo a carcajadas si una gota indiscreta mojaba la garganta que palpitaba tibia era de ver el arte con que sus bajos, con instintos de armiño, cruzaban todo aquel peligro del cieno, inmaculados, copos de nieve calada, dibujos y hojarasca sonante de espuma de Holanda; tentación de Bermúdez el arqueólogo espiritualista» (*La Regenta* II. Capítulo XVIII, págs. 151 y 153).

Clarín, quizás de forma exagerada e irónica, resume el clima asturiano en palabras de la protagonista:

«Notaba Ana con tristeza y casi envidia que en general los vetustenses se resignaban sin gran esfuerzo con aquella vida submarina, que duraba gran parte del otoño, lo más del invierno y casi toda la primavera. Cada cual buscaba su rincón y parecían no menos contentos que Frígilis huyendo a las llanuras vecinas del mar a mojarse a sus anchas» (*La Regenta* II. Capítulo XVIII, pág. 153).

Figura 127. *La Regenta.* Ed. Daniel Cortezo y Cª. 1884-1885. Ilustración Juan Llimona. Grabados Enrique Gómez Polo, pág. 93-II.
Imagen procedente de los fondos de la Biblioteca Nacional de España bajo licencia CC-BY 4.0 o equivalente.

Figura 128. *Día de lluvia*. Entre 1890 y 1919. Gerardo Bustillo. Muséu del Pueblu d'Asturies.

149

Para las personas ociosas, como *la marquesa*, el frío y la lluvia son una buena excusa para permanecer en la cama.

«La Marquesa de Vegallana se levantaba más tarde si llovía más; en su lecho blindado contra los más recios ataques del frío, disfrutaba deleites que ella no sabía explicar, leyendo, bien arropada, novelas de viajes al polo, de cazas de osos, y otras que tenían su acción en Rusia o en la Alemania del Norte por lo menos. El contraste del calorcillo y la inmovilidad que ella gozaba con los grandes fríos que habían de sufrir los héroes de sus libros, y con los largos paseos que se daban por el globo, era el mayor placer que gozaba al cabo del año doña Rufina. Oír el agua que azota los cristales allá fuera, y estar compadeciéndose de un pobre niño perdido en los hielos... ¡qué delicia para un alma tierna, *a su modo*, como la de la señora Marquesa!» (*La Regenta* II. Capítulo XVIII, pág. 153).

Enero es el mes más frío en Oviedo. A finales del siglo XIX la temperatura media era de 7,1 °C, seguido de diciembre con 7,7 °C. El frío se notaba especialmente en las mínimas, con un valor medio de 3,2 °C en enero (3,9 °C en diciembre). Durante el invierno se producen episodios de nevadas en Asturias, en especial en las zonas de montaña donde las acumulaciones pueden ser importantes. El *marqués,* a diferencia de la *marquesa*, aprovechaba la llegada del invierno para sus correrías rurales. En la siguiente cita, el término *elementos* se emplea con la acepción de «fuerzas naturales capaces de alterar las condiciones atmosféricas o climáticas».

«El Marqués hacía lo que los gatos en enero. Desaparecía por temporadas de Vetusta. Decía que iba a preparar las elecciones. Pero sus íntimos le habían oído, en el secreto de la confianza, después de comer bien, a la hora de las confesiones, que para él no había afrodisíaco mejor que el frío. «Ni los mariscos producen en mí el efecto del agua y la nieve». Y como sus aventuras eran todas rurales, salía el buen Vegallana a desafiar los elementos, recorriendo las aldeas, entre lodo, hielo y nieve en su coche de camino. Y así preparaba las elecciones, buscando votos para un porvenir lejano, según frase picaresca de D. Cayetano Ripamilán, siempre dispuesto a perdonar esta clase de extravíos» (*La Regenta* II. Capítulo XVIII, pág. 154).

En los días lluviosos de aquella época, asistir a las tertulias era la opción preferida para combatir el aburrimiento.

«La tertulia de la Marquesa veía el cielo abierto en cuanto el tiempo se metía en agua. Los que tenían el privilegio envidiable y envidiado de penetrar en aquella estufa perfumada, bendecían los chubascos que daban pretexto para asistir todas las noches al gabinete de doña Rufina. ¿Qué habían de hacer si no? ¿A dónde habían de ir?» (*La Regenta* II. Capítulo XVIII, pág. 154).

«En las reuniones de segundo orden, que abundaban en Vetusta, la humedad excitaba la alegría; cada cual se iba al agujero de costumbre y era de oír, por ejemplo, la algazara con que entraban en el portal de la casa de Visita «los que la favorecían una vez por semana honrando sus salones», que eran sala y gabinete; eran de oír las carcajadas, las bromas de los tertulios guarecidos bajo los paraguas que recibían con estrépito las duchas de los tremendos *serpentones* de hojalata.... Todos despreciaban el agua, pensando en los placeres esotéricos de la lotería y de las charadas representadas» (*La Regenta II*. Capítulo XVIII, págs.154 -155).

El número de feligreses que acudían a las iglesias aumentaba cuando hacía mal tiempo, coincidiendo con el inicio de las novenas (la novena por las Almas del Purgatorio o novena de Ánimas se celebra entre el 2 y el 10 de noviembre).

«En cuanto al «elemento devoto de Vetusta» (frase del *Lábaro*) se metían en novenas así que el tiempo se metía en agua. El elemento devoto era todo el pueblo en llegando el mal tiempo, y hasta los socios de *Viernes santo*, unos perdidos que se juntaban durante la Semana de Pasión a comer de carne en la fonda, hasta esos acudían al templo, si bien a criticar a los predicadores y mirar a las muchachas. Este fervor religioso de Vetusta comenzaba con la Novena de las Ánimas, poco popular, y la muy concurrida del Corazón de Jesús, no cesando hasta que se celebraba la más famosa de todas, la de los Dolores, y la poco menos favorecida de la Madre del Amor Hermoso, en el florido Mayo, esta última.» (*La Regenta* II. Capítulo XVIII, pág.155).

No es el caso de la protagonista, que excusa asistir al culto precisamente por el mal tiempo.

«El temporal retrasó no poco el cumplimiento de aquel plan de higiene moral, impuesto suavemente por don Fermín a su querida amiga. Ana aborrecía el lodo y la humedad; le crispaba los nervios la frialdad de la calle húmeda y sucia, y apenas salía del sombrío caserón de los Ozores» (*La Regenta* II. Capítulo XVIII, pág.156).

La lluvia, siempre y cuando no sea torrencial, es beneficiosa para el campo y aumenta el nivel de los acuíferos, aunque la protagonista, cuyo estado anímico es débil, la considera *estúpida*.

«Cuando ella volvía a hablarle de aburrimiento, del dolor del hastío, de la estupidez del agua cayendo sin cesar, él repetía: «A la iglesia, hija mía, a la iglesia; no a rezar; a estarse allí, a soñar allí, a pensar allí oyendo la música del órgano y de nuestra excelente capilla, oliendo el incienso del altar mayor, sintiendo el calor de los cirios, viendo cuanto allí brilla y se mueve, contemplando las altas bóvedas, los pilares esbeltos, las pinturas suaves y misteriosamente poéticas de los cristales de colores...» (*La Regenta* II. Capítulo XVIII, págs. 157- 158).

La sensación térmica, con una humedad relativa elevada y bajas temperaturas, como suele ocurrir en invierno, es fría.

«Pero cada día era mayor la repugnancia de Anita a pisar la calle; la humedad le daba horror, la tenía encogida, envuelta en un mantón, al lado de la chimenea monumental del comedor tétrico, horas y horas, de día y de noche» (*La Regenta* II. Capítulo XVIII, pág.158).

A diferencia de *Ana, don Víctor*, su esposo, procuraba distraerse fuera de casa. *Ana* aplaza las actividades religiosas a las que se había comprometido hasta que mejore el tiempo.

«Iba al Casino a disputar y a jugar al ajedrez; hacía muchas visitas y buscaba modo de no aburrirse metido en casa. «Mejor», pensaba Ana sin querer. Su don Víctor, a quien en principio ella estimaba, respetaba y hasta quería todo lo que era menester, a su juicio, le iba pareciendo más insustancial cada día: y cada vez que se le ponía delante echaba a rodar los proyectos de vida piadosa que Ana poco a poco iba acumulando en su cerebro, dispuesta a ser, en cuanto mejorase el tiempo, una *beata* en el sentido en que el Magistral lo había solicitado» (*La Regenta* II. Capítulo XVIII, pág.158).

La lluvia, cuando no es intensa, permite algunas actividades al aire libre, como la horticultura.

«Si no llovía mucho, Frígilis solía andar por allí; más tiempo faltaba Quintanar de casa que Frígilis de la huerta» (*La Regenta* II. Capítulo XVIII, pág.159).

Mientras, don *Álvaro Mesía* sigue cortejando a *Ana*, pero sin éxito. Aprovecha cuando hace buen tiempo para pasear a caballo.

«En vano, siempre que el tiempo lo permitía, montaba en su hermoso caballo blanco de pura raza española; pasaba y repasaba la Plaza Nueva, y algunas veces veía detrás de los cristales, en la Rinconada, a la de Quintanar, que le saludaba amable y tranquila; pero no era el caballo talismán como él había creído, porque la escena de la tarde aquélla no se repitió nunca» (*La Regenta* II. Capítulo XVIII, pág.162).

En el siglo XIX solo las calles más céntricas estaban pavimentadas, con un empedrado a base de guijarros, que no impedía que se formaba barro y lodo cuando llovía o se fundía la nieve. *El Carbayón* en su edición del 27 de diciembre de 1884 denunciaba el mal estado de las calles cubiertas de lodo (figura 129).

El Magistral está molesto porque *la Regenta* no reconduce su vida espiritual. *Ana Ozores*, en el bajo estado anímico en que se encontraba, justifica su pereza por la lluvia y la humedad ambiental.

«Más había; aquella señora que hablaba de grandes sacrificios, que pretendía vivir consagrada a la felicidad ajena, se negaba a violentar sus costumbres, saliendo de casa a menudo, pisando lodo, desafiando la lluvia; se negaba a madrugar mucho, y alegando como si se tratase de cosa santa, las exigencias de la salud, los caprichos de sus nervios. «El madrugar mucho me mata; la humedad me pone como una máquina eléctrica» (*La Regenta* II. Capítulo XVIII, pág.166).

Las personas experimentadas en la observación minuciosa y constante del estado de la atmósfera en una localidad, son capaces de hacer pronósticos fiables a muy corto plazo. En el mundo rural existe una clara dependencia de las condiciones meteorológicas, los campesinos y cazadores buscan indicios en las nubes, en los cambios de temperatura, humedad relativa o en el viento que les permitan presagiar los cambios de tiempo. En la obra de

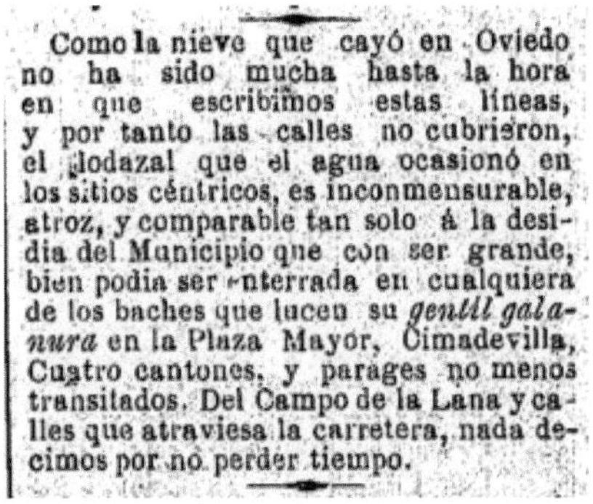

Como la nieve que cayó en Oviedo no ha sido mucha hasta la hora en que escribimos estas líneas, y por tanto las calles no cubrieron, el lodazal que el agua ocasionó en los sitios céntricos, es inconmensurable, atroz, y comparable tan solo á la desidia del Municipio que con ser grande, bien podia ser enterrada en cualquiera de los baches que lucen su *gentil gala-nura* en la Plaza Mayor, Cimadevilla, Cuatro cantones, y parages no menos transitados. Del Campo de la Lana y calles que atraviesa la carretera, nada decimos por no perder tiempo.

Figura 129. *El carbayón diario asturiano de la mañana. 27 diciembre 1884.*
Imagen procedente de los fondos de la Biblioteca Nacional de España bajo licencia CC-BY 4.0 o equivalente.

Figura 130. Imagen procedente del archivo municipal del Ayuntamiento de Oviedo. Archivo Adolfo Altman.

Séneca, *Cuestiones Naturales*, escrita hace casi 2000 años, ya se mencionaba la predicción inmediata del granizo en base a la observación de la coloración de las nubes:

> «Es increíble aquello de que en Cleones existieron funcionarios encargados oficialmente de pronosticar la inminente granizada, con el nombre de calazofilacas» (*Cuestiones Naturales*. Libro IV).

Séneca ironiza con los métodos empleados popularmente para alejar el granizo, que consistían en hacer ofrendas de sangre animal o humana. Ser meteorólogo en aquella época era profesión de alto riesgo:

> «se procesaba a los que estaban encargados de vaticinar la tempestad, cuando por su negligencia habían sufrido los viñedos o quedaban tendidas las mieses en el suelo» (*Cuestiones Naturales*. Libro IV).

El tiempo avanza y *el Magistral*, desde la torre de la *Catedral*, vigila con su catalejo el jardín del *caserón de los Ozores*, donde se encuentra *la Regenta* en compañía de su esposo y de *Mesía*. *Don Víctor* parece que realiza un pronóstico de buen tiempo a muy corto plazo.

> «Don Víctor levantaba la cabeza, extendía el brazo, señalaba a las nubes y daba pataditas en el suelo» (*La Regenta* II. Capítulo XVIII, pág. 166).

Poco después, en compañía de *Frígilis*, salen de paseo. *El Magistral,* mientras está en el confesonario, con la vana esperanza de que acuda *Ana*, recuerda la escena que le había dejado contrariado. *Quintanar* había realizado un acertado pronóstico del tiempo.

> «Sabe Dios dónde estarían. ¿Qué expedición era aquella? Necedades de don Víctor; había levantado el brazo señalando a las nubes; aquello parecía como responder del buen tiempo; en efecto, la tarde estaba hermosa, podía asegurarse que no llovería... pero ¿y qué? ¿Era esa razón suficiente para salir con el enemigo al campo?» (*La Regenta* II. Capítulo XVIII, pág. 167).

El Magistral tenía el cargo de Provisor, y atendía habitualmente los asuntos de la diócesis, que se extendía por un amplio territorio, incluyendo la zona costera. Aquel día despachaba con mal humor.

> «Después entró en las oficinas De Pas y allí tuvieron motivo para acordarse mucho tiempo de la visita. Todo lo encontró mal; revolvió expedientes, descubrió abusos, sacudió polvo, amenazó con suspender sueldos, negó todo lo que pudo, preparó dos o tres castigos, para varios párrocos de aldea y por fin dijo, ya en la puerta, que «no daba un cuarto» para una suscripción de los marineros náufragos de Palomares.
>
> —Señor —le dijo llorando un pobre pescador de barba blanca, con un gorro catalán en la mano— ¡señor, que este año nos morimos de hambre! ¡que no da para borona la costera del besugo...!» (*La Regenta* II. Capítulo XVIII, págs. 168-169).

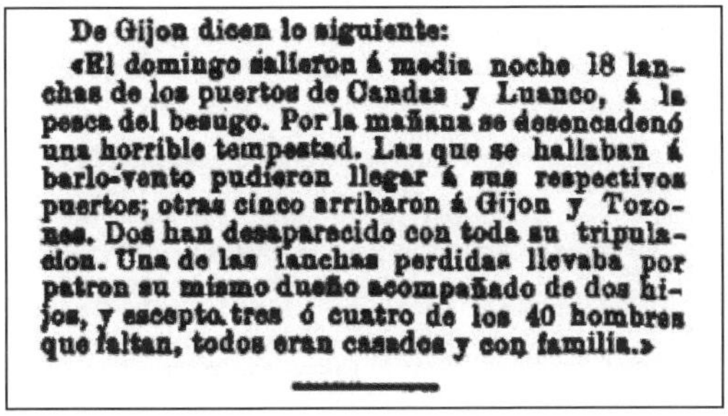

De Gijon dicen lo siguiente:

«El domingo salieron á media noche 18 lanchas de los puertos de Candas y Luanco, á la
pesca del besugo. Por la mañana se desencadenó
una horrible tempestad. Las que se hallaban á
barlo-vento pudieron llegar á sus respectivos
puertos; otras cinco arribaron á Gijon y Tozo-
nes. Dos han desaparecido con toda su tripula-
 cion. Una de las lanchas perdidas llevaba por
patron su mismo dueño acompañado de dos hi-
jos, y escepto. tres ó cuatro de los 40 hombres
que faltan, todos eran casados y con familia.»

Figura 131. *El Siglo futuro. 20/1/1877, nº. 319.* Imagen procedente de los fondos de la Biblioteca Nacional de España bajo licencia CC-BY 4.0 o equivalente.

La costera del besugo tradicionalmente comenzaba el 28 de noviembre, festividad de Santa Catalina. Pese a las lentas comunicaciones terrestres, las bajas temperaturas invernales permitían transportar este pescado en buenas condiciones al interior, donde se consumía especialmente durante las fiestas navideñas. Sin embargo, los temporales marítimos invernales, impedían faenar con seguridad a los barcos, y en ocasiones, provocaban naufragios.

Unos días después, *Ana Ozores* acude a confesar con *el Magistral*. Después conversan a solas en casa de *doña Petronila*, una ferviente feligresa. *El Magistral* recrimina *a la Regenta* su tardanza en visitarla, y de nuevo *Ana Ozores* utiliza como excusa la pertinaz lluvia, insinuando que es la causa de su enfermedad.

> «nunca me dijo usted que era un desaire que yo le hacía y que ya sa-
> bían estas señoras el negarme a venir... ¡Llovía tanto...! Ya sabe usted que
> a mí la humedad me mata, la calle mojada me horroriza... Yo estoy en-
> ferma... sí, señor, a pesar de estos colores y de esta carne, como dice don
> Robustiano, estoy enferma» (*La Regenta* II. Capítulo XVIII, pág. 171).

Doña Petronila, apodada *el gran Constantino*, besa a *La Regenta*. *Clarín* recurre a la metáfora, el hielo es sinónimo de frialdad.

> «El Gran Constantino besó la frente de Ana.
> Fue un beso solemne, apretado, pero frío... Parecía poner allí el sello de
> una cofradía mojado en hielo» (*La Regenta* II. Capítulo XVIII, pág.173)

A finales de marzo, *la Regenta* cae repentinamente enferma y se despierta con fiebre alta. Uno de los criados llama al médico de la familia, *don Robustiano Somoza*. *Quintanar y Frígilis* habían salido de caza muy temprano. Comienza el capítulo XIX.

Las condiciones meteorológicas influyen en la salud humana, incluso en determinados grupos de riesgo, pueden causar la muerte durante episodios de calor o frío extremo. También agravan algunas enfermedades, como las relacionadas con trastornos mentales.

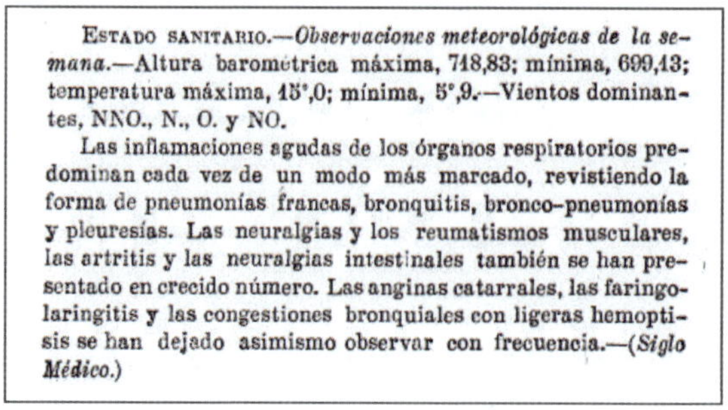

> ESTADO SANITARIO.—*Observaciones meteorológicas de la se-*
> *mana.*—Altura barométrica máxima, 748,83; mínima, 699,13;
> temperatura máxima, 15°,0; mínima, 5°,9.—Vientos dominan-
> tes, NNO., N., O. y NO.
> Las inflamaciones agudas de los órganos respiratorios pre-
> dominan cada vez de un modo más marcado, revistiendo la
> forma de pneumonías francas, bronquitis, bronco-pneumonías
> y pleuresías. Las neuralgias y los reumatismos musculares,
> las artritis y las neuralgias intestinales también se han pre-
> sentado en crecido número. Las anginas catarrales, las faringo-
> laringitis y las congestiones bronquiales con ligeras hemopti-
> sis se han dejado asimismo observar con frecuencia.—(*Siglo*
> *Médico.*)

Figura 132. *La Gaceta. 30 de diciembre de 1884.* Imagen procedente de los fondos de la Biblioteca Nacional de España bajo licencia CC-BY 4.0 o equivalente.

Los primeros registros meteorológicos sistemáticos fueron realizados por médicos o sociedades médicas en el siglo XVIII. En aquella época, siguiendo las ideas del médico griego Hipócrates (460 a.C-370 a.C.), se pensaba que existía una relación directa entre las variables atmosféricas y las enfermedades, siendo las primeras fundamentales para definir el «estado sanitario» y elaborar las «topografías médicas».

La medicina en el siglo XIX estaba en pleno desarrollo y los diagnósticos eran en muchas ocasiones imprecisos y confusos. La *primavera médica* que menciona *Somoza* podría haber sido el comodín utilizado para muchas enfermedades, un cajón de sastre en el que se podría incluir la astenia primaveral.

Figura 133. *La Regenta.* Ed. Daniel Cortezo y Cª. 1884-1885. Ilustración Juan Llimona. Grabados Enrique Gómez Polo, pág. 117. Imagen procedente de los fondos de la Biblioteca Nacional de España bajo licencia CC-BY 4.0 o equivalente.

«Don Robustiano Somoza, en cuanto asomaba Marzo, atribuía las enfermedades de sus clientes a la *Primavera médica*, de la que no tenía muy claro concepto; pero como su misión principal era consolar a los afligidos y solía satisfacerles esta explicación climatológica, el médico buen mozo no pensaba en buscar otra. La *Primavera médica* fue la que *postró en cama*, según don Robustiano, a la Regenta, que se acostó una noche de fines de Marzo con los dientes apretados sin querer, y la cabeza llena de fuegos artificiales. Al despertar al día siguiente, saliendo de sueños poblados de larvas, comprendió que tenía fiebre» (*La Regenta* II. Capítulo XIX, pág. 175).

«Somoza volvió a las ocho de la noche; a pesar de la primavera médica, no estaba tranquilo; miró la lengua a la enferma, le tomó el pulso, le mandó aplicar al sobaco un termómetro que sacó él del bolsillo, y contó los grados. Se puso el doctor como una cereza...» (*La Regenta* II. Capítulo XIX, pág. 176).

Don Víctor y Frígilis, tras finalizar su jornada de caza, llegan al *caserón de los Ozores* a las diez y cuarto de la noche. Ambos vienen empapados, *Quintanar* besa a su esposa en la frente:

«El bigote de don Víctor parecía una escoba mojada; con la humedad que traía de las marismas roció la frente de su esposa; pero ella no sintió repugnancia, y vio oro y plata en aquellos pelos tiesos que parecían un cepillo de yerbas hechas ceniza por la raíz y tostadas por las puntas» (*La Regenta* II. Capítulo XIX, págs. 177-178)

Frígilis también rezumaba humedad:

«olía al monte; traía pegada al cuerpo la niebla de las marismas y parecía rodeado de la oscuridad y la frescura del campo» (*La Regenta* II. Capítulo XIX, pág. 178).

Ana Ozores pasa la noche delirando. A la mañana siguiente *don Robustiano* la visita y su esposo se interesa por su estado. El médico, experimentado pero de dudosa formación, intenta excusarse.

«—¿De modo que no son los nervios? ¿Ni la primavera médica?...

—Hombre, los nervios siempre andan en el ajo... y la primavera... la sangre... la savia nueva... es claro... todo influye... pero usted no puede entender esto...» (*La Regenta* II. Capítulo XIX, págs. 182-183).

Cuatro días después, *don Robustiano* se desliga de su paciente y envía a su protegido, el joven *doctor Benítez,* que evita recurrir a la *primavera médica* en su diagnóstico.

«El sustituto era un muchacho inteligente, muy estudioso. Declaró que la enfermedad no era grave, pero sí larga, y de convalecencia penosa. No le gustaba usar los nombres vulgares y poco exactos de las enfermedades, y empleaba los técnicos si le apuraban, no por ridícula pedantería, sino por salir con su gusto de no enterar a los profanos de lo que no importa que sepan, y en rigor no pueden saber» (*La Regenta* II. Capítulo XIX, pág. 183).

Leopoldo Alas era una persona muy culta y erudita, como demuestra citando al padre Feijoo, representante de la Ilustración Española o a Camille Flammarion, famoso astrónomo y meteorólogo francés, autor de la obra

Un missionnaire du moyen âge raconte qu'il avait trouvé le point
où le ciel et la Terre se touchent...

Figura 134. *Grabado en madera titulado Flammarion, publicado en L'atmosphère: Météorologie Populaire (1888) de Camille Flammarion.* La imagen muestra a un hombre que, al atravesar el firmamento, descubre un mundo más allá del cielo. Obra de autor anónimo, publicada en Wikimedia Commons, bajo licencia dominio público.

L'Atmosphère: Météorologie Populaire (París,1888). Ambos son citados al narrar las conversaciones entre *Quintanar* y el joven médico.

«También le gustaba discutir con Benítez y sondearle, como él decía. Uno de los problemas que más preocupaban al amo de la casa, era el de la pluralidad de los mundos habitados. Él creía que sí, que había habitantes en todos los astros, la generosidad de Dios lo exigía; y citaba a Flammarion, y las cartas de Feijóo y la opinión de un obispo inglés, cuyo nombre no recordaba «Mister no sé cuántos», porque para él todos los ingleses eran Mister» (*La Regenta* II. Capítulo XIX, pág. 187).

Como curiosidad, el padre Benito Jerónimo Feijoo, autor de la obra *Cartas eruditas y curiosas (1769-1770)*, menciona las falsas creencias populares en relación a la lucha antigranizo.

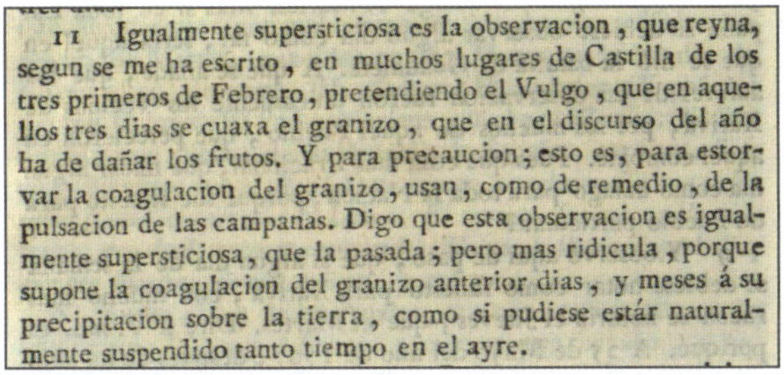

> 11   Igualmente supersticiosa es la observacion, que reyna, segun se me ha escrito, en muchos lugares de Castilla de los tres primeros de Febrero, pretendiendo el Vulgo, que en aquellos tres dias se cuaxa el granizo, que en el discurso del año ha de dañar los frutos. Y para precaucion; esto es, para estorvar la coagulacion del granizo, usan, como de remedio, de la pulsacion de las campanas. Digo que esta observacion es igualmente supersticiosa, que la pasada; pero mas ridicula, porque supone la coagulacion del granizo anterior dias, y meses á su precipitacion sobre la tierra, como si pudiese estár naturalmente suspendido tanto tiempo en el ayre.

Figura 135. *Cartas eruditas y curiosas (1769-1770, Madrid), Tomo 3. Carta XIII. Días aziagos.* pag. 138). Biblioteca Digital Universidad de Alcalá, bajo licencia Creative Commons CC BY-NC-SA 4.0

Con el paso del tiempo *Ana* mejora, y *Quintanar,* durante muchos días solícito enfermero*,* se siente liberado, frecuenta su despacho y *el Parque*. *Clarín* utiliza de nuevo el término *aura* en su acepción de «viento suave y apacible».

> «¡Qué gran cosa eran el Arte y la Naturaleza! En rigor todo era uno, Dios el autor de todo». Y respiraba don Víctor las auras de abril con placer voluptuoso, tragando aire a dos carrillos» (*La Regenta* II. Capítulo XIX, pág. 188).

Sin embargo, pese al optimismo de su esposo, *Ana Ozores* sufre una recaída. En la primavera, con los días cada vez más largos, estamos menos acostumbrados a los días plomizos.

> «Una tarde de color de plomo, más triste por ser de primavera y parecer de invierno, la Regenta, incorporada en el lecho, entre murallas de almohadas, sola, oscuro ya el fondo de la alcoba, donde tomaban posturas trágicas abrigos de ella y unos pantalones que don Víctor dejara allí; sin fe en el médico creyendo en no sabía qué mal incurable que no comprendían los doctores de Vetusta, tuvo de repente, como un amargor del cerebro, esta idea: «Estoy sola en el mundo» (*La Regenta* II. Capítulo XIX, pág. 189).

Figura 136. *La catedral de Oviedo.* 1938. Francisco Casariego. © Museo de Bellas Artes de Asturias

Al cabo de un tiempo, *Ana* mejora. En abril las temperaturas mínimas aún son bajas, pero el sol tiene mayor altura sobre el horizonte, los días son más largos y se recibe mayor radiación solar.

> «Ya había subido el sol gran trecho del cielo, ya calentaba la mañana con tibias caricias de un Abril de Vetusta; en la casa creían postrada o dormida a la Regenta y no abrían las maderas del balcón, ni interrumpían el descanso de la enferma. Ana sentía el día en el melancólico regalo que su mismo lecho, tantas veces aborrecido, le prestaba en aquellas horas de la mañana de primavera; otra vez volvía la vida a moverse en aquel cuerpo mustio, asolado, como campo de batalla; la vida iba avanzando por aquel terreno de su victoria, dudosa de ella todavía. El cerebro recobraba los dominios de la lógica, su salud; la memoria, firme, no era ya un tormento ni se mezclaba con visiones y disparates» (*La Regenta* II. Capítulo XIX, pág. 192).

Ana recuerda tiempos pasados más felices, como la romería de san Blas, que se celebra el 3 de febrero. Aunque febrero es un mes invernal, en ocasiones se producen breves episodios de buen tiempo, y los días, cada vez más largos tras el solsticio de invierno, recuerdan la proximidad de la primavera, aunque no siempre es así. El refranero popular recoge estas circunstancias: «Por san Blas, una hora más»; «Por san Blas la cigüeña verás; si no la vieres años de nieves»; «Si hiela por san Blas, treinta días más».

Figura 137. Imagen procedente de la fototeca de AEMET.

La protagonista nos recuerda que aún quedan «largos intervalos de mal tiempo», pero el buen tiempo transitorio mejora su estado de ánimo. *Clarín* nos describe un bello atardecer rojizo, con nubes de tipo *cirrus*.

> «Pasaron entonces por el recuerdo todos los días que siguieron al entumecimiento del rigoroso temporal, cuando el espíritu de Ana había dejado aquella especie de vida de culebra invernante. Recordó la romería de san Blas, en la carretera de la Fábrica Vieja; aquella tarde de sol que era una fiesta del cielo; la torre de la catedral allá arriba, como en la cúspide de un monumento, encaje de piedra oscura sobre fondo de naranja y de violeta de un cielo suave, listado, de nubes largas, estrechas, ondeadas, quietas sobre el abismo, como esperando a que se acostara el sol para cerrar el horizonte.... Sin saber cómo, san Blas anunciaba la primavera; Ana esperaba ya aquellos días en que, con largos intervalos de mal tiempo, aparece un poco de luz que arranca vibraciones de alegría y resplandor al verde dormido de los campos vetustenses; aquellos días que son algo mejor que Abril y Mayo; su esperanza. Las ideas tristes habían volado como pájaros de invierno, Ana se había visto en el paseo de san Blas rodeada del mundo, agasajada, y a su lado iba don Álvaro Mesía, enamorado, triste de tanto amor, resignado, cariñoso sin interés, suave y tierno, sin esperanza. Algo así como el mismo encanto del día; en rigor, el invierno, nada, pero en la tranquilidad y tibia y vaga alegría del ambiente, una delicia que saboreaba con inefable gozo la Regenta» (*La Regenta* II. Capítulo XIX, págs. 192-193).

Tras la romería de san Blas, *Mesía* fomenta su amistad con *Quintanar* como ardid para aproximarse a *la Regenta*. Frente a la pertinaz lluvia existen alternativas de ocio, como los juegos de mesa o pasear a cubierto, como expresa con su peculiar ironía *Clarín* en esta cita (la Luna dista de la Tierra 384 000 km)

> «En el Casino se sentaba a su lado, tenía la paciencia de verle jugar al dominó o al ajedrez, y terminada la partida le cogía del brazo, y, como solía llover, paseaban por el salón largo, el de baile, oscuro, triste, resonante bajo las pisadas de las cinco o seis parejas que lo medían de arriba abajo a grandes pasos, que tenían por el furor de los tacones, algo de protesta contra el mal tiempo. Veterano del Casino había que llevaba andado en aquel salón camino suficiente para llegar a la luna» (*La Regenta* II. Capítulo XIX, págs. 193-194).

En los días lluviosos la luz ambiental es escasa, siendo necesario iluminar artificialmente los hogares, sobre todo al atardecer. *Clarín* describe una jornada habitual en el *Casino*, con la lluvia siempre presente.

> «Anochecía, seguía lloviendo, los mozos de servicio encendían dos o tres luces de gas en el salón, y Quintanar conocía por esta seña y por el cansancio, que le arrancaba sudor copioso, que había hablado mucho; sentía entonces remordimientos, se apiadaba de Mesía, le agradecía en el alma su silencio y atención, y le invitaba muchas veces a tomar un vaso de cerveza alemana en su casa» (*La Regenta* II. Capítulo XIX, pág. 195).

Figura 138. Imagen procedente de la fototeca de AEMET.

Tras las lluvias, cualquier intervalo de buen tiempo es aprovechado para salir al campo, como bien pudo comprobar *el Magistral* con su catalejo una tarde desde la torre de la *Catedral*, hecho que fue referido anteriormente en el relato. No todos los días llueve en *Vetusta*.

«Entonces fue cuando el Provisor vio con su catalejo, desde el campanario de la catedral, los preparativos de una expedición al campo en la que acompañaban a la Regenta Mesía, Frígilis y Quintanar. No fue aquella sola; muchas veces, en cuanto veía un rayo de sol, a don Víctor se le antojaba aprovechar el buen tiempo y echar una cana al aire en los ventorrillos de la carretera de Castilla o en los de Vistalegre, en compañía de las personas que más quería en Vetusta, a saber: su cara esposa, Frígilis... y don Álvaro» (*La Regenta* II. Capítulo XIX, pág. 197).

La experiencia de salir al campo, a las laderas del *Corfín*, era reconfortante para todos, el tiempo resultaba más apacible que en la ciudad:

«En aquellos altozanos se respiraba el aire como cosa nueva; se calentaban a los rayos del sol con voluptuosa pereza, como si el sol de Vetusta, de allá abajo, fuera menos benéfico» (*La Regenta* II. Capítulo XIX, pág. 198).

En especial para *Ana Ozores*, que plácidamente contempla el panorama, a la usanza de los artistas naturalistas, fijándose también en los celajes:

«Notaba Ana que en aquella altura, en aquel escenario, mitad pastoril, mitad de novela picaresca, entre arrieros, maritornes y señores de castillos, a lo don Quijote, se despertaba en ella el instinto del arte plástico y el sentido de la observación; reparaba las siluetas de árboles, gallinas, patos, cerdos, y se fijaba en las líneas que pedían el lápiz, veía

Figura 139. *Oviedo*. h 1890. Colección miscelánea. Muséu del Pueblu d'Asturies.

más matices en los colores, descubría grupos artísticos, combinaciones de composición sabia y armónica, y, en suma, se le revelaba la naturaleza como poeta y pintor en todo lo que veía y oía, en la respuesta aguda de una aldeana o de un zafio gañán, en los episodios de la vida del corral, en los grupos de las nubes, en la melancolía de una mula cansada y cubierta de polvo, en la sombra de un árbol, en los reflejos de un charco, y sobre todo en el ritmo recóndito de los fenómenos, divisibles a lo infinito, sucediéndose, coincidiendo, formando la trama dramática del tiempo con una armonía superior a nuestras facultades perceptivas, que más se adivina que de ella se da testimonio. Este nuevo sentido de que tenía conciencia Ana en estas expediciones a los ventorrillos altos de Vistalegre, camino de Corfín, le inundaba de visiones el cerebro y la sumía en dulce inercia en que hasta el imaginar acababa por ser una fatiga» (*La Regenta* II. Capítulo XIX, págs. 198-199).

En la descripción del paisaje no podían faltar las nieblas, que en ocasiones se forman sobre las montañas y descienden sobre el valle.

«Se merendaba casi siempre al aire libre, contemplando allá abajo el caserío parduzco de Vetusta; la catedral parecía desde allí hundida en un pozo, y muy chiquita; esbelta, pero como un juguete; detrás el humo de las fábricas en la barriada de los obreros en el campo del Sol, y más allá los campos de maíz, ahora verdes con el alcacer, los prados, los bosques de castaños y robles... las colinas de un verde oscuro y la niebla, por fin, confundiéndose con los picachos de los puertos lejanos» (*La Regenta* II. Capítulo XIX, pág. 199).

Clarín menciona la niebla en sentido metafórico.

«Se filosofaba mientras se comía, tal vez con los dedos, salchichón o chorizos mal tostados, queso duro, o tortillas de jamón, lo que fuese;

163

se hablaba al descuido, lentamente, pensando en cosas más hondas que las que se decía, con los ojos clavados en la lontananza, detrás de la cual se vela el recuerdo, lo desconocido, la vaguedad del sueño; se hablaba de lo que era el mundo, de lo que era la sociedad, de lo que era el tiempo, de la muerte, de la otra vida, del cielo, de Dios; se evocaba la infancia, las fechas lejanas en que había una memoria común; y un sentimentalismo, como desprendido de la niebla que bajaba de Corfín, se extendía sobre los comensales bucólicos y su filosofía de sobremesa» (*La Regenta* II. Capítulo XIX, pág. 199).

Al referirse a la brisa, *Clarín* utiliza el verbo *picar*, quizás para indicar que el viento arrecia. En terminología náutica se utiliza la expresión *picar el viento* que significa «correr favorable y suficiente para el rumbo o navegación que se lleva». Entre las múltiples acepciones de este verbo también se encuentra la siguiente: «Dicho de la superficie del mar: Agitarse formando olas pequeñas a impulso del viento».

«Comenzaba la brisa; picaba un poco y tenía sus peligros, pero halagaba la piel; salía una estrella; el cuarto de luna (que a don Víctor le parecía la plegadera de oro que le habían regalado en Granada), tomaba color, es decir, luz. La conversación, ya perezosa, daba entonces en la astronomía y se paraba en el concepto de lo infinito; se acababa por tener un deseo vago de oír música» (*La Regenta* II. Capítulo XIX, págs. 199 y 201).

Los excursionistas vuelven a *Vetusta*. *Ana* habla con *Frígilis*, amante de la observación de la naturaleza, las estrellas y las nubes. El campo anunciaba la alegría de la primavera. *Clarín* menciona un hidrometeoro en sentido figurado, el rocío[24].

«Los sapos cantaban en los prados, el viento cuchicheaba en las ramas desnudas, que chocaban alegres, inclinándose, preñadas ya de las nuevas hojas; y Ana, apoyándose tranquila en el brazo fuerte del mejor amigo, olfateaba en el ambiente los anuncios inefables de la primavera. De esto hablaban ella y Frígilis. Crespo, satisfecho, tranquilo, apacible, en voz baja, como respetando el primer sueño del campo, su ídolo, dejaba caer sus palabras como un rocío en el alma de Ana, que entonces comprendía aquella adoración tranquila, aquel culto poético, nada romántico, que consagraba Frígilis a la naturaleza, sin llamarla así, por supuesto. Nada de *grandes síntesis*, de cuadros disolventes, de filosofía panteística; pormenores, historia de los pájaros, de las plantas, de las nubes, de los astros; la experiencia de la vida natural llena de lecciones de una observación riquísima. El amor de Frígilis a la naturaleza era más de marido que de amante, y más de madre que de otra cosa» (*La Regenta* II. Capítulo XIX, págs. 201-202).

---

[24] El rocío es un hidrometeoro consistente en la condensación del vapor de agua de la atmósfera en objetos o plantas de la superficie terrestre, generalmente cuando hay suficiente humedad y bajan las temperaturas al amanecer.

Figura 140. *La Regenta.* Ed. Daniel Cortezo y Cª. 1884-1885. Ilustración Juan Llimona. Grabados Enrique Gómez Polo. pág. 145. Imagen procedente de los fondos de la Biblioteca Nacional de España bajo licencia CC-BY 4.0 o equivalente.

Figuras 141 y 142. (izqda.) *Ejemplo de pareidolia en nubes.* Fotografía tomada por Danamania el 23 de enero de 2011. Publicada en Wikimedia Commons, bajo licencia Creative Commons Atribución-CompartirIgual 3.0 Unported (CC BY-SA 3.0). (dcha.) *Escudo del Alnwick Rugby Football Club, representando un león rampante, símbolo de la familia Percy.* Fotografía realizada por NERUGS89 y publicada en Wikimedia Commons el 21 de junio de 2022. La imagen está licenciada bajo Creative Commons Atribución-CompartirIgual 4.0 Internacional (CC BY-SA 4.0).

Mientras *la Regenta* paseaba del brazo de *Frígilis, Quintanar* tomaba el de *Mesía*. La *pareidolia* (término no recogido en el *DLE*) consiste en encontrar parecidos razonables en figuras poco definidas u objetos. De esa forma, nuestra imaginación permite identificar seres u objetos en las nubes (figuras 141 y 142).

> «Don Álvaro sudaba de congoja. Don Víctor se le colgaba del brazo, levantaba los ojos al cielo y se divertía en encontrar parecidos entre los nubarrones de la noche y las formas más vulgares de la tierra.
>
> —Mire usted, mire usted, aquel cúmulus es lo mismo que Ripamilán; figúreselo usted con la teja en la mano...

—Aquel cirrus negro parece la moña de un torero...» (*La Regenta* II. Capítulo XIX, pág. 202).

Ana Ozores retomó las visitas protocolarias a sus amistades, reuniones en que sin duda se hablaría de tópicos como el tiempo, mientras que su marido, trataba de esquivarlas.

«—Señor —gritaba él— yo no sirvo para eso; no se me haga a mi hablar del tiempo, del mal servicio de criadas, de la carestía de los comestibles. ¡Exíjase de mí cualquier cosa menos hacer visitas de cumplido!

«Yo soy artista, no sirvo para esas nimiedades» —decía para sus adentros» (*La Regenta* II. Capítulo XIX, pág. 203).

Durante esos días hizo buen tiempo:

«Visitación procuraba meterle a Ana, a manos llenas, por los ojos, por la boca, por todos los sentidos, el demonio, el mundo y la carne; el buen tiempo la ayudaba» (*La Regenta* II. Capítulo XIX, pág. 203).

Ana Ozores compagina su vida social con la vida de beata, piadosa y de buenas obras prometida al *Magistral*, pero acaba enfermando.

El capítulo XX introduce a otro de los personajes, don *Pompeyo Guimarán, el ateo de Vetusta*, que a punto estuvo de ser excomulgado por el anterior obispo. Su esposa y cuatro hijas sintieron verdadera preocupación. *Clarín* utiliza el «rayo» en sentido figurado.

«En vano quiso ocultarlas que el rayo amenazaba su hogar tranquilo» (*La Regenta* II. Capítulo XX, pág. 211).

Finalmente *don Pompeyo* no fue excomulgado, *Clarín* recurre de nuevo al «rayo».

«Tuvo que transigir; tuvo que tolerar lo que al principio le sublevaba sólo pensado, que sus hijas *se moviesen*, que sus amigos pusieran en juego sus relaciones para que el obispo se metiera el rayo en el bolsillo...Se consiguió, no sin trabajo, y sin necesidad de que don Pompeyo se retractase de sus errores» (*La Regenta* II. Capítulo XX, pág. 211).

Don Pompeyo había sido expulsado del *Casino* por su ateísmo. Sin embargo, *Mesía*, actual presidente del *Casino*, le convence para que vuelva a ser socio, con objeto de ganar adeptos en contra del *Magistral*. Lo celebran con una cena, en el mes de junio, de la que no disfruta *don Pompeyo*, preocupado por tener que improvisar su discurso. *Clarín* emplea la locución *oir llover*, que significa «con total indiferencia».

«Y ya no comió bocado que le aprovechase. Oía hablar como quien oye llover: sonreía a derecha e izquierda, contestaba con monosílabos, pero él pensaba en su brindis; las orejas se le convertían en brasas y a veces sentía náuseas y temblor de piernas» (*La Regenta* II. Capítulo XX, pág. 235).

La cena, en la que se ingirió abundante alcohol, terminó al amanecer, en un día soleado y con temperatura agradable. En el mes de junio, en Oviedo, las madrugadas suelen ser frescas (algo cada vez menos habitual, como ocurrió en la madrugada del 29 de junio de 2025, en la que la temperatura no bajó de 19,8 °C, valor de temperatura mínima más alta registrada en el observatorio de Oviedo, igualando el anterior registro del 21 de junio de 2003). La temperatura media de las mínimas en el mes de junio de 1884 fue de 9,8 °C, oscilando entre 4 °C el día 3 y 14 °C el día 27. *Clarín*, de nuevo, describe los cielos rosados resultado de la dispersión de la luz solar, frecuentes en los atardeceres y amaneceres.

> «Era una mañana de Junio alegre, tibia, sonrosada. El sol anunciaba sus rayos en los colores vivos de las nubes de Oriente. Los pasos de los trasnochadores retumbaban en las calles de la Encimada como si anduvieran sobre una caja sonora. Aunque no hacía frío, todos habían levantado el cuello de la levita o lo que fuese» (*La Regenta* II. Capítulo XX, pág. 247).

El alcohol en exceso provoca mareos, *Clarín* utiliza el símil de una embarcación en el mar embravecido. Emplea la expresión *corriendo borrasca*, similar a *correr el temporal* (afrontarlo con la embarcación recibiendo las olas por la popa), justo lo contrario que *capear el temporal* (acción en que las olas inciden por la proa).

> «Aquello de acostarse de día era una revolución que mareaba a Guimarán; dudaba ya si las leyes del mundo seguían siendo las mismas. Al cerrar los ojos sintió que su lecho, siempre inmóvil, también se sublevaba bajando y subiendo. Poco después se creía en el Océano, encerrado en un camarote, víctima del mareo y corriendo borrasca» (*La Regenta* II. Capítulo XX, pág. 247).

Nos encontramos ya en el mes de julio. A mediados de mes *Mesía* inicia sus vacaciones y acude al *caserón de los Ozores* para despedirse. *Quintanar* cambia su vestimenta para el verano, aunque no todos los días del estío son calurosos en *Vetusta*.

> «Quince días después, a mediados de Julio, entraba una tarde el Presidente del Casino en el caserón de los Ozores. Iba a despedirse. Don Víctor le recibió en el despacho. Estaba el amo de la casa en mangas de camisa, como solía en cuanto llegaba el verano, aunque no tuviera mucho calor. Para él venían a ser ideas inseparables el estío y aquel traje ligero» (*La Regenta* II. Capítulo XX, pág. 248).

Quintanar y su esposa permanecen ese verano en *Vetusta* por prescripción facultativa. En el siglo XIX, disfrutar de vacaciones estivales en las playas del Cantábrico estaba reservado sólo para las familias acomodadas, a diferencia de la actualidad, en que el turismo en las zonas costeras está masificado.

Quintanar, frente al aburrimiento que se avecina durante el verano, llega a decir que prefiere el invierno, «con todas sus borrascas y su agua eterna…»

Figura 143. *Gijón. Playa de san Lorenzo*. Laureano Vinck Carrió. Muséu del Pueblu d'Asturies.

«Vetusta antes de quince días se quedará sola; de la Colonia... ni un alma queda.... De la Encimada se ausenta lo mejor... quedan los pobres... los jornaleros... y nosotros. Nosotros no salimos este año. ¡Y qué triste es un verano entero en Vetusta! El césped del paseo grande se pone como un ruedo de esparto... no se ve un alma por allí, en las calles no hay más que perros y policías... Mire usted, prefiero el invierno con todas sus borrascas y su agua eterna... qué sé yo... a mí el frío me anima.... En fin, felices ustedes los que se van...» (*La Regenta* II. Capítulo XX, pág. 249).

Clarín refiere a los policías. La Policía General del Reino, cuerpo antecesor de la Policía Nacional, se creó por Real Cédula de 13 de enero de 1824, y el 1 de octubre de 1868 se crea el Cuerpo de Orden Público con jurisdicción en Madrid. Es a partir del 1 de junio de 1870 cuando se instaura en todo el territorio nacional.

También refiere el agostamiento de los prados, que se produce tras episodios cálidos y sin lluvias, especialmente en los meses de julio y agosto.

Volviendo al relato, *Ana* es observada por *Mesía; Clarín* emplea un símil con términos marinos.

«La miraba como el descubridor de una isla o un continente, a quien la tempestad arrastrara lejos de la orilla, tal vez para siempre, antes de poner el pie en tierra. «¿Qué sabía él si jamás aquella mujer sería suya?» (*La Regenta* II. Capítulo XX, pág. 250).

Ana se despide fríamente de *Mesía;* el verano en *Vetusta* provoca sentimientos diferentes en cada uno de ellos, como se aprecia en este diálogo:

> «—Nosotros —dijo— nos quedamos este verano en Vetusta. Yo no puedo bañarme y el médico me ha dicho que el aire del mar más podría hacerme daño que provecho por ahora.
>
> —Vetusta se pone muy triste por el verano....
>
> —No... no me parece...» (*La Regenta* II. Capítulo XX, pág. 250).

Una vez sola, *Ana Ozores* reacciona de forma mística. El cielo o bóveda celeste, en las capas bajas de la atmósfera (troposfera), alberga los distintos tipos de nubes y meteoros, pero también tiene un significado místico, como nos muestra *Clarín*:

> «La Regenta sacó del seno un crucifijo y sobre el marfil caliente y amarillo puso los labios, mientras los ojos rebosando lágrimas, buscaban el cielo azul entre las nubes pardas» (*La Regenta* II. Capítulo XX, pág. 251).

En el capítulo XXI, se describe retrospectivamente la convalecencia de la Regenta tras haber caído enferma a finales de marzo. En el mes de mayo, es habitual algún episodio cálido:

> «Empezaba el calor —porque don Víctor, en cuestión de temperatura, se regía por el calendario— y ya se sabía que él no podía trabajar en su despacho en cuanto el sudor le molestaba; necesitaba el aire libre; mucho paseo, mucha naturaleza» (*La Regenta* II. Capítulo XXI, pág. 252).

El mes de mayo de 1884 comenzó con cielos despejados y temperaturas en ascenso, el día 4 la temperatura máxima fue de 27 °C. Tras el largo y duro invierno, los primeros días de buen tiempo son bien recibidos. La ciudad se contagia de optimismo. En el siglo XIX, con motivo de eventos singulares, como las visitas reales, se acostumbraba a construir arcos de triunfo provisionales, algunos muy originales, con sillares de carbón, como los instalados en Gijón con motivo del viaje de Alfonso XII a Asturias a mediados de julio de 1877.

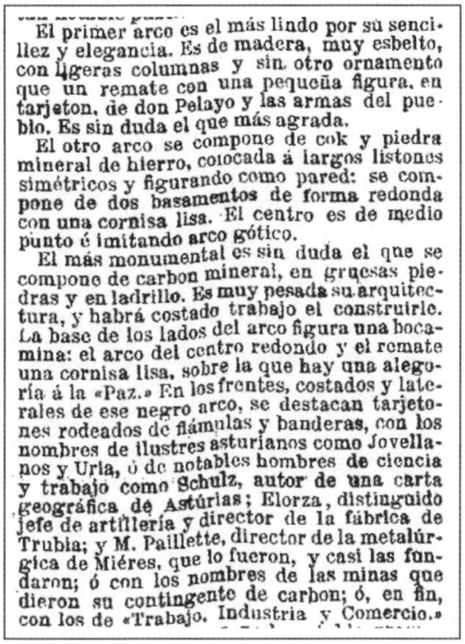

El primer arco es el más lindo por su sencillez y elegancia. Es de madera, muy esbelto, con ligeras columnas y sin otro ornamento que un remate con una pequeña figura, en tarjeton, de don Pelayo y las armas del pueblo. Es sin duda el que más agrada.

El otro arco se compone de cok y piedra mineral de hierro, colocada á largos listones simétricos y figurando como pared: se compone de dos basamentos de forma redonda con una cornisa lisa. El centro es de medio punto é imitando arco gótico.

El más monumental es sin duda el que se compone de carbon mineral, en gruesas piedras y en ladrillo. Es muy pesada su arquitectura, y habrá costado trabajo el construirle. La base de los lados del arco figura una bocamina: el arco del centro redondo y el remate una cornisa lisa, sobre la que hay una alegoría á la «Paz.» En los frentes, costados y laterales de ese negro arco, se destacan tarjetones rodeados de flámulas y banderas, con los nombres de ilustres asturianos como Jovellanos y Uria, ó de notables hombres de ciencia y trabajo como Schulz, autor de una carta geográfica de Astúrias; Elorza, distinguido jefe de artillería y director de la fábrica de Trubia; y M. Paillette, director de la metalúrgica de Miéres, que lo fueron, y casi las fundaron; ó con los nombres de las minas que dieron su contingente de carbon; ó, en fin, con los de «Trabajo, Industria y Comercio.»

Figura 144. *Diario La Iberia. 19 de julio de 1877.* Imagen procedente de los fondos de la Biblioteca Nacional de España bajo licencia CC-BY 4.0 o equivalente.

En el relato, *Petra* visita uno de ellos:

«La Marquesa, Visitación, Obdulia, doña Petronila y otras amigas que habían hecho compañía a la Regenta mientras duró el mal tiempo, ahora la visitaban cada dos o tres días y las visitas eran breves. Hacía un sol hermoso, días azules, sin una nube en el cielo; había que aprovechar el buen tiempo; era la época del año en que Vetusta se anima un poco: había teatro, paseos concurridos, con música, forasteros... una exposición de minerales. Hasta Petra pidió una tarde permiso a la señora para ir a ver un arco de carbón que habían construido...» (*La Regenta* II. Capítulo XXI, pág. 252).

Los dos arcos construidos con motivo de la breve visita real a Oviedo, no parece que fueran del gusto de los ovetenses, según cuenta el corresponsal de *la Iberia* en esta crónica.

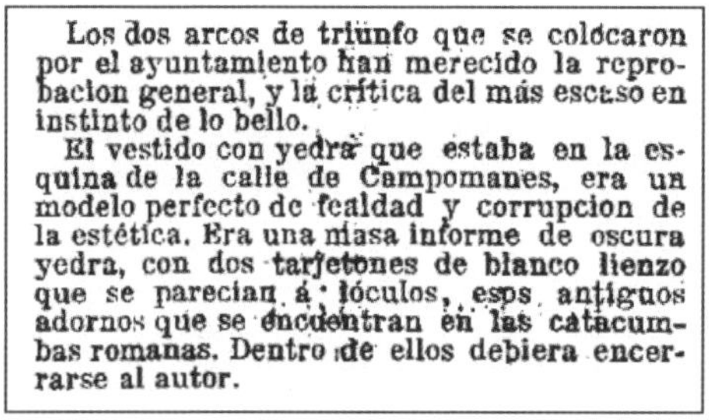

Los dos arcos de triunfo que se colócaron por el ayuntamiento han merecido la reprobacion general, y la crítica del más escaso en instinto de lo bello.

El vestido con yedra que estaba en la esquina de la calle de Campomanes, era un modelo perfecto de fealdad y corrupcion de la estética. Era una masa informe de oscura yedra, con dos tarjetones de blanco lienzo que se parecian á jóculos, esps. antiguos adornos que se encuentran en las catacumbas romanas. Dentro de ellos debiera encerrarse al autor.

Figura 145. *Diario La Iberia.* 18 de julio de 1877. Imagen procedente de los fondos de la Biblioteca Nacional de España bajo licencia CC-BY 4.0 o equivalente.

Figura 146. *Arco de Triunfo en honor de Isabel II-Gijón. 1858.* Colección miscelánea. Muséu del Pueblu d'Asturies.

Ana Ozores lee a santa Teresa durante su convalecencia y la embarga un profundo sentimiento religioso. Con la llegada de la primavera se ilusiona y confía en una pronta sanación.

«El balcón del gabinete daba al Parque: incorporándose en el lecho, veía detrás de los cristales las copas de algunos árboles que brillaban con la hoja nueva, rumorosa, tersa y fresca. Gorjeos de pájaros y rayos de un sol vivo, fuerte y alegre la hablaban de la vida de fuera, de la naturaleza que resucitaba, con esperanza de salud y alegría para todos» (*La Regenta* II. Capítulo XXI, pág. 253).

«Ella también iba a renacer, iba a resucitar, ¡pero a qué mundo tan diferente! ¡Cuán otra vida iba a ser de la que había sido! se preparaba a sí misma una vida de sacrificios, pero sin intermitencias de malos pensamientos y de rebelión sorda y rencorosa, una vida de buenas obras, de amor a todas las criaturas, y por consiguiente a su marido, amor en Dios y por Dios» (*La Regenta* II. Capítulo XXI, pág. 253).

Una vez recuperada, escribe una carta al *Magistral* hablando de sus buenos propósitos. Este se ve profundamente halagado. Aunque a finales de mayo suben las temperaturas, las mañanas son frescas y se forma rocío. De nuevo *Clarín* nos muestra un amanecer con nubes rosadas.

> «Al día siguiente de recibir la carta, muy temprano, el Magistral salió de casa, fue al Paseo Grande, buscó un lugar retirado en los jardines que lo rodean; y sin más compañía que los pájaros locos de alegría, y las flores que hacían su tocado lavándose con rocío, volvió a leer aquellos pliegos en que Ana le mandaba el corazón desleído en retórica mística. Ya casi sabía de memoria algunos párrafos de los que le parecían más interesantes y para él más halagüeños; y como la alegría le inundaba el corazón, se sentía hecho un chiquillo aquella mañana sonrosada de un día de fines de Mayo, nublado, fresco, antes de que el sol rasgara el toldo blanquecino con tonos de rosa que cubría la lontananza por Oriente» (*La Regenta* II. Capítulo XXI, págs. 256-257).

El *Magistral* se siente eufórico, la primavera contribuye a su felicidad.

> «la dicha presente; aquella que gozaba en una mañana de Mayo cerca de Junio, contento de vivir, amigo del campo, de los pájaros, con deseos de beber rocío, de oler las rosas que formaban guirnaldas en las enramadas, de abrir los capullos turgentes y morder los estambres ocultos y encogidos en su cuna de pétalos. El Magistral arrancó un botón de rosa; con miedo de ser visto; sintió placer de niño con el contacto fresco del rocío que cubría aquel huevecillo de rosal; como no olía a nada más que a juventud y frescura, los sentidos no aplacaban sus deseos, que eran ansias de morder, de gozar con el gusto, de escudriñar misterios naturales debajo de aquellas capas de raso…» (*La Regenta* II. Capítulo XXI, págs. 261 y 263).

Después de leer la carta, *El Magistral* acude a la *Catedral*, en cuyo interior la temperatura era agradable.

> «Hacía un fresco agradable en la iglesia y el olor de humedad mezclado con el de la cera le parecía fino, misteriosamente simbólico y a su modo voluptuoso» (*La Regenta* II. Capítulo XXI, pág. 264).

Posteriormente acude a la iglesia de *Santa María la Blanca*. *Clarín* emplea un símil meteorológico.

> «Cuando De Pas entró en el templo hubo un murmullo en los bancos de la plataforma, semejante al rumor de una ráfaga que rueda sobre las copas de los árboles» (*La Regenta* II. Capítulo XXI, pág. 264).

Durante su convalecencia, *Ana Ozores* tuvo experiencias místicas. Su esposo, alarmado, acudía a la alcoba silenciosamente, temeroso de que su esposa entrase en trance: «A dos cosas tenía horror: al magnetismo y al éxtasis». La tormenta, espectacular manifestación de las fuerzas de la naturaleza, es una obra divina para los creyentes.

«A dos cosas tenía horror: al magnetismo y al éxtasis. ¡Ni electricidad ni misticismo! Una vez le había dado una bofetada a un chusco que le había cogido por la levita, en el gabinete de física de la Universidad, para hacerle entrar en una corriente eléctrica. Don Víctor había sentido la sacudida, pero acto continuo ¡zas! había santiguado al gracioso. El magnetismo, en que creía, (aunque estaba en mantillas, según él, esta ciencia) le asustaba también; y en cuanto a ver a su Divina Majestad, o figurársele, le parecía emoción superior a sus fuerzas. «Yo no necesito de eso para creer en la Providencia. Me basta con una buena tronada para reconocer que hay un más allá y un Juez Supremo. Al que no le convence un rayo, no le convence nada» (*La Regenta* II. Capítulo XXI, pág. 275).

La anterior cita, podría estar inspirada en una experiencia personal de *Clarín* en su etapa de estudiante en el Instituto de Oviedo. En aquella época los institutos disponían de un Gabinete de Física y Química dotado de numerosos instrumentos científicos, donde los alumnos realizaban prácticas de electricidad y electromagnetismo, no exentas de algún percance si no se tomaban las debidas precauciones. Probablemente la sacudida eléctrica que refiere *Clarín* se produjera al experimentar con una bobina de inducción o de *Ruhmkorff*, especie de transformador que genera pulsos de alta tensión. Otro instrumento habitual era el condensador *Aepimus,* que inspiró el poema *Amor y Física* de tan aplicado alumno, publicado en en el número 9, de 21 de junio de 1868, de su semanario humorístico *Juan Ruiz,* que «sale todos los domingos si hace sol y si no lo hace»:

AMOR Y FÍSICA

Voy a contarte por <u>Física</u>,
<u>Sirena</u> de mis ensueños,
de amor el <u>calor latente</u>
que está quemándome el pecho.
Era una tarde que <u>cúmulos</u>
cruzaban el calmo cielo,
y ya el <u>rocío</u> las plantas
iba de plata cubriendo,
cuando tu imagen divina
transmitió el <u>éter</u> al <u>nervio</u>
<u>óptico</u> y de aquel instante
no soy <u>miope</u>, soy ciego.
Más tarde un dulce <u>sonido</u>
<u>intenso</u> vibró en mi pecho;
partió de tu bella <u>tráquea</u>
a mi <u>pabellón</u> grosero.
No tus desdenes me matan,
con una <u>ley</u> me consuelo,
y es que a tu pesar, querida
nos estamos <u>atrayendo</u>;
la <u>atracción molecular</u>

al fin y al cabo es un hecho.
Aunque me llames <u>fenómeno</u>
yo no me irrito por eso,
porque es fenómeno todo
lo que en el mundo estás viendo.
Cuando con tu madre vamos
juntos los dos a paseo
aunque contigo no <u>roce</u>
porque tu madre va en medio
no creas por eso que
la <u>electricidad</u> perdemos,
tú tienes la <u>negativa</u>,
yo la <u>positiva</u> tengo,
tu madre sirve de <u>lámina</u>
para el preciso <u>intermedio</u>,
de modo que así formamos
un <u>condensador de Aepimus</u>.
Le <u>cargas</u> con tus miradas,
pero le <u>descargas</u> luego
de una manera <u>instantánea</u>
con tus desaires tan fieros.

De la amorosa corriente
un galvanómetro encuentro
en mi corazón que late
según el fluido es de intenso.
Una pila termo-eléctrica
puede llamarse tu pecho
por el desigual calórico
de su ser heterogéneo.
De modo que entre tú y yo
una teoría hacemos
de ese incoercible fluido
que lleva el nombre de eléctrico.
Si acaso tú me desdeñas
porque piensas que otro objeto
en mi corazón se alberga,
mira que ya estás tú dentro
y que el ser impenetrables
es propiedad de los cuerpos.
Si a este poderoso agente
de amor correspondes,
quiero que al momento me lo digas
por conducto del telégrafo,
que aunque de señales sea
es escribiente en mi pecho;
si paso cabe tus rejas
tira un billete que luego,
la gravedad a mis manos
se encargará de traerlo.
Me voy a hacer tiempo a casa
¡qué despacio andará el péndulo!
¿Cómo hacerle estar isócrono

con mis ardientes deseos?
Será aberración acaso
la esperanza que sustento,
pero si sale fallida
me convertiré en espectro.
Adiós, foco de mis ansias,
poderoso par magnético,
adiós, bobina de cobre
(aunque no muerdes el dedo).
Adiós huevo luminoso
(¡quién se comiera ese huevo!),
termómetro de mi alma
(que está a ciento sobre cero).
Adiós iris de esperanza,
aurora de mis ensueños,
origen de este calórico
que está abrasándome el cuerpo,
que una mezcla frigorífica
a voces está pidiendo.
Adiós, Sirena, y si acaso
no has comprendido mis términos,
te digo en plata que te amo,
que me ames también deseo,
que dentro de unos instantes
por la respuesta aquí vuelvo,
y por fin que me dispenses
este romance de ciego.
Salve, Fenaquistiscopio.
Te adora tu
Galileo.

Figura 147. *Bobina de Ruhmkorff. La electricidad y sus principales aplicaciones (1881)* - Rodríguez y Largo, Bernardo, m.1900. Imagen procedente de la Biblioteca digital JCY, bajo licencia CC0 1.0 Universal (dominio público).

Volviendo al relato, *Ana Ozores* tiene el propósito de reconvertir a su esposo y que recupere la fe cristiana. Le recomienda leer el *Kempis* (así se conocía a la obra *La imitación de Cristo*, publicada en el siglo XV por el canónigo agustino Tomás de Kempis). Comenzaba el verano y con ello el calor propio de la estación.

> «Y entre *Kempis* y la Regenta, y el calor que empezaba a molestarle, y la prohibición de los baños le quitaron el humor al digno magistrado» (*La Regenta* II. Capítulo XXI, pág. 282).

Al día siguiente de marchar *Álvaro Mesía,* a mediados del mes de julio, el calor era notable, con una temperatura máxima en torno a 30 ºC (en promedio, solo se superan los 30 ºC en Oviedo 3 o 4 días al año, tomando el periodo de referencia 1991-2020). Para *Ana,* «la tierra ardía»:

> «Hacía mucho calor. Ni debajo del toldo espeso de los castaños de Indias, ahora cargados de anchas hojas y penachos blancos, podía Ana respirar una ráfaga de aire fresco. Su pensamiento quería elevarse, volar al cielo, pero el calor, de unos 30 grados, que en Vetusta es mucho, le derretía las alas al pensamiento y caía en la tierra, que ardía, en concepto de Ana» (*La Regenta* II. Capítulo XXI, pág. 288).

Ana Ozores recibe la visita de su amiga *Visitación. Clarín* emplea en sentido figurado el término meteorológico *torbellino* o *remolino de viento.*

> «Y para que no se le antojase volar más en toda la tarde, se presentó en el parque Visitación Olías de Cuervo, a quien el verano sentaba bien, y dejaba lucir trajes de percal fantásticos y baratos. Venía alegre, vaporosa, y con las apariencias de un torbellino; daba gana de cerrar los ojos al verla acercarse» (*La Regenta* II. Capítulo XXI, pág. 288).

La sensación térmica es un concepto relativo, depende fundamentalmente de la temperatura, pero influyen otros factores ambientales como el viento o la humedad, y factores biológicos y fisiológicos como la edad, peso, regulación del sudor, etc.; pero indudablemente, durante el verano, se producen episodios de calor. En Oviedo la temperatura de 30 grados Celsius es elevada, y la sensación térmica es de notable calor, especialmente si la humedad también es elevada, pero ese valor aún se encuentra lejos del umbral de aviso amarillo del actual Plan Nacional de Predicción y Vigilancia de Fenómenos Meteorológicos Adversos (Meteoalerta), establecido en 34 ºC para la zona Central y Valles Mineros de Asturias.

El mes más cálido en Oviedo es agosto, seguido muy de cerca por julio. A finales del siglo XIX, la temperatura media de las máximas en agosto era de 22,2 ºC, y de 21,7 C en julio. El día más caluroso del verano de 1884 fue el 23 de julio, en que se alcanzaron 32,0 ºC. La situación sinóptica estaba determinada por una baja térmica en la Península, como vemos en el reanálisis de superficie de ese día.

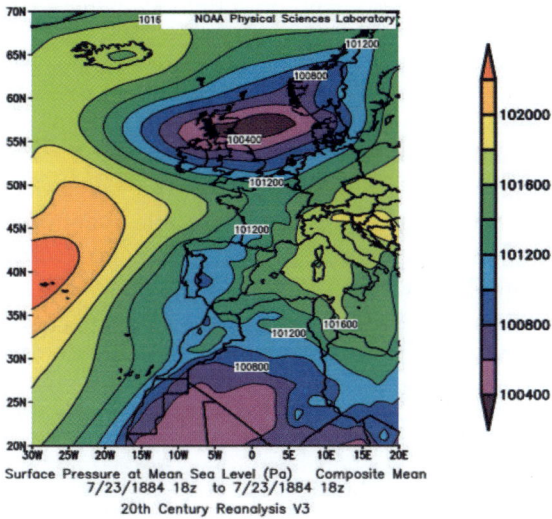

Figura 148. *Reanálisis de presión reducida al nivel del mar (Pa) del 23 de julio de 1884 a las 18 UTC (Pa).*
Fuente 20th Century Reanalysis v3. NOAA. NOAA/OAR/PSL, Boulder, Colorado, USA, https://psl.noaa.gov/

Como indica *Clarín*, una máxima de 30 ºC es «mucho calor», poco frecuente en aquella época pero cada vez más habitual: el año 2022 fue el año con mayor número de días de olas de calor en España, distribuidos en 3 episodios. En Oviedo, 12 días igualaron o superaron los 30 ºC de máxima en el Observatorio de Oviedo y el 17 de julio se registraron 39,1 ºC, valor que fue ampliamente superado, suponiendo un récord de temperatura máxima para este observatorio, el 15 de agosto de 2025, en el que se alcanzaron 41,2 ºC.

Volviendo al relato*, Visitación* advierte a *Ana Ozores* que *Mesía* va a pasar el verano con una amante y se marcha. *Clarín* emplea con frecuencia términos marinos en sus comparanzas, símiles y metáforas, como la *marejada* (movimiento moderado de olas de 0,5 a 1,25 m de altura).

> «Se marchó, como la marejada que se retira» (*La Regenta* II. Capítulo XXI, pág. 289).

Ana siente celos, pero se reafirma en no cometer adulterio. De nuevo aparece en la novela la interpretación mística del cielo y las nubes.

> «—Tú vencerás, Dios mío, tú vencerás —exclamó en voz alta, hablando con las nubecillas rosadas que imitaban en el cielo las olas del mar en calma» (*La Regenta* II. Capítulo XXI, pág. 290).

En agosto, las mañanas comienzan a ser más frescas, y aparece el rocío con más frecuencia*. El Magistral* y *la Regenta* se encuentran asiduamente.

> «—¡Usted nunca me habla de sí mismo! —le decía Ana con tono de reconvención, una mañana de Agosto, en el parque, metiéndole una

rosa de Alejandría, muy grande, muy olorosa, por la boca y por los ojos. Estaban solos…» (*La Regenta* II. Capítulo XXI, pág. 291).

«El Magistral con la cara llena del rocío de la flor y el corazón más fresco todavía, contestó

—¿Hablarle de mí mismo? ¡Para qué! » (*La Regenta* II. Capítulo XXI, pág. 291).

El Magistral rechaza la idea de una posible aventura con *la Regenta*, que transforme su amor espiritual en un amor sacrílego. *Clarín* menciona los huracanes en sentido figurado.

«Ya sabía él lo que era esto. Una locura grosera de algunos meses. Después un dejo de remordimiento mezclado de asco de sí mismo; verse despreciable, bajo, insufrible; y después ira y orgullo, y ambición vulgar y huracanes en la Curia eclesiástica» (*La Regenta* II. Capítulo XXI, págs. 293-294).

El tiempo desapacible influye en nuestro ánimo, pero el tiempo seco y caluroso también lo puede hacer negativamente, en especial cuando el excesivo calor nocturno impide alcanzar el confort térmico necesario para conciliar el sueño. Las temperaturas elevadas y los periodos secos durante el verano disminuyen la humedad del suelo. Aquel verano *don Víctor* se aburría, no encontraba consuelo:

«Don Víctor estaba cada día más triste. Por una parte aquel dolor de atrición, aquel miedo a no salvarse a pesar de ser tan bueno, de no haber hecho mal a nadie; por otro lado, el calor, aquel sudor continuo, aquellas noches sin dormir... la soledad de Vetusta... la yerba agostada del Paseo grande, la falta de espectáculos...«Y además que nadie le comprendía. Frígilis era un estuco: en tratándose de cosas espirituales ya se sabía que no había que contar con él. Ni el verano le sofocaba, ni el invierno le encogía: era un marmolillo. Y a su mujer y al Magistral el estío de Vetusta, aquella tristeza de calles y paseos no les disgustaba.» Iba don Víctor al Casino: ni un alma» (*La Regenta* II. Capítulo XXI, pág. 294).

«Vetusta era un pueblo moribundo. Aquella misma verdura de los árboles, tan desnudos en invierno, era bien venida en primavera, pero causaba ahora hastío: casi se deseaba la rama escueta, que tiene mejor dibujo». Hasta era capaz de hacerse artista de veras don Víctor a fuerza de triste y aburrido» (*La Regenta* II. Capítulo XXI, págs. 294-295).

Aunque el verano meteorológico comprende los meses de junio, julio y agosto, solo los dos últimos se pueden considerar realmente como calurosos en Oviedo (temperaturas medias mensuales de 16,9 °C, 18,8 °C y 19,3 °C respectivamente en el periodo de referencia 1991-2020).

«Durante los meses del calor disminuían bastante las limosnas, pero se hablaba mucho en las cofradías, preparando las fiestas de Otoño y de Invierno; y además, se murmuraba un poco de las ausentes» (*La Regenta* II. Capítulo XXI, pág. 295).

Figura 149. *Elegantes y mendigos*. 1904. Evaristo Valle (Gijón, 1873-1951). Fundación Museo Evaristo Valle.

En el capítulo XXII finaliza el primer año del relato. Los veraneantes vuelven y se reencuentran con los que no han salido. *Clarín* refiere de nuevo «el invierno sin fin».

> «La animación de Vetusta renacía en cabildo, cofradías, casinos, calles y paseos cuando los del veraneo empezaban a aparecer. Las amistades falsas, gastadas hasta hacerse insoportables durante el común aburrimiento de un invierno sin fin, ahora se renovaban; los que volvían encontraban gracia y talento en los que habían quedado y viceversa; todos reían los chistes y las picardías de todos» (*La Regenta* II. Capítulo XXII, pág. 299).

Tras el verano la ciudad recupera la actividad y con ello vuelven las injurias y calumnias sobre *el Magistral*, acrecentadas por la grave enfermedad de *don Santos Barinaga*, propietario de una tienda de artículos religiosos que se arruina ante la competencia desleal y el monopolio de la *Cruz Roja*, la tienda que regenta de forma encubierta la madre del *Magistral*, *doña Paula*. *Clarín* recurre a la metáfora utilizando términos marinos.

> «Creyó al principio que «su pasión noble, sublime, le levantaría cien codos sobre todas aquellas miserias», pero el oleaje de la falsa indignación pública salpicaba su alma, llegaba tan arriba como su deliquio sin nombre; y la ira le borraba del cerebro muchas veces las más puras ideas, las impresiones más dulces y risueñas» (*La Regenta* II. Capítulo XXII, pág. 307).

Doña Paula teme que su hijo caiga en desgracia. *Clarín* emplea una metáfora, refiriendo una tormenta en el mar. Cuando un temporal hace la nave ingobernable, se recomienda navegar a «palo seco», es decir, «arriar o recoger las velas». Fuera del ámbito marino, «recoger velas» significa «contenerse, moderarse, ir desistiendo de un propósito».

«Y en casa, doña Paula ceñuda, silenciosa, desconfiada, preparándose para una tormenta, recogiendo velas, es decir, dinero, realizando cuanto podía, cobrando deudas, con fiebre de deshacerse de los géneros de *La Cruz Roja*. «No parecía sino que se preparaba una liquidación» (*La Regenta* II. Capítulo XXI, pág. 308).

Álvaro Mesía también vuelve tras el lapso estival. *Ana* se siente atraída por *Álvaro*, pero sigue resistiendo la tentación y evita confesar sus sentimientos al *Magistral*. *Clarín* recurre a una metáfora meteorológica:

«Pero siguió callando el tormento de la tentación. Arma poderosa para combatirla fue la ardiente caridad con que la Regenta se consagró a defender y consolar a De Pas cuando sus enemigos desataron contra él los huracanes de la injuria, que Ana creía de todo en todo calumniosa» (*La Regenta* II. Capítulo XXII, pág. 313).

El *Sr. Foja*, uno de los hostigadores del *Magistral*, trata de aprovechar el declive de *don Santos*, que arruinado y desesperado acaba alcoholizándose, mediante arengas en el *Casino*. *Clarín* emplea de nuevo un símil marino refiriendo la marea.

«El pobre don Santos Barinaga, víctima del monopolio escandaloso de *La Cruz Roja*, muere de hambre en los desiertos almacenes donde un tiempo brillaban los vasos sagrados, patenas y copones, lámparas y candeleros con otros cien objetos del culto; muere en aquel rincón y muere de inanición, señores, por culpa del simoniaco que todos conocemos: muere, sí, morirá; pero el que se burla con artificios de nuestro código mercantil y de las leyes de la Iglesia, comerciando a pesar de ser sacerdote; el que mata de hambre al pobre ciudadano señor Barinaga, ¡ese no se gozará en su obra mucho tiempo, porque la indignación pública sube, sube, como la marea... y acabará por tragarse al tirano...!» (*La Regenta* II. Capítulo XXII, págs. 314-315).

Don Santos Barinaga yace enfermo en la cama, cada vez más débil, pero con suficiente energía para espantar la visita caritativa de *doña Petronila* y *don Custodio* (clérigo con cargo de beneficiado), *con una interjección meteorológica:*

«—¡Rayos y truenos! fuera de mi casa... ¿No tiene usted una escoba, don Pompeyo? Fuego en ellas... infames... ¿y no anda ahí un cura también?» (*La Regenta* II. Capítulo XXII, pág. 318).

El tiempo avanza rápidamente y nos encontramos ya en el mes de diciembre. El frío contribuye al grave deterioro de la salud de *don Santos*.

«La enfermedad se agravó con las fuertes heladas con que terminó aquel año noviembre» (*La Regenta* II. Capítulo XXII, pág. 320).

El mes de diciembre de 1883 fue excepcionalmente frío. La temperatura media de las mínimas fue de 1,1 °C (el valor de referencia en el periodo 1871-1900 es de 3,9 °C). Tan solo 15 días del mes tuvieron mínimas superiores a 0 °C, siendo la temperatura mínima registrada -2,5 °C el día 21.

Don Santos fallece el 9 de diciembre, el día siguiente a la festividad de la Inmaculada Concepción. *Clarín* describe el tiempo: templado, húmedo y con niebla.

Figura 150. *La Regenta*. Ed. Daniel Cortezo y Cª. 1884-1885. Ilustración Juan Llimona. Grabados Enrique Gómez Polo, pág. Imagen procedente de la Biblioteca Nacional de España bajo una licencia de Reconocimiento CC-BY 4.0 o equivalente.

«Murió al amanecer.

Las nieblas de Corfín dormían todavía sobre los tejados y a lo largo de las calles de Vetusta. La mañana estaba templada y húmeda. La luz cenicienta penetraba por todas las rendijas como un polvo pegajoso y sucio. Don Pompeyo había pasado la noche al lado del moribundo, solo, completamente solo, porque no había de contarse un perro faldero que se moría de viejo sin salir jamás de casa. Abrió Guimarán el balcón de par en par; una ráfaga húmeda sacudió la cortina de percal y la triste luz del día de plomo cayó sobre la palidez del cadáver tibio» (*La Regenta* II. Capítulo XXII, pág. 332).

El entierro fue al atardecer, bajo una lluvia débil, probablemente asociada a una tormenta lejana. *Clarín* recurre a una metáfora con términos marinos, refiriendo el oleaje.

«Llovía. Caían hilos de agua perezosa, diagonales, sutiles.

La calle se cubrió de paraguas. El Magistral, que espiaba detrás de las vidrieras de su despacho, vio un fondo negro y pardo; y de repente, como si se alzase sobre un pavés, apareció por encima de todo una caja negra, estrecha y larga, que al salir de la tienda se inclinó hacia adelante y se detuvo como vacilando. Era don Santos que salía por última vez de su casa. Parecía dudar entre desafiar el agua o volver a su vivienda. Salió; se perdió el ataúd entre el oleaje de seda y percal oscuro» (*La Regenta* II. Capítulo XXII, pág. 334).

Conforme avanzaba la comitiva hacia el cementerio, la lluvia se intensifica y se transforma en fuerte chubasco, por la proximidad de la tormenta.

«La lluvia empezó a caer perpendicular, pero en gotas mayores, los paraguas retumbaban con estrépito lúgubre y chorreaban por todas sus varillas. Los balcones se abrían y cerraban, cuajados de cabezas de curiosos» (*La Regenta* II. Capítulo XXII, pág. 335).

Figura 151.*Tormenta eléctrica sobre Gualeguaychú, Entre Ríos, Argentina.* Fotografía tomada por Emilio Kuffer durante un viaje por la provincia en enero de 2017. Publicada en Flickr, bajo licencia Creative Commons Atribución-NoComercial 2.0 Genérica (CC BY-NC 2.0).

Los chubascos intensos y tormentas a menudo están acompañados de viento racheado. *Clarín* utiliza una metáfora para referirse al *cumulonimbus*, la nube de tormenta (argumento ya utilizado en *El diablo en Semana Santa*).

«El entierro dejó atrás la calle principal de la Colonia, que estaba convertida en un lodazal de un kilómetro de largo, y empezó a subir la cuesta que terminaba en el cementerio. El agua volvía a azotar a los del duelo en diagonales, que el viento hacía penetrar por debajo de los paraguas. Llovía a latigazos. Una nube negra, en forma de pájaro monstruoso, cubría toda la ciudad y lanzaba sobre el duelo aquel chaparrón furioso. Parecía que los arrojaba de Vetusta, silbándoles con las fauces del viento que soplaba por la espalda» (*La Regenta* II. Capítulo XXII, pág. 336).

Clarín continúa el relato con la descripción de las condiciones meteorológicas, no exento de ironía. También nos muestra su preocupación por la humedad en los pies, quizás precursora de la enfermedad y muerte de *don Pompeyo Guimarán* (también se trata de un argumento ya empleado en *Mi entierro*).

«Algunos se permitían decir chistes alusivos a la tormenta. En el duelo había más circunspección, pero todos convenían en la necesidad de apretar el paso.

Aquel furor de los elementos despertó muchas preocupaciones taciturnas.

Don Pompeyo llevaba los pies encharcados, y era sabido que la humedad le hacía mucho daño, le ponía nervioso y con esto se le achicaba el ánimo.

«No hay Dios, es claro, iba pensando, pero si le hubiera, podría creerse que nos está dando azotes con estos diablos de aguaceros» (*La Regenta* II. Capítulo XXII, pág. 336).

Figuras 152 y 153. (izqda.) *La Regenta*. Ed. Daniel Cortezo y Cª. 1884-1885. (pág. 287-II) Ilustración Juan Llimona. Grabados Enrique Gómez Polo. pág. 287. Imagen procedente de los fondos de la Biblioteca Nacional de España bajo licencia CC-BY 4.0 o equivalente. (dcha.) *Entierro*. L'Agüeria de san Xuan (Mieres). Marzo 1957. Julio León Costales. Muséu del Pueblu d'Asturies.

El cielo cubierto y la lluvia reducen la visibilidad, el viento balancea los árboles.

«Llegaron a lo alto, a la cima de aquella loma. La tapia del cementerio se destacaba en la claridad plomiza del cielo como una faja negra del horizonte. No se veía nada distintamente. Los cipreses, detrás de la tapia, se balanceaban, parecían fantasmas que se hablaban al oído, tramando algo contra los atrevidos que se acercaban a turbar la paz del camposanto» (*La Regenta* II. Capítulo XXII, pág. 337).

De nuevo aparece el lenguaje metafórico con términos meteorológicos.

«El duelo se despidió sin ceremonia; a latigazos lo despedía el viento con disciplinas de agua helada» (*La Regenta* II. Capítulo XXII, pág. 337).

La lluvia, una vez finalizado el entierro, cesa bruscamente.

«Un escalofrío sacudió el cuerpo de Guimarán. Se abrochó. «Había sido otra imprudencia venir sin capa».

Entonces sintió que no sentía ya el agua... «Era que ya no llovía» (*La Regenta* II. Capítulo XXII, pág. 338).

El tiempo avanza en el relato y la noche del 24 de diciembre, *Ana Ozores* asiste a la Misa del Gallo. *Clarín* utiliza de nuevo la expresión *oir llover*. Comienza el capítulo XXIII.

> «El órgano, como si hubiera oído llover, en cuanto terminó el presuntuoso Arcediano, soltó el trapo, abrió todos sus agujeros, y volvió a regar la catedral con chorritos de canciones alegres, el fuelle parecía soplar en una fragua de la que salían chispas de música retozona; ahora tocaba como las gaitas del país, imitando el modo tosco e incorrecto con que el gaitero jurado del Ayuntamiento interpretaba el brindis de la Traviata y el Miserere del Trovador» (*La Regenta* II. Capítulo XXIII, págs. 342-343).

La iglesia estaba atiborrada de gente. El hijo de los *marqueses de Vegallana* aprovecha el gentío para acercarse a su prima, a la que estaba cortejando. *Clarín* recurre a la metáfora, citando el oleaje del mar.

> «Paco Vegallana, cerca de Visitación, fingía resistir la fuerza anónima que le arrojaba, como un oleaje, sobre su prima Edelmira. La joven, roja como una cereza, con los ojos en un san José de su devocionario y el alma en los movimientos de su primo, procuraba huir de la valla del centro contra la cual amenazaban aplastarla aquellas olas humanas, que allí en lo oscuro imitaban las del mar batiendo un peñasco, en la negrura de su sombra» (*La Regenta* II. Capítulo XXIII, pág. 345).

Don Pompeyo, el ateo de Vetusta, tras beber y cenar con otros miembros del *Casino*, en un momento de euforia colectiva, acude a la *Catedral* en contra de su voluntad. Era una noche fría.

> «Había protestado, había querido marcharse, pero no le dejaron, y él tampoco se atrevía a buscar solo su casa; y en la calle hacía frío» (*La Regenta* II. Capítulo XXIII, pág. 346).

Pese a la multitud que abarrotaba el templo, *la Regenta* tiene frío.

> «Cuando Ana procuró sacudir, moviendo la cabeza, aquellas imágenes importunas y pecaminosas, el templo iba quedándose vacío. Tuvo ella frío y casi casi miedo a la sombra de un confesonario en que se apoyaba» (*La Regenta* II. Capítulo XXIII, pág. 348).

Más tarde, ya en su casa, sigue sintiendo frío.

> «Ana se vio en su tocador en una soledad que la asustaba y daba frío...» (*La Regenta* II. Capítulo XXIII, pág. 351).

Ana se dirige a la alcoba de su esposo y oye su voz como si estuviera hablando con alguien. Sin ser vista, por el intersticio que dejaba la puerta entornada, observa a su marido leyendo en el lecho y declamando en voz baja, tocado con un gorro, ya que tenía frío.

> «no usaba gorro de dormir don Víctor por una superstición respetable; él incapaz de sospechar de su Ana la falta más leve, huía de los

gorros de noche por una preocupación literaria. Decía que el gorro de dormir era una punta que atraía los atributos de la infidelidad conyugal. Pero aquella noche había tenido frío, y a falta de gorro de algodón o de hilo, se había cubierto con el que usaba de día, aquel gorro verde con larga borla de oro» (*La Regenta* II. Capítulo XXIII, págs. 351-352).

Clarín utiliza la metáfora, empleando un término marino.

«quería palabras dulces, intimidad cordial, el calor de la familia... algo más, aunque la avergonzaba vagamente el quererlo, quería... no sabía qué... a que tenía derecho... y encontraba a su marido declamando de medio cuerpo arriba, como muñeco de resortes que salta en una caja de sorpresa... La ola de la indignación subió al rostro de la Regenta y lo cubrió de llamas rojas» (*La Regenta* II. Capítulo XXIII, págs. 352-353).

Ana se retira a su cuarto, absorta en sus pensamientos; son las dos de la madrugada y siente frío, aunque realmente no estaba abrigada.

«Una campanada del reloj del comedor la despertó de aquella somnolencia de fiebre; tembló de frío y a tientas otra vez, el cabello por la espalda, la bata desceñida, y abierta por el pecho, llegó Ana a su tocador» (*La Regenta* II. Capítulo XXIII, pág. 353).

Al día siguiente *Ana* acude a la misa de Navidad de la *Catedral*, *Clarín* utiliza el símil, refiriendo un carámbano[25] para transmitir la sensación de frío.

«Apoyada la cabeza en la valla dorada, fría como un carámbano, la Regenta estuvo oyendo misa desde lejos, rezando oraciones que no terminaban y soñando despierta hasta que concluyó el coro» (*La Regenta* II. Capítulo XXIII, pág. 356).

El término carámbano también lo utiliza *Clarín* en sentido figurado en la primera parte de la novela:

«sí, ella le pondría a raya helándole con una mirada... Y pensando en convertir en carámbano a don Álvaro Mesía, mientras él se obstinaba en ser de fuego, se quedó dormida dulcemente» (*La Regenta* I, capítulo III, pág. 237)

Figura 154. *Pajares*. Francisco Ruiz Tilve (FF). Muséu del Pueblu d'Asturies.

---

[25] Un carámbano es un pedazo de hielo más o menos largo y puntiagudo, generalmente resultado de la congelación casi instantánea de la nieve fundida que escurre de los tejados.

El tiempo transcurre rápidamente, nos encontramos en el mes de febrero o principios de marzo del segundo año del relato (el lunes de carnaval, aunque se celebra 41 días antes que el Domingo de Ramos, se trata de una fecha variable cada año). Comienza el capítulo XXIV. Es lunes de carnaval (en 1883 coincidió con el 5 de febrero y en 1884 con el 25 de febrero) y se celebra baile en el *Casino*, al que asiste *la Regenta*. También acude *don Saturno*, vestido con frac, dando muestras de cierta timidez al entrar en el salón. *Clarín* recurre a la metáfora empleando términos de navegación marítima.

«Saturno entra en el salón, saludando a diestro y siniestro, y aunque parece que su propósito es enterarse de quién está allí, en el *fuero interno* bien sabe él que lo que busca es un rincón de un diván o una silla, que le sirva de puerto en aquella arriesgada navegación por los mares del gran mundo. Pero poco a poco se acostumbra al agua, es decir, al salón, y ya está allí muy tranquilo, y baila y dice galanterías en unos párrafos tan largos y complicados, que nadie se los agradece» (*La Regenta* II. Capítulo XXIV, págs. 370 y 372).

Al día siguiente, martes de Carnaval, *el Magistral* recibe una noticia inesperada que le causa gran decepción, dando comienzo el capítulo XXV. Durante el baile de Carnaval, *Ana Ozores* se había desmayado en brazos de *Álvaro Mesía*. *El Magistral* rápidamente llama a *Ana* y se encuentran en casa de *doña Petronila*. *El Magistral* se siente traicionado y herido en el alma, discuten acaloradamente y se marcha sin despedirse. *Ana* vuelve a su casa, lucía el sol, «aquel sol de febrero, promesa de primavera», que ilumina el taller de carpintería de su esposo. En los meses de febrero y marzo los días de buen tiempo son escasos, pero contribuyen a mejorar el estado anímico.

Figura 155. *La Regenta*. Ed. Daniel Cortezo y Cª. 1884-1885. (pág.349) Ilustración Juan Llimona. Grabados Enrique Gómez Polo, pág. 349. Imagen procedente de los fondos de la Biblioteca Nacional de España bajo licencia CC-BY 4.0 o equivalente.

«El sol llegaba a los pies de Quintanar arrancando chispas de los abalorios y cinta dorada de las babuchas semi-turcas. El carpintero silbaba, el tordo, el mejor tordo de la provincia, que Quintanar llevaba de habitación en habitación, silbaba también colgada de un alambre su jaula. Ana contempló en silencio a su marido. «¡Era su padre! ¡Le quería como a su padre! Hasta se parecía un poco a don Carlos. Aquel sol de Febrero, promesa de primavera; aquel ambiente fresco que convidaba a la actividad, al movimiento; aquellos martillazos, aquellos silbidos, aquellas nubecillas ligeras que cruzaban el cuadrado azul a que servía de marco el alero del tejado... todo aquello edificaba» (*La Regenta* II. Capítulo XXV, pág. 393).

Álvaro Mesía necesitaba recuperarse de los excesos realizados durante el verano, así que decidió llevar una vida sana. Sus teorías de seducción se basaban en una curiosa fórmula matemática. *Clarín*, como buen profesor, a modo de paráfrasis, muestra un ejemplo para su mejor comprensión.

> «Además, quería él prepararse para la campaña. Estaba debilucho. Aquel verano en Palomares había hecho una especie de bancarrota de salud. La señora ministra había amado mucho. Estas exageraciones de las mujeres vencidas siempre estaban en razón directa del cuadrado de las distancias. Es decir, que cuanto más lejos estaba una mujer del vicio, más exagerada era cuando llegaba a caer. La Regenta, si caía iba a ser exageradísima». Y se preparaba Mesía. Leyó libros de higiene, hizo gimnasia de salón, paseó mucho a caballo. Y se negó a acompañar a Paco Vegallana en sus aventurillas fáciles y pagaderas a la vista. «El diablo harto de carne…», le decía Paco. Y don Álvaro sonreía y se acostaba temprano. Madrugaba» (*La Regenta* II. Capítulo XXV, págs. 397-398).

Don Álvaro se aplicó a la vida saludable, madrugaba y salía de paseo. En marzo los días van siendo más largos y se recibe mayor cantidad de radiación solar; si los cielos están poco nubosos o despejados se pueden alcanzar temperaturas máximas elevadas, como manifiesta *Clarín*: «Empezaba Marzo con calores de Junio». En general, estos episodios son de muy corta duración. Como bien expresa *Clarín*, es algo temporal, «después volvía el invierno». Febrero de 1884 fue un mes cálido, con temperatura media de 10,3 °C (anomalía de +1.8 °C respecto al periodo de referencia 1871-1900). Algunos días se alcanzaron casi 18 °C de máxima, pero pocos días después, el 11 de marzo, la temperatura máxima no sobrepasó los 8 °C.

> «El Paseo Grande era ya todo perfumes, frescura y cánticos al amanecer. Los pájaros, saltando de rama en rama preparaban los nidos para los huevos de Abril; se diría que eran tapiceros de la enramada que adornaban los salones del Paseo Grande para las fiestas de la primavera. Empezaba Marzo con calores de Junio; desde muy temprano calentaba y picaba el sol. Aquella primavera anticipada, frecuente en Vetusta, era una burla de la naturaleza; después volvía el invierno, como en sus mejores días, con fríos, escarchas y lluvia, lluvia interminable. Pero don Álvaro aprovechaba aquel intervalo de luz y calor, que no por efímero le agradaba menos; no era él de los que medían la felicidad por la duración; es más, no creía en la felicidad, concepto metafísico según él, creía en el placer que no se mide por el tiempo. Una mañana, en el salón principal del Paseo Grande, solitario a tales horas porque pocos confiaban en aquel anticipo de primavera, vio don Álvaro allá lejos la silueta de un clérigo» (*La Regenta* II. Capítulo XXV, pág. 398).

Mesía y el *Magistral* se encuentran durante el paseo, se saludan solo con un gesto.

«Y siguieron cada cual por su lado, pero a la mañana siguiente no volvieron al Paseo Grande ni uno ni otro. Buscaban allí contrario objeto: el Magistral paseaba mucho para gastar fuerzas inútiles; Mesía para recobrar fuerzas perdidas y que esperaba le hiciesen mucha falta dentro de poco. Cada cual se fue a pasear en adelante por sitios extraviados. Temían otro encuentro.

Pero pronto tuvieron que quedarse en casa» (*La Regenta* II. Capítulo XXV, pág. 399).

Efectivamente, tras estos episodios de tiempo apacible, vuelve a aparecer el frío y el mal tiempo. *Clarín* muestra su sarcasmo, con suma elegancia:

«Como era de esperar, el invierno volvió con todos sus rigores, riéndose a carcajadas de los incautos que se creían en

Figura 156. *Oviedo: Carretera Nueva.* Imagen procedente del archivo municipal del Ayuntamiento de Oviedo.

plena primavera. Los pájaros se escondieron en sus agujeros y rincones. Los árboles floridos padecieron los furores de la intemperie, como engalanadas damiselas que en día de campo, vestidas con percales alegres, adornos vistosos y delicados de seda y tul, se ven sorprendidas por un chubasco, al aire libre, sin albergue, sin paraguas siquiera. Las florecillas blancas y rosadas de los frutales caían muertas sobre el fango: el granizo las despedazaba; todo volvía atrás; aquel ensayo de primavera temprana había salido mal; vuelta a empezar, cada mochuelo a su olivo» (*La Regenta* II. Capítulo XXV, págs. 399-400).

Estos bruscos cambios de tiempo son habituales durante la primavera. A modo de ejemplo, el 15 de abril de 1884 la temperatura mínima descendió hasta 1,5 °C y la temperatura máxima fue de 7,5 °C, recogiéndose 15 mm de lluvia; cuando aproximadamente un mes antes, el 17 de marzo, la temperatura máxima alcanzó 21,5 °C.

Clarín recurre irónicamente al granizo como símil:

«Esto fue a la mitad de la Cuaresma. Vetusta se entregó con reduplicado fervor a sus devociones. Los jesuitas misioneros habían pasado también por allí como una granizada; las flores de amor y alegría que sembrara el carnaval las destruyeron a penitencia limpia el Padre

Maroto, un artillero retirado que predicaba a cañonazos y sacaba el Cristo, y el Padre Goberna, un melifluo padre francés que pronunciaba el castellano con la garganta y las narices y hablaba de *Gomogga* y citaba las grandezas de Nínive y de Babilonia, ya perdidas, al cabo de los años mil, como prueba de la pequeñez de las cosas humanas» (*La Regenta* II. Capítulo XXV, pág. 400).

El tiempo adverso confiere un bajo estado de ánimo a muchas personas, incluso llega a impregnar de tristeza a la ciudad.

«Ello era que Vetusta estaba metida en un puño. Entre el agua y los jesuitas la tenían triste, aprensiva, cabizbaja. El aspecto general de la naturaleza, parda, disuelta en charcos y lodazales, más que a pensar en la brevedad de la existencia convidaba a reconocer lo poco que vale el mundo. Todo parecía que iba a disolverse. El Universo, a juzgar por Vetusta y sus contornos, más que un sueño efímero, parecía una pesadilla larga, llena de imágenes sucias y pegajosas» (*La Regenta* II. Capítulo XXV, pág. 400).

De nuevo aflora la ironía clariniana.

«El Padre Goberna, que sabía dar *color local* a sus oraciones, no decía en Vetusta que no somos más que un poco de polvo, sino un poco de barro. ¿Polvo en Vetusta? Dios lo diera» (*La Regenta* II. Capítulo XXV, pág. 400).

Pertinaz, machacona, son adjetivos perfectamente aplicables a los episodios de lluvia persistente que ocurren con frecuencia en Oviedo. El mal tiempo afecta a las personas especialmente sensibles a las condiciones atmosféricas.

«El mal tiempo se llevó la resignación tranquila, perezosa de Anita Ozores. Con la lluvia pertinaz, machacona, volvieron antiguas aprensiones repentinas, protestas de la voluntad, y aquellos cardos que le pinchaban el alma. ¡Y ahora no tenía al Magistral para ayudarla!» (*La Regenta* II. Capítulo XXV, pág. 400).

Ana Ozores duda de su fe y trata de reforzarla. Acude a los templos pese al frío y la lluvia.

«Pero entonces corría a la iglesia. Saltando charcos, desafiando chaparrones iba de parroquia en parroquia, de novena en novena, y pasaba también mucho tiempo en la nave fría de algún templo a la hora en que los fieles solían dejarlos desiertos» (*La Regenta* II. Capítulo XXV, pág. 401).

En una época de gran religiosidad, sin demasiadas alternativas de ocio para el aburrimiento, el mal tiempo animaba la asistencia al culto, especialmente durante la Cuaresma.

«La lluvia, el aburrimiento, la piedad, la costumbre, trajeron su contingente respectivo al templo que estaba todas las tardes de bote en bote. No cabía un vetustense más» (*La Regenta* II. Capítulo XXV, pág. 403).

Clarín recurre de nuevo al símil meteorológico.

«Ana Ozores, cerca del presbiterio, arrodillada, recogiendo el espíritu para sumirlo en acendrada piedad, oía el rum rum lastimero del púlpito, como el rumor lejano de un aguacero acompañado por ayes del viento cogido entre puertas» (*La Regenta* II. Capítulo XXV, pág. 404).

La Novena de los Dolores, que comienza nueve días antes del viernes de Dolores (viernes anterior al domingo de Ramos), se celebró en el templo *vetustense* de *san Isidro* (tal vez la iglesia de san Isidoro de Oviedo). *Clarín* cita la lluvia en sentido figurado.

«Y después que el órgano dijo lo que tenía que decir, los fieles cantaron como coro-monstruo bien ensayado el estribillo monótono, solemne, de varias canciones que caían de arriba como lluvia de flores frescas» (*La Regenta* II. Capítulo XXV, pág. 404).

Don Pompeyo había enfermado tras la «gran mojadura» sufrida durante el entierro de *don Santos*. Así comienza el capítulo XXVI.

Figura 157. *san Isidoro*. Imagen procedente del archivo municipal del Ayuntamiento de Oviedo.

«Desde el día en que presidió el entierro de don Santos Barinaga, don Pompeyo no volvió a tener hora buena, de salud completa. Los escalofríos que le hicieron temblar en el cementerio y se repitieron, cada vez más fuertes, durante la enfermedad que siguió a la gran mojadura, volvían de cuando en cuando. Guimarán estaba triste sin cesar; aquel sol de justicia que adoraba, tenía sus eclipses y el espectáculo de la maldad ambiente desanimaba al buen ateo hasta el punto de hacerle dudar del progreso definitivo de la Humanidad» (*La Regenta* II. Capítulo XXVI, pág. 407).

Clarín refiere el «sol de justicia». Esta expresión, utilizada habitualmente cuando hace mucho calor en un día despejado, podría tener dos orígenes. Uno en referencia a los tormentos medievales que formaban parte de los juicios divinos u ordalías, y que en este caso, consistiría en exponer al reo durante días al sol abrasador para probar su inocencia; y otro bíblico: « Pero a vosotros, los que teméis mi nombre, os iluminará un sol de justicia y hallaréis salud a su sombra; saldréis y brincaréis como terneros que salen del establo» (Malaquías, 3:20).

Volviendo al relato, *don Pompeyo*, enfermo, abandona a sus amistades del *Casino*.

> «Tomó esta resolución el día de Navidad, cuando supo que por Vetusta se corría que él, don Pompeyo Guimarán, el hombre que más respetaba todos los cultos, sin creer en ninguno, había profanado la catedral oyendo borracho la Misa del gallo. Se llegó a decir que había llevado al templo, debajo de la capa, una botella de anís del mono... «¡Del mono!... ¡él... don Pompeyo…! No volvió al Casino» (*La Regenta* II. Capítulo XXVI, págs. 407-408).

El *anís del mono* es un popular licor de gran tradición que sigue fabricándose en la actualidad. Esta bebida espirituosa comenzó a comercializarse en 1870, y su icónica botella, de corte adiamantado, está inspirada en un frasco de perfume que llamó la atención de su fundador, Vicente Bosch, en una tienda de la *plaza Vendôme* de París. La botella tiene valor etnográfico, ya que produce un singular ruido al ser rascada con un objeto metálico y se utiliza como instrumento musical para cantar villancicos. Su etiqueta parece ser que está inspirada en un mono procedente de América que recibió como regalo comercial Vicente Bosch. El mono, que da nombre a la marca, se representa con cabeza humana, y porta la icónica botella en una mano y en la otra una filacteria con la frase: «Es el mejor —la ciencia lo dijo— y yo no miento».

La cabeza (con indudable parecido a Charles Darwin) y el texto de la filacteria, aluden a la teoría de la evolución (publicada por Darwin en 1859). El darwinismo, tema polémico y en auge en aquella época, se cita en varias ocasiones en *La Regenta*. Tal vez se debe a la estrecha relación de *Clarín* con el naturalismo y la influencia de su hermano Genaro, que pronunció tres conferencias sobre el darwinismo entre febrero y marzo de 1887 en el Casino de Oviedo. Uno de los personajes principales de la novela, *Frígilis,* es reconocido darwinista:

> «Frígilis, personaje darwinista que encontraremos más adelante» (*La Regenta* I. Capítulo I, pág. 168).

> «Encontraba el Arcediano, sin haber leído a Darwin» (*La Regenta* I. Capítulo II, pág.195).

> «que Frígilis sabía tanto de darwinismo como él de herrar moscas» *(La Regenta* II. Capítulo XIX, pág. 177).

> «—Y quien anda con Frígilis se vuelve loco ni más ni menos que él. ¿No es ese Frígilis el que injertaba gallos ingleses?

> —Sí, sí, él era.

> —¿Y el que dice que nuestros abuelos eran monos? Valiente mono mal educado está él... pero, mujer, si ni siquiera viste de persona

Figuras 158 y 159. (izqda.) *Etiqueta de Anís del Mono* (1902). Imagen de dominio público. (dcha.) *Retrato de Charles Darwin (1881) por Herbert Rose Barraud.* El original se conserva en la Huntington Library, san Marino, California. Imagen de dominio público.

decente... Yo nunca le he visto el cuello de la camisa... ni *chistera*...» (*La Regenta* II. Capítulo XIX, pág. 176).

«por más que su decantado darwinismo» (*La Regenta* II. Capítulo XX, pág. 216).

El *anís del mono* era bebida habitual en las celebraciones de *Vetusta*:

«Joaquinito, encarnado de placer, y un poco por el anís del mono que había bebido, creyó del caso coronar el edificio de su gloria cantando algo nuevo» (*La Regenta* I. Capítulo VI, pág. 343).

Nuestro premio Nobel de Medicina, Santiago Ramón y Cajal (1852-1932), coetáneo de Leopoldo Alas y gran aficionado a la fotografía, retrató en un bodegón la botella de *anís del mono*. También inspiró a reconocidos artistas, como Juan Gris (figura 160).

Volviendo al relato, *don Pompeyo*, sale de paseo al anochecer. Tiene frío, más bien por la fiebre que por la temperatura ambiente, y observa una multitud en las puertas de la *Catedral* en actitud festiva. *Clarín* recurre al símil, refiriendo el mar, y también alude el pavimento resbaladizo, causa de frecuentes traspiés en el casco histórico de Oviedo cuando llueve.

«Una noche le llamó la atención un ruido de colmena que venía de la parte de la catedral. Oyó cohetes. ¿Qué era aquello? La torre estaba iluminada con vasos y faroles a la veneciana. A sus pies, en el atrio estrecho y corto, de resbaladizo pavimento de piedra, cerrado por verja de hierro tosco y fuerte, se agolpaba una multitud confusa, como un montón de gusanos negros. De aquel fermento humano brotaban, como burbujas, gritos, carcajadas, y un zumbido sordo que parecía el ruido de la marea de un mar lejano.

Don Pompeyo, que daba diente con diente, de frío con fiebre, se detuvo en lo más alto de la calle de la Rúa para contemplar aquella muchedumbre apiñada a los pies de la torre, en tan estrecho recinto, cuando podía extenderse a sus anchas por toda la plazuela. «Ya sabía lo que era. *Los católicos* celebraban un aniversario religioso» (*La Regenta* II. Capítulo XXVI, pág. 408).

Don Pompeyo está próximo a la muerte, y pese a considerarse ateo, una de sus hijas lo convence para que se confiese. *El Magistral*, que estaba en cama aquejado de neuralgia, recibe una carta de *la Regenta,* que le ruega que la visite. *Clarín* utiliza una metáfora meteorológica.

Figura 160. *La botella de anís.* 1914. Juan Gris. Museo Renia Sofía.

«El Magistral sentía en los oídos huracanes» (*La Regenta* II. Capítulo XXVI, pág. 413).

Tras visitar a *la Regenta*, *el Magistral* acude a la casa de *don Pompeyo* para administrarle el sacramento de la Penitencia, hecho que es considerado como milagroso por la mayoría de los *vetustenses*. Los detractores del *Magistral* se resignan. *Clarín* utiliza una locución muy común con matices meteorológicos: «dejar pasar el temporal», que significa esperar tiempos mejores.

«—No habrá más remedio que agachar la cabeza y dejar pasar el temporal —decía Foja» (*La Regenta* II. Capítulo XXVI, pág. 422).

Don Pompeyo fallece el miércoles Santo, pero la gran noticia sucede al día siguiente, *la Regenta* saldrá como penitente en la procesión del viernes Santo. *Doña Petronila* comunica la noticia a la *Marquesa, Obdulia y Visitación*, y éstas preguntan los pormenores de la indumentaria de la penitente, causando sorpresa que camine descalza, sobre todo si llueve, algo que debía ser frecuente en la Semana Santa *vetustense*.

«—¿Y calzado? ¿sandalias...?

Figura 161. *Oviedo. Arco de la Capilla del Rey Casto.* J. Laurent. Ca 1880-1886. Archivo Ruiz Vernacci. Instituto del Patrimonio Cultural de España, Ministerio de Cultura y Deporte.

—¡Calzado! ¿qué calzado? El pie desnudo....

—¡Descalza! —gritaron las tres damas.

—Pues claro, hijas, ahí está la gracia... Ana ha ofrecido ir descalza...

—¿Y si llueve?

—¿Y las piedras?

— Pero se va a destrozar la piel...

—Esa mujer está loca...

—¿Pero dónde ha visto ella a nadie hacer esas diabluras?» (*La Regenta* II. Capítulo XXVI, pág. 424).

Asomarse a la ventana al despertarnos y observar el cielo es una rutina diaria que muchos aprovechan para elegir la ropa más adecuada para vestirse. La presencia de nubes no siempre se traduce en lluvia. La Semana Santa coincide con el inicio de la primavera, un periodo en que suele llover con frecuencia, aunque con tiempo muy variable. El pintor Genaro Pérez Villaamil nos ofrece esta recreación de la procesión de la Soledad, ambientada en el siglo XVI (figura 162).

El viernes Santo de 1884 coincidió con el 11 de abril, pese al ambiente nuboso, según los registros del Observatorio Meteorológico de Oviedo, no llovió.

«El Viernes Santo amaneció plomizo; el Magistral muy temprano, en cuanto fue de día, se asomó al balcón a consultar las nubes. «¿Llovería? Hubiera dado años de vida porque el sol barriera aquel toldo ceniciento y se asomara a iluminar cara a cara y sin rebozo aquel día de su triunfo…» (*La Regenta* II. Capítulo XXVI, pág. 426).

«También Ana miró al cielo muy de mañana, y sin poder remediarlo pensó ¡si lloviera! Lo deseaba y le remordía la conciencia de este deseo» (*La Regenta* II. Capítulo XXVI, pág. 426).

Tampoco llovió en *Vetusta*.

«No llovió. El toldo gris del cielo continuó echado sobre el pueblo todo el día» (*La Regenta* II. Capítulo XXVI, pág. 427).

El Magistral, caminando triunfante durante la procesión al lado de *la Regenta*, tiene dudas sobre sus sentimientos. *Clarín* recurre al lenguaje figurado, citando las olas del mar.

«De Pas sentía que lo poco de clérigo que quedaba en su alma desaparecía. Se comparaba a sí mismo a una concha vacía arrojada a la arena por las olas. «Él era la cáscara de un sacerdote» (*La Regenta* II. Capítulo XXVI, pág. 434).

Figura 162. *Una procesión en la catedral de Oviedo, 1837.* Genaro Pérez Villaamil.
© Museo de Bellas Artes de Asturias. Donación Plácido Arango.

Quintanar, abrumado por el fanatismo religioso de su esposa, reafirma su amistad con *Mesía*. *Clarín*, con lenguaje metafórico, refiere una tormenta en el mar.

«—¡Qué sería del hombre en estas tormentas de la vida, si la amistad no ofreciera al pobre náufrago una tabla donde apoyarse!» (*La Regenta* II. Capítulo XXVI, pág. 437).

El tiempo sigue avanzando en el relato, comienza el capítulo XXVII y nos encontramos en el último día del mes de mayo. Tras haber salido en la procesión, *Ana* enfermó gravemente y el *doctor Benítez* recomendó aire libre y distracción. Sus amigos, *los marqueses de Vegallana*, ofrecieron su residencia en el campo, *el Vivero*, lugar idóneo para su recuperación. *Ana Ozores* y *Quintanar* están en el jardín del *Vivero* y escuchan las campanadas de la *Catedral* en una noche serena y de temperatura agradable.

Según el *DLE*, la *legua* es una «medida itineraria, variable según los países o regiones, definida por el camino que regularmente se anda en una hora, y que en el antiguo sistema español equivale a 5572,7 m». La legua como unidad de medida de distancia fue sustituida por el metro en 1849. Obviamente, los nacidos antes de esta fecha, como *Quintanar*, estaban acostumbrados al uso de la legua como unidad de medida. Aunque el sonido se atenúa con la distancia, en condiciones at-mosféricas apropiadas (inversión térmica, viento favorable, etc.) puede recorrer distancias notables.

A finales de mayo, ante-sala del verano, en general suben las temperaturas. No es de extrañar que tras un día calu-roso, al comienzo de la noche las temperaturas sean agrada-bles, recordando las del mes de agosto.

Figura 163. *Fotografía nocturna de la Luna sobre la Reserva de Caza Makalali (Greater Makalali Private Game Reserve), ubicada en Maruleng, Limpopo, Sudáfrica.*
Atribución: Dietmar Rabich / Wikimedia Commons / «Makalali Game Reserve (ZA), Mond -- 2024 -- 1818» / CC BY-SA 4.0. Fuente: Wikimedia Commons

«—¡Las diez! ¿Has oído? el reloj del comedor ha dado las diez.... ¿Te parece que subamos...?

—Espera un poco; espera que suene la hora en la catedral.

—¡En la catedral! ¿Pero se oye desde aquí, muchacha? ¿Se oye el reloj de la torre desde aquí... ? Mira que es media legua larga...

—Pues sí, se oye, en estas noches tranquilas ya lo creo que se oye. ¿Nunca lo habías notado? Espera cinco minutos y oirás las campanadas...tristes y apagadas por la distancia...

—La verdad es que la noche está hermosa...

—Parece de Agosto» (*La Regenta* II. Capítulo XXVII, pág. 438).

Quintanar comienza a declamar una oda, la *Noche serena* de Fray Luis de León, y *Ana* rememora su infancia. *Clarín* emplea un símil, citando una nubecilla.

«El recuerdo de Fray Luis de León pasó como una nubecilla por el pensamiento de Ana que sintió un poco de melancolía amarga» (*La Regenta* II. Capítulo XXVII, pág. 438).

En el relato, el cielo está despejado y la luna alumbra con intensidad. Muchos cazadores, como *Quintanar*, son también aficionados a la pesca. *Clarín* cita un conocido refrán: «Junio la caña en puño».

«La luna atravesaba a trechos el follaje nuevo y sembraba de char-cos de luz el suelo a lo largo del oscuro camino.

—Mayo se despide con una espléndida noche —dijo Ana, apoyán-dose con fuerza en el brazo de su marido.

—Es verdad; hoy se acaba Mayo. Mañana Junio. Junio la caña en el puño.

¿Te gusta a ti pescar? El río Soto, ya sabes, ese que está ahí en pasando la Pumarada de Chusquin» (*La Regenta* II. Capítulo XXVII, pág. 439).

La pareja vive un momento de felicidad, al que parece que contribuye la brisa. *Clarín* menciona también la música, una de sus aficiones compartida con su esposa, que tocaba el piano con destreza. En *La Regenta* y en otras de sus obras, las referencias a la música son múltiples.

«¿Qué nos falta a nosotros ahora? Música nada más que música... El panorama hermoso... la brisa... el follaje... la luna... pues esto con acompañamiento de un buen cuarteto... y ¡el paraíso!» (*La Regenta* II. Capítulo XXVII, pág. 440).

La brisa favorece que se escuchen las campanadas de la *Catedral*.

«El reloj de la catedral, a media legua del Vivero, dio las diez, pausadas, vibrantes, llenando el aire de melancolía.

—Pues es verdad que se oye —dijo Quintanar» (*La Regenta* II. Capítulo XXVII, pág. 440).

En junio, con frecuencia, se producen episodios cálidos, cuyos momentos álgidos coinciden con las primeras horas de la tarde.

«Ana, durante las horas del calor, que ya era respetable, subió a su gabinete, y después de leer un poco, tendida sobre el lecho blanco, se acercó al escritorio de palisandro, y hojeó su libro de memorias» (*La Regenta* II. Capítulo XXVII, pág. 446).

Ana recuerda sus primeros días en el *Vivero* leyendo su diario. El diario refiere un día de lluvia pertinaz que, sin embargo, no aflige a *la Regenta*. Los días lluviosos tienen un efecto muy diferente en nuestro estado anímico según las circunstancias personales, el lugar y la época del año.

«El Vivero, Mayo 1...

Llueve, son las cinco de la tarde y ha llovido todo el día. *In illo tempore*, me tendría yo por desgraciada sin más que esto. Pensaría en la pequeñez —y la humedad— de las cosas humanas, en el gran aburrimiento universal, etc., etc... Y ahora encuentro natural y hasta muy divertido que llueva. ¿Qué es el agua que cae sobre esas colinas, esos prados y esos bosques? El tocado de la naturaleza. Mañana el sol sacará lustre a toda esa verdura mojada. Y además, aquí en el campo, la lluvia es una música. Mientras Quintanar duerme la siesta (costumbre nueva) y ronca (achaque antiguo y digno de respeto) yo abro la ventana y oigo

el rumor de la lluvia
sobre las hojas
y el ruido de las alas
de las palomas

que se esponjan sobre los tejadillos de su palomar cuadrado, entrando y saliendo por las ventanas angostas» (*La Regenta* II. Capítulo XXVII, pág. 448).

La aprensión a tener los pies húmedos, causa de posibles enfermedades según la creencia popular, queda de manifiesto de nuevo, esta vez en palabras de *la Regenta:* «Dios les haga felices y les conserve los pies secos».

> «Llueve todavía. No importa. Todo el diluvio no me arrancaría hoy un gesto de impaciencia. La ventana está cerrada, los regueros del agua resbalando por el cristal me borran el paisaje. Víctor ha salido con Frígilis (segunda visita del buen Crespo, el único grande hombre que conozco de vista.) Bajo un paraguas de Pinón de Pepa —el casero de los marqueses— recorren, como cobijados en una tienda de campaña, el bosque de encinas que mi marido llama siempre seculares. Van a comprobar no sé qué experimento de química, invención de Frígilis, según él. Dios les haga felices y les conserve los pies secos. Hoy me siento inclinada a la historia, a los recuerdos. No los temo. Poco más de cinco semanas han pasado y ya me parece de la historia antigua todo aquello» (*La Regenta* II. Capítulo XXVII, pág. 449).

Durante la primavera, el tiempo es muy variable; aunque es una estación lluviosa, también suele haber días espléndidos.

> «Ana encontró, y en ella se detuvo, la página en que rápidamente había reflejado sus impresiones al entrar en el Vivero en un día de Abril que parecía de Junio, alegre, ardiente, despejado» (*La Regenta* II. Capítulo XXVII, pág. 455).

Ana describe la entrada en el *Vivero* a bordo del coche de caballos de la *marquesa. Clarín* emplea la metáfora mencionando la lluvia y el viento.

> «El Romero y el Clavel torcieron de repente; el landó se dobló sin ruido, nos sacudió un poco, dejamos la carretera de Santianes y las ruedas rebotaron sobre la grava nueva de la carretera estrecha del Vivero; los sauces, como una lluvia de yerba suspendida en el aire, nos hacían cosquillas con las puntas de sus ramas, flotando sobre la frente como cabello movido por el viento» (*La Regenta* II. Capítulo XXVII, págs. 455-456).

El *Vivero* es una finca espectacular, de gran belleza. Para *Ana*, acostumbrada a la escasa luminosidad de la ciudad, el sol, «cortesano del *confort*», luce más allí:

> «riqueza y naturaleza se juntan allí; el sol, cortesano del *confort*, alumbra más…¡Cosa extraña!» (*La Regenta* II. Capítulo XXVII, pág. 456).

La vida relajada en plena naturaleza y la llegada de la primavera contribuyen a la sanación de *Ana*.

> «Vida excelente. La primavera entró en mi alma» (*La Regenta* II. Capítulo XXVII, pág. 457).

Figura 164. *«Asturias». Coche de caballos. Fotografía tomada en la Carretera General (N-630) cerca de La Vega'l Rei/Vega del Rey (Lena).* Al fondo, la iglesia de Santa Cristina de Lena. h 1900. Antonio Ortega Giménez (FF). Muséu del Pueblu d'Asturies.

Figura 165. *Llanera. Posesión de los Sres. Ablanedo.* Colección Gerardo Bustillo (FF). Muséu del Pueblu d'Asturies.

Clarín nos deja esta frase, en palabras de *Ana*, que bien pudiera ser el eslogan de los miles de jubilados que han trasladado su residencia a nuestra Costa del Sol para disfrutar de su apacible clima.

> «Vivir es esto: gozar del placer dulce de vegetar al sol» (*La Regenta* II. Capítulo XXVII, pág. 457).

Las temperaturas veraniegas en Asturias son agradables, similares a las registradas en primavera en otras zonas más cálidas, como Andalucía. *Clarín* visitó Andalucía entre finales de diciembre de 1882 y enero de 1883; no nos consta que conociera esta región en primavera, aunque parece que tenía conocimiento del bonancible clima primaveral andaluz.

El cerezo es un árbol frutal abundante en Asturias. Un célebre refrán, que recoge la sabiduría popular, nos advierte que a finales de mayo y principios de junio las cerezas están maduras: «El día de la Ascensión, cereces en Uvieu y trigo en León». En 1884 el *domingo de Resurrección* se celebró el 13 de abril, y La Ascensión del Señor según el calendario litúrgico se celebra 40 días después, por tanto, en el citado año, coincidió con el 24 de mayo. Aunque hay gran variedad de especies de cerezo, desde de maduración muy temprana hasta de maduración muy tardía, la sazón depende del comportamiento climatológico del año. En la actualidad la recolección de la cereza se produce desde abril hasta julio, fundamentalmente los meses de mayo y junio. Teniendo en cuenta el cambio climático, a primera vista sorprende una fecha tan temprana de maduración como parece indicarnos *Clarín* (en el mes de junio). Cabe destacar que mayo de 1883 tuvo una temperatura media de 12,3 ºC, inferior a la media climatológica para el periodo 1871-1900 (12,6 ºC), mientras que mayo de de 1884 fue normal, con una temperatura media de 12,6 ºC.

«El tiempo volaba. Junio se metió en calor. Vetusta en verano es una Andalucía en primavera. Ana todas las mañanas, *por la fresca* recorría la huerta y sacudía las ramas cargadas de cerezas acompañada de don Víctor, Pepe el casero y Petra; llenaban grandes cestas, forradas con hojas de higuera, de aquellos corales húmedos y relucientes; y la Regenta sentía singular voluptuosidad sana y risueña al pasar la finísima mano blanca por las cerezas apiñadas sobre la verdura de las hojas anchas y bordadas» (*La Regenta* II. Capítulo XXVII, págs. 460-461).

Figura 166. *La Regenta.* Ed. Daniel Cortezo y Cª. 1884-1885. Ilustración Juan Llimona. Grabados Enrique Gómez Polo. pág. 427. Imagen procedente de los fondos de la Biblioteca Nacional de España bajo licencia CC-BY 4.0 o equivalente.

Clarín resalta la expresión *por la fresca.* Según el *DLE*, «fresco» significa moderadamente frío, pero *la fresca* se interpreta como el periodo a primeras horas de la mañana o últimas de la tarde, en tiempo caluroso, en que las temperaturas son relativamente bajas.

Uno de los pasajes de mayor intriga de la novela tiene como telón de fondo una tormenta, que *Clarín* describe de forma prolija, consiguiendo añadir gran dramatismo al relato. La tormenta, cuya manifestación es el rayo, suele estar acompañada de precipitaciones intensas, rachas fuertes o muy fuertes de viento y en ocasiones granizo. Como fenómeno meteorológico adverso, lo más prudente es evitar exponerse al aire libre, y buscar refugio en un edificio, con puertas y ventanas cerradas. La cordillera Cantábrica es un máximo relativo de densidad de descargas eléctricas, al desplazarnos hacia la costa la densidad de descargas disminuye notablemente.

En cuanto al número de días de tormenta en el Principado de Asturias, en la actualidad, oscila entre 8-12 días anuales en el tercio occidental y 15-18 días en la mitad oriental. En Oviedo, el número de días de tormenta anual es de 16 (periodo de referencia 2007-1016).

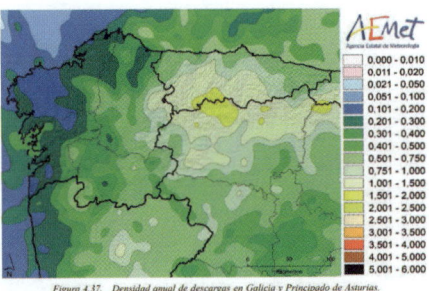

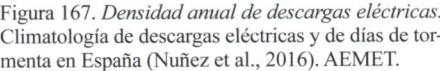

Figura 4.37. *Densidad anual de descargas en Galicia y Principado de Asturias.*

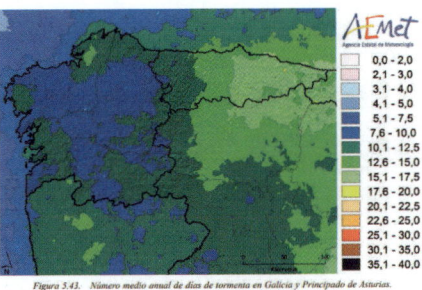

Figura 5.43. *Número medio anual de días de tormenta en Galicia y Principado de Asturias.*

Figura 167. *Densidad anual de descargas eléctricas.* Climatología de descargas eléctricas y de días de tormenta en España (Nuñez et al., 2016). AEMET.

Figura 168. *Número medio anual de días de tormenta.* Climatología de descargas eléctricas y de días de tormenta en España (Nuñez et al., 2016). AEMET.

Las tormentas en Oviedo ocurren fundamentalmente en primavera y verano, en promedio uno o dos días mensualmente. El *calendario de José María Lorente*, anteriormente referido, nos resume el mes de junio, y hace referencia a las tormentas de *san Pedro*.

«En la primera decena de junio, «Hasta el cuarenta de mayo», que dice el refrán muy sabiamente, se presentan bajas de temperatura inesperadas. Pero a partir de esa fecha el equilibrio térmico entre el aire, ya muy templado, y el suelo, caldeado cada vez más, llega a ser bastante estable, y se lanza el termómetro a una desenfrenada subida, que no cesa, de ordinario hasta el día 21 o hasta san Juan (día 24). Tal exceso de calor atrae hacia la Península vientos marítimos y un frecuente temporal, que allá por san Pedro (día 29) no suele dejar de presentarse, amenazando a los labradores con que van a descargar muchas tormentas, malogradoras de sus esperanzas. «san Pedro lluvioso, treinta días peligroso», dicho poco exacto.

En la mitad, norte de España es ya un mes de escasas lluvias —unos cinco a diez días—, y en la meridional y de Levante, de manifiesta sequía».

Volviendo al relato, la acción transcurre el 29 de junio, día de san Pedro. Curiosamente, en 1883, ese mismo día en el observatorio se cifraron *cumulonimbus* (nube de tormenta) y se recogieron 10 mm. El reanálisis de la situación sinóptica muestra el paso de una vaguada por el noroeste peninsular, precursora de la formación de tormentas en la mitad norte peninsular (figura 169).

El Vivero pertenecía a la parroquia de *san Pedro de Santianes*, que celebraba una romería por san Pedro, y ese año, la organizaba *Pepe*, el casero del *Vivero*. Los marqueses invitan al *Magistral*, que pasadas las diez de la mañana, toma una berlina de alquiler para dirigirse al *Vivero*. Era una jornada calurosa, y el sol picaba. La meteorología popular recoge varios refranes alusivos a este hecho premonitorio: «Sol que mucho pica, o llueve o graniza». Efectivamente, durante la tarde se desencadenó la tormenta.

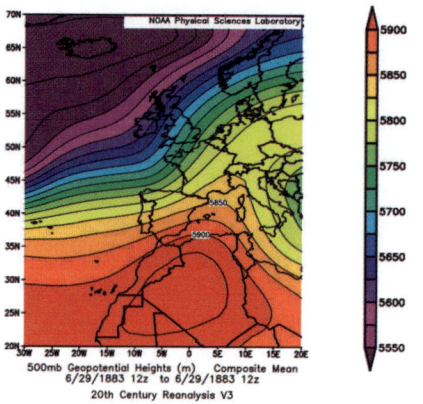

Figura 169. *Reanálisis de altura de geopotencial (m) en 500 hPa del 29 de junio de 1883 a las 12 UTC.* Fuente 20th Century Reanalysis v3. NOAA. NOAA/OAR/PSL, Boulder, Colorado, USA, https://psl.noaa.gov/

Figura 170. Imagen procedente de la fototeca de AEMET.

«Tuvo que levantar los vidrios de las ventanillas porque el polvo le sofocaba.

El sol le aburría y le picaba; no había cortinas» (*La Regenta* II. Capítulo XXVII, pág. 464)

Al llegar, acompañado por *Petra*, se dirigen a la romería, atravesando el monte. El calor, precursor de las tormentas de verano, era notable. *Petra*, utilizando sus artes de seducción, lleva al *Magistral* con la aquiescencia de este a la solitaria casa del leñador para descansar.

«—¡Qué calor, don Fermín! —decía la rubia, enjugando el sudor de la frente con pañuelo de batista barata.

—Mucho, rubita, mucho —respondía el Magistral, desabrochándose el maldito balandrán y soplando con fuerza» (La Regenta II. Capítulo XXVII, pág. 466).

Tras la estancia en la casa del leñador, donde *Petra* pierde una liga, vuelven al *Vivero*. Después de comer, mientras algunos toman café y los más jóvenes corretean por el bosque, se desencadena una tormenta. La devoción a santa Bárbara ofrece protección frente al rayo a los creyentes, mientras que la sabiduría popular atribuye a los animales de tiro (mulas, caballos, etc.) la capacidad de atraer el rayo.

«—¡Santa Bárbara! —gritó Quintanar cerrando los ojos y poniéndose en pie de un salto.

Y tras el relámpago, que le había deslumbrado, retumbó un trueno que hizo temblar las paredes. Cesaron todas las conversaciones, todos se pusieron en pie; Ripamilán y don Víctor estaban pálidos. Eran dos hombres valientes de veras que se echaban a temblar en cuanto sonaba un trueno.

Ripamilán, aunque algo sordo de algunos años acá, había oído perfectamente la descarga de las nubes y ya se sentía mal. No tenía bastante confianza para pedir un colchón con que taparse la cabeza, según acostumbraba hacer en su casa.

Todos los convidados, menos los dos miedosos, se acercaron a los balcones para ver llover. Caía el agua a torrentes. Allá al extremo de la huerta se veía a la Marquesa y a las señoras que la acompañaban refugiadas bajo la cúpula del Belvedere que dominaba el paisaje, en una esquina del predio, junto a la tapia.

—¿Y los chicos? —preguntó Ripamilán asustado, fingiendo temer por los demás.

Llamaba *los chicos* a los que habían salido al bosque.

—¡Es verdad! ¿Qué era de ellos? Hay que buscarlos... Se van a poner perdidos —exclamó Quintanar, acordándose de su mujer, lleno de remordimientos por no haberlo dicho antes.

El Magistral no pensaba en otra cosa, pero callaba. Estaba pasando un purgatorio y aquello era ya el colmo. «Los otros en el bosque... y el cielo cayendo a cántaros sobre ellos... ¡A qué cosas no estaría obligando la galantería de don Álvaro en aquel momento!».

—Es preciso ir a buscarlos —decía el gobernador.

—Hay que llevarles paraguas...

—Y el caso es que la Marquesa está sitiada por el chubasco allá abajo y no puede disponer...

—Y el Marqués está con sus curas en el palacio viejo y no puede venir y mandar...

Y se deliberó largamente qué se haría.

—Hay que salvar a los náufragos —dijo el Barón a guisa de chiste» (*La Regenta* II. Capítulo XXVII, págs. 474-475).

El rayo consiste en una o varias descargas eléctricas de gran intensidad, pero casi instantáneas. Las altas temperaturas ocasionan una expansión del aire que provoca el sonido del trueno y la luminosidad del relámpago. El sonido se desplaza mucho más lentamente que la luz, por lo que siempre vemos antes el relámpago y escuchamos el trueno con posterioridad. Cuando son casi simultáneos, significa que el rayo ha caído muy próximo. Las descargas eléctricas asociadas a las tormentas pueden ser intranube, nube-nube o nube-tierra. Éstas últimas, de polaridad positiva o negativa, se producen sobre superficies elevadas (generalmente árboles altos en campo abierto), que se cargan de electricidad por inducción eléctrica, al estar sometidas al intenso campo eléctrico generado por acumulación de cargas eléctricas en la nube *cumulonimbus*. Sin embargo, no hay estudios científicos que permitan identificar especies arbóreas más propensas a las descargas eléctricas (pese a las creencias de *Quintanar*).

El *Magistral*, presa de los celos, teme que *Mesía* aproveche la ocasión para seducir a la *Regenta,* en la casa del leñador que ya conoce. Toma dos paraguas para ir en busca de la *Regenta* en compañía de *Quintanar*.

Figura 171. *Tormenta eléctrica sobre un árbol en Kalohori, Grecia.* Fotografía tomada por Nikos Koutoulas el 5 de junio de 2013.
Publicada en Flickr, bajo licencia Creative Commons Atribución 2.0 Genérica (CC BY 2.0)

«El Magistral, que había salido del salón, se presentó con dos paraguas grandes de aldea, verdes, de percal. Ofreció uno a don Víctor, diciendo:

—Vamos, Quintanar, usted que es cazador... y yo que también lo soy...

¡al monte! ¡al monte! (La Regenta II. Capítulo XXVII, pág. 475).

«Un trueno formidable, simultáneo con el relámpago, estalló sobre la casa y puso pálidos a los más valientes.

—¡Vamos, vamos, pronto! —gritó el Magistral, cuya palidez no la causaba la tormenta. El trueno le sonaba a carcajadas de su mala suerte, a sarcasmos del diablo que se burlaba de él y de su miserable condición de clérigo.

—Pero... don Fermín —se atrevió a decir Quintanar— por lo mismo que soy cazador... conozco el peligro... El árbol atrae el rayo... Ahí arriba también hay laureles, el laurel llama la electricidad; ¡si fueran pinos menos mal! ¡pero el laurel!...

—¿Qué quiere usted decir? ¿Que los parta un rayo a los otros? No ve usted que con ellos está doña Ana....

—Sí, verdad es... pero ¿no podría ir Pepe con algún criado... con Anselmo...? Usted va a mojarse el balandrán... y la sotana...

—¡Al monte! ¡don Víctor, al monte! —rugió el Provisor.

Y la voz terrible fue apagada por un trueno más horrísono que los anteriores» (*La Regenta* II. Capítulo XXVII, págs. 475-476).

Figura 172. *La Regenta*. Ed. Daniel Cortezo y Cª. 1884-1885. Ilustración Juan Llimona. Grabados Enrique Gómez Polo. pág. 443.
Imagen procedente de los fondos de la Biblioteca Nacional de España bajo licencia CC-BY 4.0 o equivalente.

Figura 173. *La Regenta*. Ed. Daniel Cortezo y Cª. 1884-1885. Ilustración Juan Llimona. Grabados Enrique Gómez Polo. pág. 445. Imagen procedente de los fondos de la Biblioteca Nacional de España bajo licencia CC-BY 4.0 o equivalente.

La tormenta era especialmente intensa.

«El trueno que estalló en aquel instante se le antojó a Ripamilán que había metido cien rayos en la casa.

El miedo ya era general.

-Ea, ea, señores —dijo el Arcipreste desde la alcoba— a rezar tocan; yo voy a rezar con permiso de ustedes... *In nomine Patris*...» (*La Regenta* II. Capítulo XXVII, pág. 476).

El *Magistral* y *Quintanar* atraviesan el bosque, bajo la tormenta que no cesa, sin escuchar a *la marquesa*, que intentaba advertirles de que ya había salido el casero con un carro en su busca. Comienza el capítulo XXVIII.

«—También es ocurrencia de chicos venir al monte a divertirse... Si no hay más que arañas y espinas... Don Fermín, espere usted por las once mil... de a caballo, que yo me pierdo y me caigo.

Un trueno le contestó y le hizo arrodillarse con el susto.

No osó blasfemar otra vez.

—¡Don Fermín! ¡don Fermín! ¡espere usted en nombre de la humanidad!

De Pas se detuvo, se volvió, le miró desde arriba con lástima y disimulando la ira, y le dijo lo menos malo de cuanto se le ocurría:

—Parece mentira que sea usted cazador.

—Soy cazador en seco, compadre, pero esto es el diluvio, y un bombardeo... y las arañas se me meten en el estómago... y sobre todo a mí me gustan las acciones heroicas que tienen alguna utilidad. *Nisiutile est id quod facimus, stulta est gloria* ha dicho Baglivio. ¿A dónde vamos nosotros, a ver, dígalo usted si lo sabe?

—A buscar a doña Ana que estará... poniéndose perdida...

—¡Quiá perdida! ¿Cree usted que son tontos? De fijo están a techo... ¿Cree usted que han de estar papando... arañas y nadando como nosotros? ¿Además no tienen pies para volverse a casa? ¿No saben el camino? Dirá usted que les llevamos paraguas; ¿y para qué sirven los paraguas?

El Magistral se puso colorado. En efecto, los paraguas no servían de nada en el bosque» (*La Regenta* II. Capítulo XXVIII, págs. 477-478).

De Pas y *Quintanar* se separan, el *Magistral* alcanza la cima del monte mientras la tormenta se aleja.

«Llegó a lo más alto, a lo más espeso. Los truenos, todavía formidables, retumbaban ya más lejos» (*La Regenta* II. Capítulo XXVIII, pág. 480).

Las tormentas se producen en entornos de inestabilidad térmica (aire cálido y húmedo en niveles bajos de la atmosfera y aire frío en niveles medios) y en general son de corta duración, pero si las condiciones dinámicas de la atmósfera ayudan a la organización de las mismas, la actividad tormentosa se intensifica, con una mayor duración y generación de nuevas tormentas.

Las tormentas veraniegas sobre Asturias suelen formarse previamente en la Meseta, al paso de una vaguada en altura. El término *abajo* que aparece en el relato podría referirse a un valle, de menor altitud, o bien a la dirección sur, si tomamos como referencia el norte (arriba). Un ejemplo es la situación del 17 de mayo de 2013, que propició tormentas al paso de una vaguada en altura, recogiéndose 24,8 mm en una hora en el observatorio de Oviedo (figuras 174 y 175).

Volviendo al relato, *Quintanar* y *de Pas* se encuentran a cubierto en la casa del leñador, el tiempo tiende a mejorar, aunque sea transitoriamente.

«La tempestad ya estaba lejos... los árboles continuaban chorreando el agua de las nubes, pero el cielo empezaba a llenarse de azul.

Por decir algo, don Víctor dijo:

—Verá usted como esto repite a la noche... Por allá abajo viene otro mal semblante... mire usted por entre aquellas ramas...

—Vamos a bajar antes que vuelva el agua —advirtió De Pas, que hubiera querido estar cinco estados bajo tierra» (*La Regenta* II. Capítulo XXVIII, pág. 482).

La salida había sido en balde, la *Regenta* y sus acompañantes se encontraban a refugio, como relata el casero:

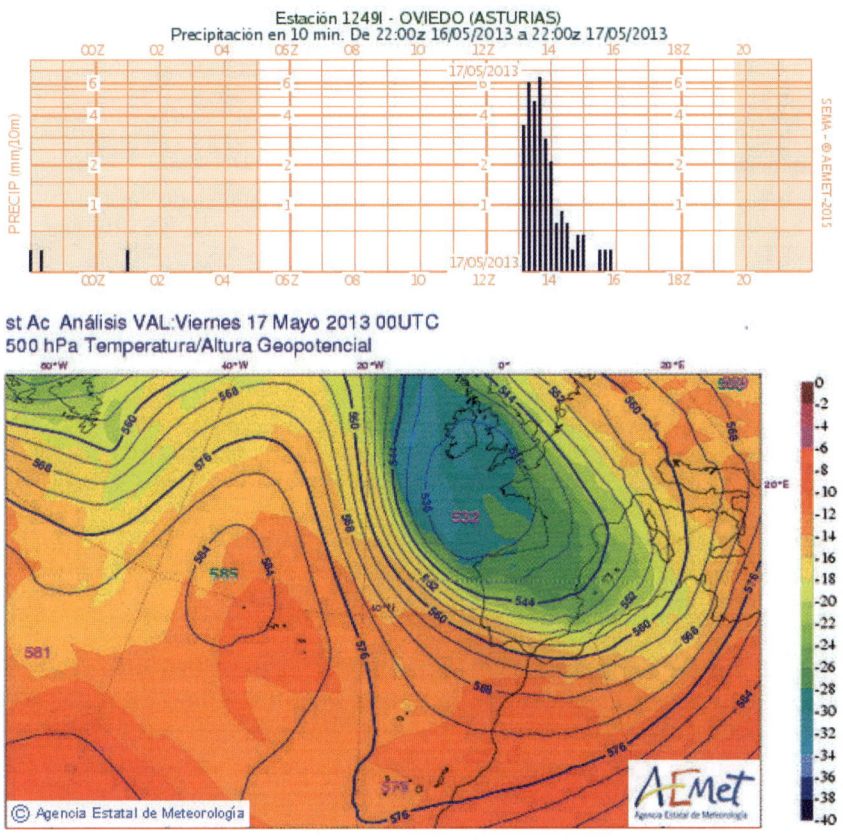

Figuras 174 y 175. *Gráfica de precipitación de la estación automática del Observatorio de Oviedo y análisis de altura de geopotencial y temperatura en 500 hPa del 17 de mayo de 2013.* Fuente AEMET.

«—¿Qué pasa? ¿Han parecido? ¿Alguna desgracia?

—¿Qué desgracia? no señor, que los señoritos y las señoritas ya estaban en casa muy tranquilos cuando ustedes estarían llegando a mitad del monte... apenas se han mojado... Yo salí, por orden de la señora Marquesa, en su busca apenas comenzó a llover... Fui con el carro y el toldo encerado a la calleja de Arreo donde sabía yo que el señorito Paco había de parecer, porque aquel es el camino más corto y la casa de Chinto está allí, a los cuatro pasos... En casa de Chinto estaban todas las señoritas, que no se habían mojado apenas... porque en el monte cuando empieza el chaparrón se está como a techo.... De modo que todos están en casa muertos de risa, menos la señora doña Anita que teme por usted y... por este señor cura...» (*La Regenta* II. Capítulo XXVIII, pág. 482).

Pepe, el casero, se burla de ellos:

«Y Pepe se reía a carcajadas.

—No ha sido mala broma, je, je... Probecicos y da lástima verles... sobre todo este señor cura está hecho un *eciomo*, perdonando la comparanza, es una sopa... Anda, anda, y cómo se le ha ponío too el melindrán este... y la sotana parece un charco...

Tenía razón Pepe. De Pas y don Víctor se miraban y se encontraban aspecto de náufragos.

—Anden, anden, ángeles de Dios, que la mojadura puede llegar a los huesos y darles un romantismo...» (*La Regenta* II. Capítulo XXVIII, pág. 483).

De Pas, avergonzado y sintiéndose ridículo, vuelve en la berlina de alquiler a *Vetusta*. Durante el trayecto se confirma el pronóstico realizado por *Quintanar* unas horas antes, y se aproxima una tormenta.

«Cuando el miserable y desvencijado vehículo llegaba a las primeras casas de los arrabales de Vetusta, oscurecía. La noche, según había anunciado don Víctor, amenazaba con nueva tormenta. Todo el cielo se cubría de nubes pardas que se ennegrecían poco a poco. Ya se veían relámpagos extensos en el horizonte por Norte y Oeste, y de tarde en tarde zumbaba rodando un trueno allá muy lejos» (*La Regenta* II. Capítulo XXVIII, pág. 484).

El *Magistral* aborrece a todo el mundo. *Clarín* utiliza una vez más la metáfora, aunque el relámpago en sí es una manifestación luminosa, no una descarga eléctrica.

«¡Oh, aquellos relámpagos debían quemar el mundo entero si se quería hacer justicia de una vez!» (*La Regenta* II. Capítulo XXVIII, pág. 485).

Con la ropa húmeda, *el Magistral* tiene frío.

«El Magistral daba diente con diente. El frío le hizo pensar en la ropa, la ropa en su madre» (*La Regenta* II. Capítulo XXVIII, pág. 485)

Al llegar a su casa, suena un trueno. *Clarín* de nuevo emplea la metáfora y la ironía.

«Un trueno que retumbó sobre Vetusta sirvió de acompañamiento a la cólera del canónigo.

—«¡Eso! ¡eso! —rugió mientras abría la portezuela y se apeaba frente a su casa—. ¡Esto sólo se arregla con rayos!».

Y entró en su casa después de pagar al cochero.

Los rayos que quería le esperaban arriba dispuestos a estallar sobre su cabeza» (*La Regenta* II. Capítulo XXVIII, pág. 485).

El *Magistral* discute con su madre y se acuesta, mientras la fiesta sigue en el *Vivero*. *Clarín* utiliza la locución «*a mal tiempo buena cara*», nunca mejor dicha.

«Allá en el Vivero los convidados habían puesto a mal tiempo buena cara, y mientras en el palacio viejo los curas rurales, el Marqués, y algunos otros señores de Vetusta jugaban al tresillo a primera hora y más tarde al monte, que llamaba el clero del campo *la santina*, en la casa nueva todas las damas y los caballeros que habían querido correr por los prados en la romería, procuraban divertirse como podían y se bailaba, se tocaba el piano, se cantaba y se jugaba al escondite por toda la casa» (*La Regenta* II. Capítulo XXVIII, pág. 486).

Mientras, en *el Vivero, Ana* y *Álvaro* se quedan a solas charlando, con la tormenta lejana como testigo.

«Cuando hablaban así, como *otros dos hermanos del alma*, empezaba la noche, retumbaban los truenos lejanos y vibraban en el cielo los relámpagos que a don Fermín le sorprendieron al entrar en Vetusta» (*La Regenta* II. Capítulo XXVIII, pág. 490).

Los invitados se preparan para marchar o quedarse a dormir. Un coche tirado por caballos circulando durante una tormenta no es un lugar seguro, como afirma *Ripamilán*. Una *tempestad*, según el *DLE*, es «una tormenta grande, especialmente marina, con vientos de extraordinaria fuerza». Sin embargo, en el siglo XIX, se utilizaban indistintamente los términos *tormenta* o *tempestad.*

«Ripamilán desde luego aceptó la cama que le ofreció la Marquesa «para él solo».
—Vuelve la tormenta y yo no quiero bromas con la electricidad; me consta que la carrera de un coche atrae el rayo... Me quedo, me quedo.
Las baronesas prefirieron desafiar la tempestad» (*La Regenta* II. Capítulo XXVIII, pág. 490).

Ana y *Álvaro* conversan mientras los demás juegan.

«Ahora, mientras Ana y Álvaro hablaban asomados a la galería, sin miedo al agua que les salpicaba el rostro ni a los relámpagos que rasgaban el horizonte negro enfrente de sus ojos, los demás, en la oscuridad del corredor estrecho jugaban a un juego de niños que se llamaba en Vetusta *el cachipote*, y que consiste en esconder un pañuelo convertido en látigo y buscarlo por las señas conocidas de: frío y caliente» (*La Regenta* II. Capítulo XXVIII, pág. 491).

La tormenta no cesa, y sirve como telón de fondo durante la declaración de amor de *Álvaro Mesía*.

«Y mientras abajo sonaba el ruido confuso y gárrulo de las despedidas y preparativos de marcha, y detrás el estrépito de los que corrían en la galería, y allá en el cielo, de tarde en tarde, el bramido del trueno, la Regenta, sin notar las gotas de agua en el rostro, o encontrando deliciosa aquella frescura, oía por la primera vez de su vida una declaración de amor apasionada pero respetuosa, discreta, toda idealismo, llena de

Figura 176. *Palacio de Valdesoto, propiedad de los Marqueses de Canillejas.* Coche con cuatro caballos ante la fachada, varias personas junto al coche, otras subidas en él, otras asomadas a los balcones. h. 1895. Muséu del Pueblu d'Asturies.

salvedades y eufemismos que las circunstancias y el estado de Ana exigían, con lo cual crecía su encanto, irresistible para aquella mujer que sentía las emociones de los quince años al frisar con los treinta» (*La Regenta* II. Capítulo XXVIII, pág. 491).

El galán desempeña su papel como un excelente y experimentado actor, «a la luz de un relámpago».

«A la luz de un relámpago, la Regenta vio los ojos de Álvaro brillantes y envueltos en humedad de lágrimas.

También tenía las mejillas húmedas... Ella no pensó que esto podía ser agua del cielo» (*La Regenta* II. Capítulo XXVIII, pág. 493).

Figura 177. *La Regenta.* Ed. Daniel Cortezo y Cª. 1884-1885. Ilustración Juan Llimona. Grabados Enrique Gómez Polo. pág. 461. Imagen procedente de los fondos de la Biblioteca Nacional de España bajo licencia CC-BY 4.0 o equivalente.

Figura 178. *Fotografía capturando truenos iluminando el cielo nocturno.*
Imagen publicada en Unsplash, bajo licencia Unsplash, que permite su uso gratuito para fines comerciales.

Ana interrumpe la declaración de *Mesía* y busca a sus amigos, que siguen bromeando y jugando; la tormenta continúa.

> «Siguieron los ejercicios corporales; el ruido del agua, la luz de los relámpagos, los truenos lejanos, la oscuridad ambiente, los vapores de la comida, la estrechez del corredor, todo los animaba, los arrojaba a la alegría aldeana, a los juegos brutales de la lascivia subrepticia, moderados en ellos por instintos de la educación. Pero volvieron los pellizcos, los gritos, los puñetazos de las mujeres en la cabeza de los varones» (*La Regenta* II. Capítulo XXVIII, pág. 494).

Finalmente la tormenta cesa, las nubes se disipan, los ánimos se calman y, cansados, contemplan el cielo. *Clarín* recurre al lenguaje figurado para describir la tormenta como una «batalla de las nubes», una definición excelsa de este singular fenómeno atmosférico.

> «Fatigados con tanto movimiento y alardes de fuerza, choques y excitaciones vanas, Paco y Joaquín, antes que Edelmira, Obdulia y Visita, dejaron de correr y *enredar*; y muy serios, con la melancolía del cansancio, se pusieron a contemplar la luna que apareció en el horizonte como una linterna en el campo de batalla de las nubes, que yacían desgarradas por el cielo» (*La Regenta* II. Capítulo XXVIII, págs. 494-495).

Como expresa *Clarín*, la naturaleza también descansa.

> «Todos en un grupo, respirando el fresco de la noche, contemplando la luna que salía por la bóveda desgarrando jirones de nubes de forma caprichosa, cantaban a la vez o por turno y hablaban en voz baja, como respetando la majestad de la naturaleza dormida, con languidez del cuerpo y del alma» (*La Regenta* II. Capítulo XXVIII, pág. 495).

Llega la hora de retirarse a dormir. *Quintanar* pregunta a *Paco* y a *Mesía* dónde dormirán. Normalmente nos asustamos con el ruido del trueno, aunque evidentemente, el trueno es posterior a la descarga eléctrica. Como decía Quevedo, en sus *Migajas sentenciosas*: «Hay medrosos que temen el rayo aún después de haber oído el trueno».

«—Nosotros —respondió Paco— nos hemos quedado sin cama porque a la señora gobernadora le dio el capricho de tener miedo a los truenos y quedarse a dormir...» (*La Regenta* II. Capítulo XXVIII, pág. 497).

A finales del mes de julio, *Ana* y *Quintanar* dejan el *Vivero* y marchan de vacaciones a una población costera. Vuelven a *Vetusta* a principios de septiembre y a menudo visitan el *Vivero* para pasar el día, incluso la noche en caso de tormenta.

«Muchas veces, cuando una tormenta como la de san Pedro descargaba sobre el Vivero, se quedaba allí toda la comitiva a pasar la noche» (*La Regenta* II. Capítulo XXVIII, pág. 503).

El tiempo sigue avanzando rápidamente y nos encontramos en el mes de noviembre, iniciando el tercer año del relato. Ese año aparece de nuevo el *veranillo de san Martín,* aunque debió ser de corta duración.

«Un día de Noviembre, de los pocos buenos del Veranillo de san Martín, se emprendió la última excursión, por aquel año, al Vivero» (*La Regenta* II. Capítulo XXVIII, pág. 503).

Los *vetustentes* conocen el clima de su ciudad, saben que tras el *veranillo de san Martín* llega el invierno.

«Aquella noche se prolongó la fiesta en Vetusta; era la despedida del buen tiempo; el invierno iba a volver, el diluvio estaba a la puerta...» (*La Regenta* II. Capítulo XXVIII, pág. 505).

Las agradables temperaturas del *veranillo de san Martín* permiten acabar la jornada cenando en un invernadero.

«Como la noche se había quedado tan serena y templada que parecía de las primeras de Septiembre, se cenó en la estufa nueva que

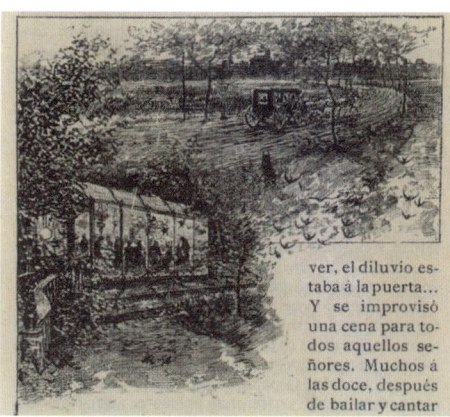

Figura 179. *La Regenta.* Ed. Daniel Cortezo y Cª. 1884-1885. Ilustración Juan Llimona. Grabados Enrique Gómez Polo. Pág. 479. Imagen procedente de los fondos de la Biblioteca Nacional de España bajo licencia CC-BY 4.0 o equivalente.

se inauguró en este día; era grande, alta, confortable, construida por modelo de París» (*La Regenta* II. Capítulo XXVIII, pág. 505).

El tiempo sigue avanzando en el relato. El día de Navidad, *Mesía* es invitado a comer en el *caserón de los Ozores*. Aprovecha la ocasión para conseguir su objetivo final y *Ana* consiente a recibirle a escondidas en su alcoba esa misma noche. *Clarín* recurre a un símil, en este caso menciona una «nube envenenada». Comienza el capítulo XXIX.

> «Entre estos sofismas y la pasión y la constancia en el pedir dieron la victoria a Mesía, que si no pudo acallar los sobresaltos de Ana, quien a cada ruido creía sentir el espionaje de Petra, conseguía a menudo hacerla olvidarse de todo para gozar del delirio amoroso en que él sabía envolverla, como en una nube envenenada con opio» (*La Regenta* II. Capítulo XXIX, pág. 521).

En invierno son frecuentes los días fríos y nublados, como expresa *Clarín*, al referirse a la mañana del 26 de diciembre.

> «Trabajaba don Fermín en su despacho, envueltos los pies en el mantón viejo de su madre; escribía a la luz blanquecina y monótona de la mañana nublada» (*La Regenta* II. Capítulo XXIX, págs. 524-525).

El Magistral recibe la visita de *Petra*, que relata la visita nocturna de *Mesía* a la *Regenta* y la consumación del adulterio. El *Magistral*, completamente abatido, apoya su frente en el cristal, aparentemente helado por las bajas temperaturas.

> «El Magistral estaba pensando que el cristal helado que oprimía su frente parecía un cuchillo que le iba cercenando los sesos; y pensaba además que su madre al meterle por la cabeza una sotana le había hecho tan desgraciado, tan miserable, que él era en el mundo lo único digno de lástima. La idea vulgar, falsa y grosera de comparar al clérigo con el eunuco se le fue metiendo también por el cerebro con la humedad del cristal helado» (*La Regenta* II. Capítulo XXIX, pág. 526).

Absorto en sus pensamientos durante unos momentos, vuelve a la realidad y aflora su mal genio.

> «Abrió el balcón de un puñetazo y el aire frío y húmedo le trajo la idea lejana de la realidad, y oyó la tos discreta de Petra, que aguardaba allí, detrás, clavándole los ojos en la nuca» (*La Regenta* II. Capítulo XXIX, pág. 528).

Petra urde un elaborado plan para que de forma casual, *Quintanar* descubra la traición de su amigo y la infidelidad de su esposa. Al día siguiente, 27 de diciembre, como era habitual en temporada de caza, *don Víctor* había quedado con *Frígilis* en el jardín de su casa, *el Parque*, poco después de las ocho, para tomar el tren con destino a las marismas de *Palomares* a las ocho y cincuenta.

Petra adelanta el despertador que utilizaba *Quintanar* y debió inutilizar su reloj de bolsillo, aunque el relato no especifica en qué momento lo hace. Su objetivo es que *Quintanar* sorprenda a *Mesía* cuando abandone la alcoba de su mujer por el balcón que da al jardín.

Quintanar cree que son las ocho, es la hora que marca el despertador, pero desconfía porque es de noche. De madrugada las temperaturas son bajas y se forman nieblas con frecuencia.

> «El orto del sol hoy debe de ser a las siete y veinte, minuto arriba o abajo; pues bien, el sol no ha salido todavía, es indudable; cierto que la niebla espesísima y las nubes cenicientas y pesadas que cubren el cielo hacen la mañana muy obscura, pero no importa, el sol no ha salido todavía, es demasiada obscuridad esta, no deben de ser ni siquiera las siete» (*La Regenta* II. Capítulo XXIX, pág. 531).

> «Don Víctor volvió a dudar. ¿No podían haberse dormido los criados? ¿No podía aquella escasez de luz originarse de la densidad de las nubes?» (*La Regenta* II. Capítulo XXIX, pág. 531).

Quintanar no comprende lo que sucede.

> «—Pues señor, si en efecto son las ocho no he visto día más oscuro en mi vida. Y sin embargo, la niebla no es muy densa... no... ni el cielo está muy cargado... No lo entiendo» (*La Regenta* II. Capítulo XXIX, pág. 532).

Ya en el cenador del *Parque*, *Quintanar* se da cuenta de que, sin duda, es más temprano de lo que pensaba.

> «En aquel momento el reloj de la catedral, como si bostezara dio tres campanadas. Don Víctor se detuvo pensativo, apoyó la culata de su escopeta en la arena húmeda del sendero y exclamó:
> —¡Me lo han adelantado! ¿Pero quién? ¿Son las ocho menos cuarto o las siete menos cuarto? ¡Esta oscuridad!...
> Sin saber por qué sintió una angustia extraña, «también él tenía nervios, por lo visto». Sin comprender la causa, le preocupaba y le molestaba mucho aquella incertidumbre. «¿Qué incertidumbre? Estaba antes obcecado; aquella luz no podía ser la de las ocho, eran las siete menos cuarto, aquello era el crepúsculo matutino, ahora estaba seguro...» (*La Regenta* II. Capítulo XXIX, pág. 532).

En ese momento *Quintanar* sorprende a *Mesía* bajando por el balcón de la alcoba de su esposa. Tras subir al muro del jardín, donde *Mesía* permanece unos instantes en lo alto, inmóvil, *Quintanar* le apunta con su escopeta.

> «Pero tardaba años, tardaba siglos. Así no se podía vivir, con aquel cañón que pesaba quintales, mundos de plomo y aquel frío que comía el cuerpo y el alma no se podía vivir...» (*La Regenta* II. Capítulo XXIX, pág. 533).

Finalmente no tiene valor suficiente para disparar, abatido se sienta en un banco mientras *Mesía* huye. *Quintanar* siente frío.

> «Se sentó en un banco de piedra. Pero se levantó en seguida: el frío del asiento le había llegado a los huesos; y sentía una extraña pereza su cuerpo, un egoísmo material que le pareció a don Víctor indigno de él y de las circunstancias. Tenía mucho frío y mucho sueño; sin querer, pensaba en esto con claridad, mientras las ideas que se referían a su desgracia, a su deshonra, a su vergüenza, se mostraban reacias, huían, se confundían y se negaban a ordenarse en forma de raciocinio» (*La Regenta* II. Capítulo XXIX, pág. 534).

El malicioso ardid de *Petra* queda al descubierto al escucharse las campanadas del reloj de la *Catedral*.

> « El reloj de la catedral dio las siete.
>
> Aquellas campanadas fijaron en la cabeza aturdida de Quintanar la triste realidad... «Le habían adelantado el reloj. ¿Quién? Petra, sin duda Petra. Había sido una venganza. ¡Oh! una venganza bien cumplida. Ahora le parecía absurdo haber tomado la poca luz del alba por día nublado. Y si Petra no hubiera adelantado el reloj o si él no lo hubiese creído, tal vez ignoraría toda la vida la desgracia horrible... aquella desgracia que había acabado con la felicidad para siempre» (*La Regenta* II. Capítulo XXIX, pág. 534).

Clarín, en sentido figurado, menciona un chubasco.

> «Lloró como un anciano, y pensó en que ya lo era. Jamás se le había ocurrido tal idea. Su temperamento le engañaba, fingiendo una juventud sin fin; la desgracia al herirle de repente le desteñía, como un chubasco, todas las canas del espíritu.» (*La Regenta* II. Capítulo XXIX, pág. 536).

Quintanar piensa por un momento en vengarse y matar a su esposa, pero se convence de que no es capaz. *Clarín* alude al frío reinante indirectamente, mencionando metafóricamente las «lágrimas heladas».

> «Mata el que se ciega, el que aborrece, él no estaba ciego, no aborrecía, estaba triste hasta la muerte, ahogándose entre lágrimas heladas; sentía la herida, comprendía todo lo ingrata que era ella, pero no la aborrecía, no quería, no podría matarla» (*La Regenta* II. Capítulo XXIX, pág. 536).

Quintanar finalmente se tranquiliza y al llegar *Frígilis*, sin decirle nada de lo sucedido, marchan a la estación y suben al tren para ir de caza. *Clarín* describe las nubes que cubren de forma persistente el cielo utilizando la metáfora. El frío es un concepto relativo, influyen muchos factores, la edad, la forma de abrigarnos, etc.

> «La mañana seguía cenicienta; nubes y más nubes plomizas salían como de un telar de los picos y mesetas del Corfín, caían sobre la sierra, se arrastraban por sus cumbres, resbalaban hacia Vetusta y llenaban el espacio de una tristeza gris, muda y sorda.

Figura 180. *Colinas en un día nublado en la prefectura de Elis, Grecia, en ruta desde Katakolo a Olimpia.* Fotografía tomada por de Wknight94 el 1 de febrero de 2010. Publicada en Wikimedia Commons, bajo licencia Creative Commons Attribution-Share Alike 3.0 Unported.

«No hace frío», observó Frígilis al llegar a la estación. No llevaba más abrigo que su bufanda a cuadros. Pero decía él que su cazadora valía por la piel de un proboscidio. No le entraban balas ni catarros.

En cambio Quintanar, ceñido al cuerpo el capotón espeso, tenía que hacer esfuerzos para no dar diente con diente.

—¡No, no hace mucho frío! —dijo, por miedo de delatarse» (*La Regenta* II. Capítulo XXIX, pág. 538).

Ya en el tren, *Frígilis* habla alegremente con los viajeros, no es consciente del trauma de su amigo y disfruta como siempre que sale de caza, gozoso por la intensa helada de la mañana, dejando a la triste *Vetusta* bajo la niebla.

«Crespo, como si no hubiera en el mundo penas, ni amigos que se ahogaban en ellas, alegre, con aquel insultante regocijo que le inspiraba a él la helada en las mañanas más frías del año, frotaba las manos y hablaba del precio de las reses, y de las ventajas de la parcería, locuaz, como nunca se le veía en Vetusta. Parecía que, según el tren se alejaba de los tejados de un rojo sucio, casi pardo de la ciudad triste, sumida en sueño y en niebla, el alma de Frígilis se ensanchaba, respiraba a su gusto aquel pulmón de hierro» (*La Regenta* II. Capítulo XXIX, págs. 538-539).

Clarín nos describe la niebla orográfica, el paisaje, la vegetación y las nubes, a través de los lúgubres pensamientos de *Quintanar*.

«¡Soy un miserable, soy un miserable!» gritaba por dentro Quintanar mientras el tren volaba y Vetusta se quedaba allá lejos; tan lejos, que detrás de las lomas y de los árboles desnudos ya sólo se veía la torre de la catedral, como un gallardete negro destacándose en el fondo blanquecino de Corfín, envuelto por la niebla que el sol tibio iluminaba de soslayo» (*La Regenta* II. Capítulo XXIX, pág. 539).

Clarín retrata de forma excelsa el paisaje y las nubes, utiliza varios símiles y metáforas recurriendo al oleaje, sacos de ropa sucia, etc…

«Pasaron un túnel y no quedó ya nada de Vetusta ni de su paisaje. Era otro panorama; estaban a espaldas de la sierra; montes rojizos, lomas monótonas como oleaje simétrico se extendían cerrando el horizonte a la izquierda de la vía.

El cielo estaba oscuro por aquel lado, bajas las nubes, que como grandes sacos de ropa sucia se deshilachaban sobre las colinas de lontananza; a la derecha campos de maíz, ahora vacíos, enseñaban la tierra, negra con la humedad; entre las manchas de las tierras desnudas aparecían el monte bajo, de trecho en trecho, las pomaradas ahora tristes con sus manzanos sin hojas, con sus ramos afilados, que parecían manos y dedos de esqueleto. Por aquel lado el cielo prometía despejarse, la niebla hacía palidecer las nubes altas y delgadas que empezaban a rasgarse. Sobre el horizonte, hacia el mar, se extendía una franja lechosa, uniforme y de un matiz constante. Sobre los castañares que semejaban ruinas y mostraban descubiertos los que eran en verano misterios de su follaje, sobre los bosques de robles y sobre los campos desnudos y las pomaradas tristes pasaban de cuando en cuando en triángulo macedónico bandadas de cuervos, que iban hacia el mar, como náufragos de la niebla, silenciosos a ratos, y a ratos lamentándose con graznar lúgubre que llegaba a la tierra apagado, como una queja subterránea.

Mientras Frígilis hablaba de la conveniencia de abandonar el cultivo del maíz y de cultivar los prados con intensidad, don Víctor, apoyada la cabeza sobre la tabla dura del coche de tercera miraba al cielo pardo y veía desaparecer entre la niebla una falange de cuervos por aquel desierto de aire» (*La Regenta* II. Capítulo XXIX, págs. 539-540).

Durante el trayecto hacen parada en una estación. *Quintanar* da vida imaginaria a la estación, que califica como *«muerta de frío»*.

«Don Víctor asomó la cabeza por la ventanilla. La estación, triste cabaña muy pintada de chocolate y muerta de frío, estaba al alcance de su mano o poco más distante» (*La Regenta* II. Capítulo XXIX, pág. 541).

Ya próximos a las marismas de *Palomares* se nota la influencia del mar, que *Clarín* describe de forma metafórica.

«Después de almorzar en Roca Tajada, en la taberna de Matiella, estanquero y albañil, grande amigo de Frígilis, los dos amigos cazadores dejaron el camino real, y por prados fangosos de hierba alta, de un verde obscuro, llegaron otra vez a las orillas del Abroño, allí más ancho, rodeado de juncos y arena, rizado por las ondas verdes que le mandaba el mar ya vecino» (*La Regenta* II. Capítulo XXIX, pág. 542).

Clarín sigue retratando el paisaje y los cielos.

«Frígilis y Quintanar pasaron el río en una barca, comenzaron a subir una colina coronada por una aldea de casas blancas separadas por pomaradas y laureles, pinos de copa redonda y ancha y álamos esbeltos. El verde de los pinares y de los laureles y de algunos naranjos de las huertas, sobre el verde más claro de las praderas en declive, limpias y como recortadas con tijeras, alegraba la cumbre resaltando bajo el cielo lechoso y entre las paredes blancas, que se comían toda la luz del día, difusa y como cernida a través de las nubes delgadas. Según subían por la falda de la loma que era como primer escalón para la colina, el terreno se afirmaba, la hierba aclaraba su color y menguaba. Frígilis se detuvo y contempló el monte Arco que tenía enfrente, el río ondulante que quedaba debajo y la franja del mar, azulada con pintas blancas, que se veía en un rincón del horizonte, en apariencia más alto que el río, como una pared oscura que subía hacia las nubes» (*La Regenta* II. Capítulo XXIX, pág. 542).

Comienzan a cazar. En pleno mes de diciembre las heladas son frecuentes, con la formación de escarcha (hidrometeoro resultado de la sublimación del vapor de agua, proceso por el que el agua pasa de fase gaseosa a fase sólida en superficies cuya temperatura es inferior a 0 °C).

«Muy contra su voluntad, a pesar de la desgracia que tenía encima, el cazador sintió el placer de la vanidad satisfecha. «Frígilis había disparado dos tiros y... nada; disparaba él uno solo y... cuatro... Sí, cuatro, allí estaban, sangrando sobre el prado, mezclando las gotas rojas con la escarcha blanca de la hierba» (*La Regenta* II. Capítulo XXIX, pág. 543).

Las nieblas matinales, en ocasiones persistentes, son frecuentes en Asturias; *Clarín* recurre al lenguaje figurado. Las aves migratorias, al llegar el invierno, se dirigen al sur en busca de temperaturas más suaves y de alimento.

«El sol no había conseguido disipar la niebla; se le vislumbraba detrás de un toldo blanquecino, como si fuera una luna de teatro hecha con un poco de aceite sobre un papel. A lo lejos gritaban las agoreras aves de invierno, que después aparecían bajo las nubes, volando fuera de tiro, sin miedo al cazador, pero tristes, cansadas de la vida, suponía Quintanar» (*La Regenta* II. Capítulo XXIX, pág. 545).

La naturaleza evoluciona al compás de las estaciones climáticas.

«El campo estaba melancólico. El invierno parecía una desnudez. Y a pesar de todo, ¡qué hermosa era la naturaleza! ¡qué tranquilamente reposaba...!» (*La Regenta* II. Capítulo XXIX, pág. 545).

Quintanar reflexiona filosóficamente sobre la naturaleza.

«Y las leyes de honor, las preocupaciones de la vida social todas, ¿qué eran al lado de las grandes y fijas y naturales leyes a que obedecían los astros en el cielo, las olas en el mar, el fuego bajo la tierra, la savia circulando por las plantas?» (*La Regenta* II. Capítulo XXIX, pág. 545).

«Despúes volvía la lástima tierna de sí mismo, la imagen de la vejez solitaria... y los alcaravanes, allá en el cielo gris, iban cantando sus ayes como quien recita el *Kempis* en una lengua desconocida» (*La Regenta* II. Capítulo XXIX, pág. 547).

La fría jornada de caza finaliza y vuelven a *Vetusta*. Se abren claros en el cielo.

«De noche, en el tren, cuando volvían solos a Vetusta en un coche de segunda, por miedo al frío de los de tercera, Frígilis que miraba el paisaje triste a la luz de la luna, que aquella vez había podido más que el sol y había roto las nubes, Frígilis sintió un suspiro como un barreno detrás de sí, y volvió la cabeza diciendo:

—¿Qué te pasa, hombre? Todo el día te he visto preocupado, tristón... ¿qué pasa?» (*La Regenta* II. Capítulo XXIX, pág. 548).

Quintanar, durante el viaje de vuelta, relata todo lo sucedido a su amigo, que le ofrece sus consejos. Finaliza así el capítulo XXIX.

Frígilis acompaña a *Quintanar* a su casa; comienza el capítulo XXX, último de la novela. Nada más entrar en su casa, recibe la visita del *Magistral*, que conocedor del adulterio, le estaba esperando. Con sentimientos enfrentados, finalmente le pide cordura y que evite la venganza, aunque en realidad espera y desea resarcirse. En una analepsis, el *Magistral* recuerda que el día anterior, después de haber pasado la noche en vela y con fiebre, había salido a caminar. El *paseo de Verano* mostraba las señales del invierno.

«Había salido caminar pensativo por el paseo de Verano, ahora triste con su arena húmeda bordada por las huellas del agua corriente, con sus árboles desnudos y helados. Había paseado pisando con ira, con pasos largos, como si quisiera rasgar la sotana con las rodillas; aquella sotana que se le enredaba entre las piernas, que era un sarcasmo de la suerte, un trapo de carnaval colgado al cuello» (*La Regenta* II. Capítulo XXX, págs. 556-557).

El *Magistral* se siente traicionado, e intenta escribir una carta a la *Regenta* que no concluye, afloran los dulces recuerdos. *Clarín* utiliza términos meteorológicos metafóricamente.

«recordaba aquellas mañanas de un verano, entre flores y rocío, místicas esperanzas y sabrosa plática, felicidad presente comparable a la futura. Pero entre los quejidos de tórtola el viento volvía a bramar sacudiendo la enramada, volvía a rugir el huracán, estallaba el trueno y un sarcasmo cruel y grosero rasgaba el papel como el cielo negro un rayo» (*La Regenta* II. Capítulo XXX, pág. 558).

«Y don Fermín rasgó también esta carta, y en mil pedazos más que todas las otras. No acertaba a arrojar en el cesto los pedacitos blancos y negros, y el piso parecía nevado; y sobre aquellas ruinas de su indignación artística se paseaba furioso, deseando algo más suculento para la ira y la venganza que la tinta y el papel mudo y frío» (*La Regenta* II. Capítulo XXX, pág. 559).

Tras hablar con el *Magistral*, *Quintanar* pasa parte de la noche en vela y armado, con intención de disparar a *Mesía* si apareciera de nuevo. Era una noche fría.

> «La noche era obscura, el frío intenso. Don Víctor no tuvo más remedio que volver a su cuarto por la capa. Se exponía a hacer ruido, o que el otro tuviera tiempo de venir y escalar el balcón entre tanto... pero a cuerpo no se podía estar allí. Se quedaría helado» (*La Regenta* II. Capítulo XXX, pág. 569).

Mesía no apareció esa noche, así que al día siguiente *Quintanar* decidió retarle en duelo. *Álvaro* ya se había batido en duelo hacía mucho tiempo, siendo testigo *Frígilis*, que relata cómo una tormenta repentina obligó a suspenderlo. *Clarín* se inspira en la célebre frase atribuida durante mucho tiempo (ahora en duda por los historiadores) a Felipe II tras el desastre de la *Armada Invencible* en 1588: «No mandé a mis naves a luchar contra los elementos».

> «Mesía y su adversario estaban en mangas de camisa (se acordaba Frígilis como si hubiese sido el día anterior), estaban en mangas de camisa, sable en mano... ambos pálidos y temblando de frío y de miedo. El cielo encapotado amenazaba desplomarse en torrentes de lluvia. Los dos *combatientes* miraban a las nubes. Frígilis comprendió lo que deseaban. Comenzó la lid soltera y al primer choque de los aceros estalló un trueno y empezaron a caer gotas como puños. Mesía y su adversario temblaban como las ramas de los árboles que batía el viento... Tan grande fue el chaparrón que los padrinos suspendieron el duelo... que no se continuó. «No habían ido a batirse contra los elementos» (*La Regenta* II. Capítulo XXX, págs. 575-576).

Quintanar cae enfermo. Sus padrinos para el duelo, *Frígilis* y *Ronzal,* lo aplazan varios días ante la dificultad de encontrar las armas adecuadas. En invierno las bajas temperaturas nocturnas dan lugar a heladas y formación de escarcha (confundida con la nieve por los profanos en fenomenología meteorológica). El día del duelo amaneció con heladas.

> «En la calleja de Traslacerca les esperaba Ronzal. La mañana estaba fría y la helada sobre la hierba imitaba una somera nevada» (*La Regenta* II. Capítulo XXX, pág. 577).

El duelo es a pistola, *Quintanar* dispara primero y falla. A continuación dispara *Mesía*, que hiere de muerte a *Quintanar* y éste cae sobre la hierba cubierta de escarcha.

> «Ello era que don Víctor Quintanar se arrastraba sobre la hierba cubierta de escarcha, y mordía la tierra» (*La Regenta* II. Capítulo XXX, pág. 579).

El tiempo sigue avanzando rápidamente en el relato, nos encontramos en la primavera del tercer y último año. *Ana Ozores*, traumatizada por la muerte

Figura 181. *Hielo. El Condao (Laviana/Llaviana)*. Eladio Begega (FF). Muséu del Pueblu d'Asturies.

de su esposo y abandonada por su amante, cae enferma de gravedad y tiene un largo proceso de convalecencia.

La climatología muestra el tiempo promedio durante un periodo de referencia, en general 30 años. La variabilidad del clima hace que el comportamiento mensual de cada año difiera. La ironía de *Clarín* es excelsa.

> «El mes de Mayo fue digno de su nombre aquel año en Vetusta. ¡Cosa rara!
>
> Las nubes eternas del Corfín habían vertido todos sus humores en Marzo y en Abril. Los vetustenses salían a la calle como el cuervo de Noé pudo salir del arca, y todos se explicaban que no hubiera vuelto. Después de dos meses pasados debajo del agua, ¡era tan dulce ver el cielo azul respirar aire y pasearse por prados verdes cubiertos de belloritas que parecen chispas del sol!» (*La Regenta* II. Capítulo XXX, pág. 580).

La viuda se recupera poco a poco, siguiendo los consejos de su médico. *Clarín* recurre al lenguaje en sentido figurado empleando términos marinos.

> «Días enteros estuvo sin pensar en su adulterio ni en Quintanar; pero esto fue al principio de la mejoría; cuando el cuerpo débil volvió a sentir el amor de la vida, a la que se agarraba como un náufrago cansado de luchar con el oleaje de la muerte obscura y amarga» (*La Regenta* II. Capítulo XXX, pág. 582).

Figura 182. *Llanura aluvial con margaritas comunes en flor en la Gendtse Waard (Gelderse Poort), Países Bajos.* Fotografía tomada por Industrees el 27 de abril de 2021.
Publicada en Wikimedia Commons, bajo licencia Creative Commons Cero (CC0 1.0).

También cita a la niebla en el mismo sentido.

«Pero a ratos, meditando, pensando en su delito, en su doble delito, en la muerte de Quintanar sobre todo, al remordimiento, que era una cosa sólida en la conciencia, un mal palpable, una desesperación definida, evidente, se mezclaba, como una niebla que pasa delante de un cuerpo, un vago terror más temible que el infierno, el terror de la locura, la aprensión de perder el juicio» (*La Regenta* II. Capítulo XXX, págs. 582-583).

La primavera, tras un duro invierno, es una aliada para la recuperación de *Ana Ozores*. El *doctor Benítez* prescribe a la enferma:

«Olvido, paz, silencio interior, conversación con el mundo, con la primavera que empieza y que viene a ayudarnos a vivir...» (*La Regenta* II. Capítulo XXX, pág. 584).

La primavera en Oviedo presenta un tiempo variable; en ocasiones predomina el tiempo apacible durante el mes de mayo. *Frígilis*, por recomendación del médico, insiste en que *Ana* salga a pasear.

«Y por eso la rogaba que saliese con él a paseo cuando llegó aquel Mayo risueño, seco, templado, sin nubes, pocas veces gozado en Vetusta» (*La Regenta* II. Capítulo XXX, pág. 590).

Finalmente *Ana Ozores* decide salir del caserón, para acudir a misa. La novela termina en un mes de octubre, de igual forma que se inicia, con una situación de viento sur.

> «Llegó Octubre, y una tarde en que soplaba el viento Sur perezoso y caliente, Ana salió del caserón de los Ozores y con el velo tupido sobre el rostro, toda de negro, entró en la catedral solitaria y silenciosa» (*La Regenta* II. Capítulo XXX, págs. 594-595).

En el penúltimo párrafo, *Clarín* se despide citando metafóricamente la niebla:

> «Ana volvió a la vida rasgando las nieblas de un delirio que le causaba náuseas.
>
> Había creído sentir sobre la boca el vientre viscoso y frío de un sapo» (*La Regenta* II. Capítulo XXX, pág. 598).

Figura 183. Imagen procedente de la fototeca de AEMET.

221

4. EL CLIMA DE ASTURIAS, DEL SIGLO XIX AL SIGLO XXI

El clima de Asturias, entre otros factores, está condicionado por su compleja topografía y su proximidad al mar Cantábrico. De acuerdo a la clasificación climática de Köppen-Geiger, en la actualidad (periodo de referencia 1991-2020) presenta un clima de tipo Cfb (templado sin estación seca con verano templado) en la mayor parte de su territorio. También existen algunas zonas de poca extensión de tipo Csb (templado con verano seco y templado) en el interior y de tipo Dfb (frío sin estación seca y verano templado) y Dfc (frío sin estación seca y verano fresco) en zonas de alta montaña.

Para monitorizar el clima es fundamental disponer de datos y, para observar tendencias, se requieren series de datos suficientemente largas. La serie histórica de mayor extensión en Asturias, iniciada en 1851, es la del Observatorio de Oviedo, la cual nos permite determinar tendencias, aunque los datos deben ser sometidos previamente a un riguroso proceso de homogeneización, relleno de lagunas, test de significación estadística, etc., como consecuencia de los distintos cambios de emplazamiento, instrumentación y métodos de observación a lo largo de los años.

En la actualidad también se dispone de datos del Observatorio de Gijón, que inició su serie en 1924, aunque con varios cambios de emplazamiento; y del aeropuerto de Asturias, que inició sus observaciones en 1968. Además existen más de 20 estaciones meteorológicas automáticas repartidas por el territorio asturiano. En una región con una topografía tan compleja, es esencial disponer del mayor número de observaciones. Por ello es fundamental la encomiable labor realizada por los colaboradores meteorológicos asturianos de la Agencia Estatal de Meteorología, más de 60 que, de forma altruista, realizan observaciones diarias de precipitación, meteoros y, en algunos casos, de temperaturas.

Tras la Universidad de Oviedo, pionera de las observaciones meteorológicas sistemáticas en Asturias, el Ayuntamiento de Llanes instaló una estación meteorológica en 1884. Le siguió la fábrica de armas de Trubia, en 1886, aunque a principios del siglo XX ambos observatorios habían cesado su actividad. En 1907, los Padres Agustinos comenzaron a realizar observaciones en el Colegio de Tapia de Casariego. En los años 1911 y 1912, tras el llamamiento a nivel nacional de colaboradores voluntarios, surgen varias estaciones, y su número fue aumentando gradualmente, alcanzando su máximo en 1977 (180 colaboradores). Lamentablemente, como consecuencia de la despoblación rural y la exigencia diaria de esta labor, el número de colaboradores meteorológicos ha disminuido drásticamente en los últimos decenios.

Estos miles de datos recogidos a lo largo de decenas de años por los colaboradores asturianos constituyen un importante patrimonio científico, fundamental para el conocimiento del clima y, sin ellos, no podríamos comprender su evolución futura.

A continuación reproducimos y ampliamos un trabajo del autor, publicado en el calendario meteorológico 2017 de AEMET.

4.1 La serie histórica de datos meteorológicos de Oviedo (extracto publicado en el calendario meteorológico de AEMET 2017)

La Universidad de Oviedo fue la primera Universidad o Instituto español en realizar observaciones meteorológicas de forma sistemática a mediados del siglo XIX. Los primeros registros corresponden al 1 de enero de 1851, a cargo de D. León Salmeán y Mandayo, entonces catedrático de Física y posteriormente rector de esta Universidad. Según Fermín Canella, rector e historiador de la Universidad de Oviedo a finales del siglo XIX: «fue el primero en nuestras Universidades que se dedicó a los importantes trabajos de las observaciones meteorológicas» (Canella, 1873).

Tras la Real Orden de 30 de marzo de 1846, en la que se estimulaba a los profesores de Física al estudio de la observación meteorológica, hubo que esperar a la Real Orden de 6 de octubre de 1850 de la Dirección General de la Función Pública, por la que se establecieron las 23 estaciones meteorológicas que conformarían la red de observación, para que comenzaran las observaciones de forma regular en algunos Observatorios. Sin embargo, la gran mayoría de ellos tuvieron dificultades para comenzar (quizás debido a la falta de instrumentos), por lo que la R.O. de 28 de diciembre de 1854 estableció la fecha para el inicio de las observaciones, tal y como aparece en su artículo 1º: «Se dará principio en el próximo mes de Enero de 1855 a los trabajos de observaciones meteorológicas en las Universidades e Institutos de segunda enseñanza que han recibido las colecciones de aparatos meteorológicos correspondientes».

Resulta sorprendente que, en menos de tres meses desde la publicación de la Real Orden de 1950, se iniciaran de forma tan rigurosa y sistemática las observaciones en la Universidad de Oviedo, mientras que otros Observatorios tardaron varios años en hacerlo, apremiados ya por la R.O. de 1854 (Valladolid comenzó en noviembre de 1855, Alicante en enero de 1855 y Bilbao en 1860). Como relata Fermín Canella, «la falta de aparatos e instrumentos de precisión

Fig. 184. *Ubicaciones del jardín meteorológico durante el siglo XIX.* Imagen 3D Google Earth.

impedía que se planteasen tales estudios, pero el catedrático D. León Salmeán y Mandayo, venció con su celo los obstáculos que se oponían, y careciendo de local en donde hacerlas, colocó los instrumentos en varios sitios de la Escuela y sus dependencias, logrando dar principio a la publicación de las observaciones en enero de 1851». Sigue diciendo que «el resultado que tuvieron fue tan favorable, que alcanzaron, por su exactitud y buen orden, ser apreciadas y consultadas por el Observatorio Astronómico de Madrid y la Junta General de Estadística, que las utilizaron y reprodujeron en sus publicaciones, así como también por la Academia Nacional de Ciencias de Madrid, que nombró al Sr. Salmeán su individuo correspondiente».

Inicialmente, el jardín meteorológico se encontraba en el Jardín Botánico (actualmente Campo de san Francisco), distante unos 400 metros del edificio histórico de la Universidad. La desamortización de Mendizábal en 1837 liberó terrenos pertenecientes al convento de san Francisco en Oviedo. Los que estaban más próximos a la Universidad, dedicados a huertas del convento, en aquella época Hospital General, fueron cedidos en 1846 por el Ayuntamiento de Oviedo para el establecimiento de un Jardín Botánico. La organización y dirección correspondió a León Salmeán, que sin duda aprovechó la ocasión para ubicar, en la zona más elevada (esquina del actual Paseo del Bombé y la calle Marqués de Santa Cruz, que corresponde aproximadamente con ubicación A en la figura 184), un Observatorio Meteorológico (probablemente se trataría simplemente de un pluviómetro y distintos termómetros, mientras que el barómetro se encontraría en otras dependencias del edificio universitario).

En contraste a las sistemáticas observaciones emprendidas en el Observatorio de la Universidad de Oviedo en 1851, la incipiente red de observación nacional continuaba encontrando dificultades para operar adecuadamente. Con objeto de normalizar las observaciones, en 1859 los estudios y trabajos meteorológicos pasaron a depender de la Comisión General de Estadística del Reino. Un año después, el Real Decreto de 5 de marzo de 1860 estableció instrucciones precisas para asegurar el funcionamiento de la red de observación meteorológica, constituida inicialmente por 22 observatorios, entre los que seguía encontrándose Oviedo. Previamente hubo la necesidad de establecer reglas para la observación e instalación de los instrumentos meteorológicos. Antonio Gil de Zárate, Director General de Instrucción Pública encomendó dicha tarea a Juan Chávarri y a Manuel Rico y Sinobas, que presentaron una memoria al respecto. Este último redactó las correspondientes instrucciones (publicadas en 1854), enumerando los instrumentos a instalar, recomendó libros que podían ser útiles y, debido a su conocimiento de instituciones científicas y de fabricantes extranjeros, participó personalmente en la compra de los instrumentos.

La Facultad de Ciencias de la Universidad de Oviedo tuvo una efímera existencia en sus inicios, tan solo entre 1845 y 1860. A partir de ese año, quizás por la escasez de alumnos, cesó su actividad, pasando algunos de sus catedráticos y todo el material e instrumentación científica, así como la dirección del Observatorio Meteorológico, al Instituto Provincial. El 30 de septiembre de 1861, quizás por temor a la inminente devolución de los terrenos cedidos por el Ayuntamiento donde se ubicaba el Jardín Botánico, o tal vez para adecuar las observaciones a las instrucciones elaboradas por Manuel Rico y Sinobas y las dictadas por la Comisión General de Estadística, se construyó en el patio suroeste del edificio histórico una cámara de 3 metros de altura, en cuyo interior se alojaron el barómetro, libros, registros, tablas de reducción, etc. (González Frades, 1891). En el mismo patio se ubicó el jardín meteorológico, incluyendo la garita tipo facistol con termómetro de máxima, termómetro de mínima y termómetro a la sombra, junto al pluviómetro y el atmómetro (tanque evaporimétrico, que consiste en un depósito circular lleno de agua en el que se mide diariamente el nivel del agua para determinar la evaporación). Creemos que esa ubicación correspondería con el actual emplazamiento de la ampliación de la biblioteca de la Universidad, que fue anexionada al edificio histórico a comienzos del siglo XX (posición B en figura 184).

El rector Domingo Álvarez Arenas, consciente de la importancia de las observaciones meteorológicas, propuso la construcción de una torre-observatorio en la esquina NE del edificio histórico que sustituyera a la torre con espadaña que albergaba el reloj. Aunque algunos apostaban por ubicar la torre-observatorio en el mismo Jardín Botánico (se conserva un boceto del proyecto), finalmente se aprobó su construcción en el edificio de la Universidad por Real Orden de 30 de septiembre de 1859, correspondiendo el diseño al arquitecto municipal Luis de Céspedes. Pese a salir a licitación la obra, no hubo postores, probablemente por lo ajustado del presupuesto. Tras varias modificaciones presupuestarias y diversas licitaciones, la torre se finalizó once años después, en 1871. Precisamente ese mismo año, al no haber cumplido la Universidad con el compromiso de establecer «una elegante verja de hierro...» en el perímetro del Jardín Botánico, se derribó la tapia existente y el Jardín se anexionó al Campo de san Francisco.

Así pues, el 1 de abril de 1871 el Observatorio se trasladó a la torre de la Universidad, construida con este fin. Los instrumentos expuestos a la intemperie se emplazaron en la terraza, ubicada a 22 m de altura, mientras que el barómetro se instaló en el tercer cuerpo de la torre, dedicado propiamente a sala de observación desde la cual, mediante una escalera interior de caracol, se accedía a la terraza. Las observaciones continuaron en este mismo emplazamiento hasta el año 1958, aunque con algunas interrupciones, motivadas por los episodios revolucionarios y bélicos del siglo XX.

El catedrático José Ceruelo y Obispo, responsable del observatorio en 1871, describe de forma meticulosa la distribución de los instrumentos en dicha terraza:

> «En medio del terrado superior se ha fijado la parte principal del Observatorio, que consiste en un trípode de hierro fuertemente enchufado en el pavimento, sobre el que se alza a 2,5 m. la barra bien centrada de la veleta anemómetro de Barrow, que gira en un círculo orientado de rumbos y semi-rumbos. La citada barra sirve de eje a una caja octogonal de 0,65 m de alta por 0,45 m de base, colocada a 1,65 m del terrado y dispuesta de modo que pueda tomar distintas posiciones. Contiene la caja un termómetro Fastré que con el de bola humedecida forma el psicrómetro, y los de máxima y mínima a la sombra de Casella, constantemente expuestos al Norte. Por la disposición de la caja, cuyas caras laterales son de persiana abierta en sentido vertical y protegida superiormente por un tejadillo cónico de zinc, se hallan los instrumentos preservados de la lluvia, del sol y sus reflejos, y expuestos sin embargo a las suaves corrientes del aire. Al mediodía, y bajo la acción directa de los rayos solares, se ha fijado en el trípode el termómetro de máxima al sol, también de Casella, y en la pilastra SO del terrado se eleva a 1,80m el molinete de Robinson y, por último, en el terrado mismo se han distribuido el pluviómetro, atmómetro y termómetro de mínima reflector, que se pone en experiencia al anochecer» (Canella, 1873).

Resulta llamativo el tipo de garita utilizada, de tipo Stevenson pero octogonal y con veleta anemómetro incorporada, similar a la que se conserva en el Observatorio Meteorológico de Santiago de Compostela, aunque ésta es hexagonal y de mayores dimensiones (fig. 185). De hecho, las recomendaciones de Manuel Rico y Sinobas apuntaban a otro tipo de garita o abrigo meteorológico, tipo facistol (figura 186), de la que derivó más tarde la conocida como Montsouris (figura 187). En la fotografía de los años 20 del pasado siglo de la plaza de Riego (figuras 188 y 189), se observa dicha garita (sin la veleta, que fue desmontada en 1885), aunque más bien parece que se trata de un «prisma hexagonal de persianas simples» (tal como aparece en las memorias de la estación de principios de siglo XX), lo cual indica que quizás se sustituyó la original. Gracias al archivo fotográfico municipal del Ayuntamiento de Oviedo y a los fondos del Muséu del Pueblu d´Asturies, se puede apreciar que la garita tipo Stevenson (OCM-Observatorio Central Meteorológico), que es la que se usa en la actualidad, coexistió con la garita hexagonal en los años 30, como se aprecia en las fotografías realizadas tras el incendio de octubre de 1934 (figuras 190 y 191) donde aparece deteriorada sin algunos paneles, pero quizás inmediatamente después del incendio o como muy tarde a principios de la década de los años cuarenta, la garita tipo prisma hexagonal fue eliminada, como se desprende de la fotografía de esos años (figuras 192 y 193).

Figura 185. *Garita del Observatorio Meteorológico de Santiago de Compostela.* Fuente AEMET.

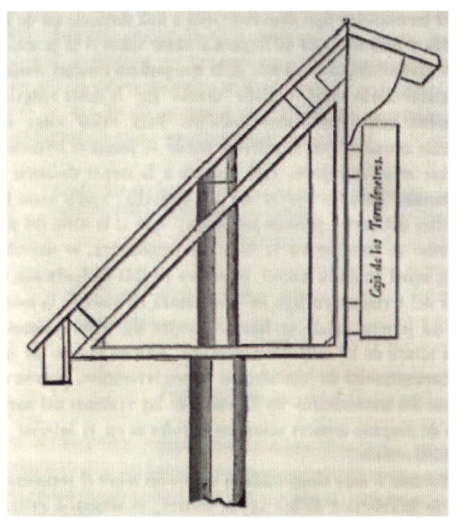 

Figura 186 y 187. (izqda.) *Garita tipo facistol. Manuel Rico y Sinobas (1854).* (dcha.) *Garita tipo Montsouris.* 1910. Fotografía de Galbís y Rodríguez, J. Archivo Arcimis.

Figuras 188 y 189. *Plaza de Riego*. Años 20. Fototipia Thomas (Barcelona) y detalle de la torre de la Universidad. Años 20. Imagen procedente del archivo municipal del Ayuntamiento de Oviedo.

Figura 190. *Revolución de Octubre de 1934. Oviedo/Uviéu. Vista de la Universidad, tras su incendio.* Colección Florentino López, Floro. Muséu del Pueblu d'Asturies.

229

Figura 191. *Incendio de la Universidad. Sucesos octubre 1934.* Detalle de la torre-observatorio. Imagen procedente del archivo municipal del Ayuntamiento de Oviedo.

Figuras 192 y 193. *Plazuela de Riego y Universidad y detalle de la torre-observatorio.* Finales de los años 30 o principios de los años 40. Imagen procedente del archivo municipal del Ayuntamiento de Oviedo.

A diferencia de otras torres-observatorio, que paulatinamente fueron derribadas, la torre-observatorio de la Universidad de Oviedo se conserva en perfecto estado, erigiéndose como una referencia emblemática dentro del casco histórico de la ciudad de Oviedo. Como curiosidad, en la actualidad se pueden observar restos del molinete Robinson sobre la pilastra suroeste, al que le faltan las cazoletas.

Al margen de la figura del rector León Salmeán y Mandayo, a quien podemos considerar como fundador del Observatorio, y que destacó enormemente por otros muchos aspectos científicos, no hay que olvidar a los sucesivos

230

directores y ayudantes del observatorio que continuaron su labor. Hasta cierto punto, se podría considerar que crearon *escuela*, destacando de forma singular Luis González Frades, que ocupó la dirección a partir de 1877, y que entre otros destinos posteriores, ocupó la dirección del Observatorio de la Universidad de Valladolid en 1899, al que confirió un gran impulso. Destacable también fue su comisionado para la instalación de una estación meteorológica en Llanes en 1884. González Frades fue un memorable científico, inventor de un curioso anemógrafo registrador eléctrico, con más de 20 publicaciones técnicas, destacando sus libros de Física y Química que fueron utilizados como libros de texto en varios Institutos. En 1891 publicó la obra *Estación Meteorológica de Oviedo. Resúmenes Generales de las observaciones realizadas desde el año 1851 hasta 1890 inclusive*, que además de incluir una completa y meticulosa descripción de la estación, con el inventario de todos los instrumentos y la minuciosa climatología estadística, contiene el que podemos considerar primer tratado de climatología descriptiva de Asturias. También enumera los textos que albergaba la completa biblioteca del Observatorio, incluyendo suscripciones a revistas internacionales de contenido meteorológico procedentes de EEUU, Alemania, Inglaterra, Italia, etc., por lo que podemos considerar que la *Escuela de Oviedo* se encontraba a la vanguardia del conocimiento científico meteorológico a finales del siglo XIX.

Otro miembro destacado de la que denominamos *Escuela de Oviedo* es Máximo Fuertes Acevedo (Oviedo 1832 - Badajoz 1890), ayudante entre 1861 y 1862, polifacético científico ovetense que destacó en las letras y en las ciencias. Dirigió también el Observatorio Meteorológico de Badajoz y realizó estudios meteorológicos como catedrático del Instituto de Santander. Prolífico escritor, con gran número de publicaciones, tanto científicas como su *Curso de Física Elemental y nociones de Química*, *La atmósfera* o *Mineralogía asturiana*; como relativas a estudios biográficos de asturianos, tal es el caso de *Ensayo de una biblioteca de autores asturianos*. Varias de sus obras recibieron distintos galardones, siendo reconocido

Figura 194. *Máximo Fuertes Acevedo*. Retrato incluido en el cartel de colaboradores de «Asturias», Tip. O. Bellmunt, Gijón, 1895-1900. Muséu del Pueblu d'Asturies

el conjunto de su obra con una medalla de oro en la Exposición Universal de Barcelona en 1888. Curiosamente la publicación de una de sus obras, *El darwinismo. Sus adversarios y defensores,* parece que fue la causa de su destitución como director del Instituto de Badajoz, al considerarse la misma de «inspiración demoniaca». Fundó junto a Fermín Canella, Julio Somoza y Braulio Vigón en 1881 *La Quintana*, sociedad dedicada a los estudios asturianos, que precedió al Centro de Estudios Asturianos.

Otros directores del Observatorio fueron Diego Terrero y Pérez, José López Doriga, Arturo Pérez, Luis Méndez, Antonio Aparicio y Enrique Uríos y Gras. Ya en el siglo XX, destaca la figura de Demetrio Espurz Campodarbe, que ocupó la dirección desde 1907. Anteriormente fue profesor en las Universidades de Zaragoza y de Cuba, así como de la Escuela Naval de Guayaquil (Ecuador). Tuvo una estrecha relación con el profesor J.J. Thomson (Premio Nobel de Física en 1906), quien visitó la Universidad de Oviedo en 1923. Probablemente, Demetrio Espurz fue quien decidiera en 1913 trasladar el gabinete de física a la contigua casa-palacio de la plaza de Riego, con motivo de las reformas generales que finalizaron con la ampliación de la biblioteca y con la estructura actual del edificio. Este hecho, aparentemente sin importancia, resultó determinante para el devenir de esta serie de datos de observación, ya que durante los sucesos revolucionarios de octubre de 1934, y como consecuencia del trágico incendio del edificio histórico durante el día 13, resultó gravemente dañada la torre-observatorio. Afortunadamente, el archivo de los cuadernos de observación, se encontraba a salvo en el edificio contiguo, que no sufrió daños. De esa forma, solo se perdieron los cuadernos de observación de los meses de julio, agosto, septiembre y octubre de ese año. También es admirable que tan solo unos días después, las observaciones continuaran con los instrumentos ubicados provisionalmente sobre un montante de madera adosado a la pared y accesible desde una ventana, a unos 3 metros de altura.

La primera red de Observatorios, con fines meramente estadísticos, dependía de la Comisión General de Estadística del Reino, con la colaboración del Real Observatorio Astronómico y Meteorológico de Madrid, recayendo en Manuel Rico y Sinobas, Jefe de la Sección Meteorológica, la coordinación de dicha red. Aunque en 1887 se creó el Instituto Central Meteorológico (ICM), como Servicio Meteorológico oficial que tenía entre sus prioridades la predicción del tiempo, hubo que esperar a 1906 para que la red provincial pasara a depender del ICM. En 1911 el ICM pasó a denominarse Observatorio Central Meteorológico (OCM), y una de las primeras iniciativas de su director, José Galbís, fue ampliar la red de observación con nuevas estaciones atendidas por colaboradores de forma totalmente altruista, a diferencia de los observatorios de Universidades e Institutos que percibían una gratificación. Debe mencionarse que en Asturias ya existían tres estaciones complementarias: en Llanes (1885), patrocinada por el municipio, en Trubia (1886), organizada por los jefes y oficiales de Artillería agregados a la importante fábrica-fundición de cañones del mismo nombre y en Tapia (1907), a cargo de los PP Agustinos. Como fruto de la iniciativa emprendida por el ICM, en 1911 surgen nuevas estaciones pluviométricas en los faros de Busto, Peñas, Ribadesella, san Emeterio y

Tazones, establecidas por el Servicio Central de Señales Marítimas, así como en Infiesto (a cargo del servicio forestal y el Cuerpo de Ingenieros de Montes). Otras estaciones pluviométricas, a cargo de maestros nacionales, surgieron en Godán, Llamero, Prelo y Nueva. En 1913 se incorporaron Gijón, a cargo de los PP. Jesuitas (aunque solo remitió datos durante un año) y otras localidades hasta completar 15 observatorios.

Ese mismo año, 1913, se profesionaliza oficialmente la meteorología creándose el Cuerpo de Meteorólogos y el de Auxiliares de Meteorología. En 1920, el OCM pasa a llamarse Servicio Meteorológico Español (SME) y se crearon nuevos Observatorios dotados de personal. Así ocurrió con el Observatorio de Gijón, creado en febrero de 1924 en el Cerro de Santa Catalina, estando a su cargo el Auxiliar de Meteorología Germán Collado que contaba con la ayuda del observador Vicente Franca. Durante la República, en 1932, el SME pasó a denominarse Servicio Meteorológico Nacional (SMN), y debido al interés de la aviación por la meteorología, imprescindible para las operaciones aéreas, pasó a depender de la Dirección General de Aeronáutica. Tras la Guerra Civil, en 1940 el SMN se integra en el Ministerio del Aire.

Durante los episodios bélicos nacionales e internacionales, se abrió un pequeño paréntesis en los registros de observaciones de la Universidad de Oviedo. En 1943, Demetrio Espurz Campodarbe es nombrado en el boletín oficial del Ministerio del Aire como Catedrático encargado de la Estación de la Universidad de Oviedo «con remuneración anual de 1500 pesetas». Su hijo, Antonio Espurz Sánchez, que pertenecía al Cuerpo de Meteorólogos Facultativos, había sido nombrado unos meses antes como Profesor Auxiliar Encargado de la misma estación. Ese mismo año, el meteorólogo Pedro Mateo González fue nombrado Jefe del Centro Meteorológico del Cantábrico, ubicado en el Observatorio de Gijón. La nueva denominación probablemente fue resultado del mayor protagonismo que adquirió este Observatorio tras la Guerra Civil, en detrimento del Observatorio de la Universidad de Oviedo. Sin embargo, tras la reestructuración organizativa del SMN, el Centro Meteorológico del Cantábrico pasó pocos años después a Santander (en 1946 ya figuraba ubicado en esta localidad). Deberían pasar bastantes años (hasta 1973) para que Oviedo contara con un Observatorio plenamente profesionalizado, con la creación del Observatorio Especial de Oviedo en su actual ubicación de El Cristo, gracias al esfuerzo e insistencia de Pedro Mateo. A partir de 2008, se aprovechan estas instalaciones para la creación de la Delegación Territorial de AEMET en Asturias.

Es necesario mencionar que esta serie de datos históricos se conserva gracias a la oportuna intervención de Miguel Ángel Álvarez, profesor titular de Biología y director del INDUROT ya jubilado, que rescató en 1979, entre otros muchos legajos y papeles olvidados en un viejo desván de la facultad de Ciencias y quizás avocados a su desaparición, los cuadernos de observación de esta serie. También es necesario destacar a Pedro Mateo, meteorólogo y jefe del Observatorio de Oviedo en aquellos años, que puso en valor estos datos y realizó los primeros estudios y publicaciones con esta serie centenaria.

4.2 Estudio comparativo del clima de Oviedo a finales del siglo XIX y en la actualidad

El tiempo se define como las condiciones meteorológicas en un lugar y momento determinado. Las variables meteorológicas (temperatura, humedad, viento, nubosidad, meteoros, etc.) que lo definen, obviamente fluctúan continuamente a lo largo del día, de los meses y de los años.

El clima de un lugar se define como el conjunto de condiciones meteorológicas promediadas a la largo de un intervalo de tiempo suficientemente largo (generalmente 30 años), de esa forma se pueden establecer tendencias en periodos seculares, difíciles de observar al analizar individualmente cada año, debido a la variabilidad interanual.

Para el presente estudio hemos tomado el periodo de referencia más reciente (1991-2020) y el periodo de referencia 1871-1900, con objeto de analizar las diferencias entre el clima actual y el de finales del siglo XIX, época en la que está ambientada *La Regenta*. Hay que tener en cuenta que la serie histórica de Oviedo presenta algunas lagunas, que pueden suplirse en algunos casos con datos de otras estaciones, pero es necesario un riguroso proceso de filtrado de datos, homogeneización de la serie y aplicar test de significación estadística, objeto del proyecto REDASHO aún inconcluso. Por ello, en el presente trabajo, no se presenta la serie completa, sino la comparación de los datos de ambos periodos de referencia.

Las observaciones en la actualidad se realizan de forma automática o semiautomática (con supervisión de un observador de meteorología), con instrumentos de alta precisión y con registros continuos en el tiempo. Obviamente, a finales del siglo XIX, los instrumentos eran de menor precisión, se realizaban solo dos observaciones (a las 9 y a las 15 horas locales), no había aparatos registradores y regían otras normas de observación y de ubicación de los instrumentos. Por todo ello, las comparaciones, especialmente las referentes a temperatura, deben ser tomadas con cautela y los valores resultantes son aproximados.

En 1871 las observaciones de temperatura se realizaban con termómetros instalados en una garita de tipo facistol, asentada sobre un suelo probablemente enlosado en la terraza de la torre del edificio histórico de la Universidad, a 22 metros de altura. El actual observatorio de AEMET se ubica a unos 2,5 km aproximadamente en línea recta y a una mayor altitud que el edificio histórico de la Universidad —en un entorno inicialmente rustico que se ha ido urbanizando— y con un tipo de garita diferente. Según las normas internacionales de la Organización Meteorológica Mundial, las garitas deben ser instaladas en zonas despejadas y llanas, y sobre suelo natural, representativo del terreno, al igual que los pluviómetros. Las diferencias son por tanto notables. El meteorólogo ovetense Pedro Mateo, con objeto de poder comparar las observaciones en ambos emplazamientos, diseñó y llevó a la práctica un programa de observación simultánea durante el periodo 1975-1976, resultando obviamente sesgos característicos.

En cuanto a las precipitaciones, la instrumentación básica y los métodos de observación no han variado, aunque debido al carácter de algunas formas de precipitación (chubascos muy localizados) existen diferencias por la distancia entre ambos Observatorios y la diferente altitud, además de las inherentes a las características de los emplazamientos (torre elevada frente a superficie llana). Como resultado del programa de observación simultáneo, también se aprecian diferencias significativas.

Comparando los climogramas del último treinteno del siglo XIX y el último treinteno de referencia (1991-2020) se aprecian diferencias a primera vista (gráficos 10 y 11), como la mayor pluviosidad y temperatura en la época actual.

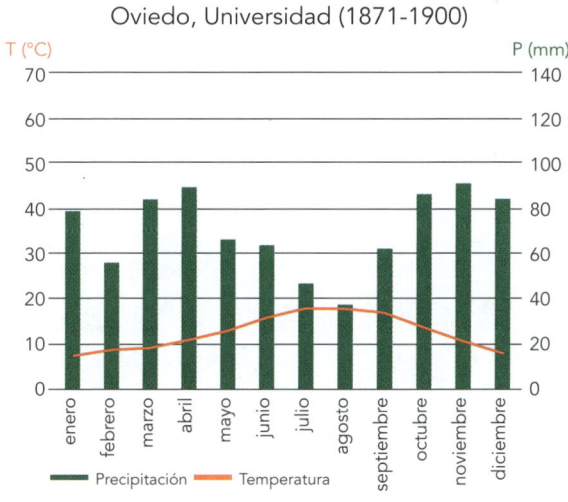

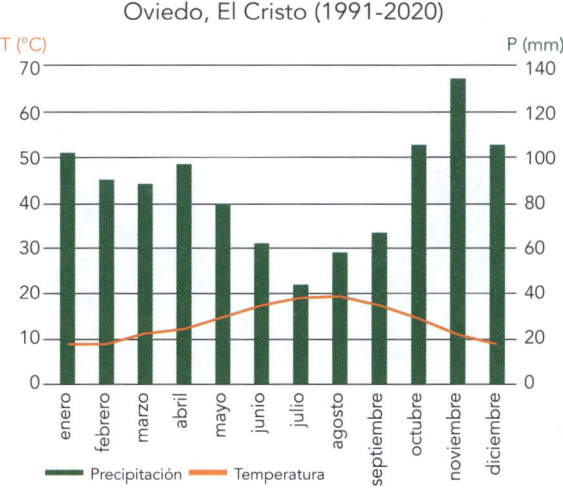

Gráficos 10 y 11. *Climogramas del Observatorio de Oviedo. Periodos de referencia 1871-1900* (arriba) *y 1991-2020)* (abajo)*.* Cesar Rodríguez Ballesteros. Datos AEMET

Los gráficos 12 y 13 muestran la evolución de la temperatura media anual en los treintenos 1871-1900 y 1991-2020. A finales del siglo XIX la temperatura media (línea discontinua) en el Observatorio de la Universidad era de 12,2 ºC, con un periodo notablemente frío entre 1883 y 1892, con temperaturas inferiores al valor de referencia 1871-1900. Sin embargo, en nuestros días, la temperatura media (línea discontinua) en el Observatorio de Oviedo-El Cristo es de 13,4 ºC, observándose un periodo frío entre 1991 y 1993.

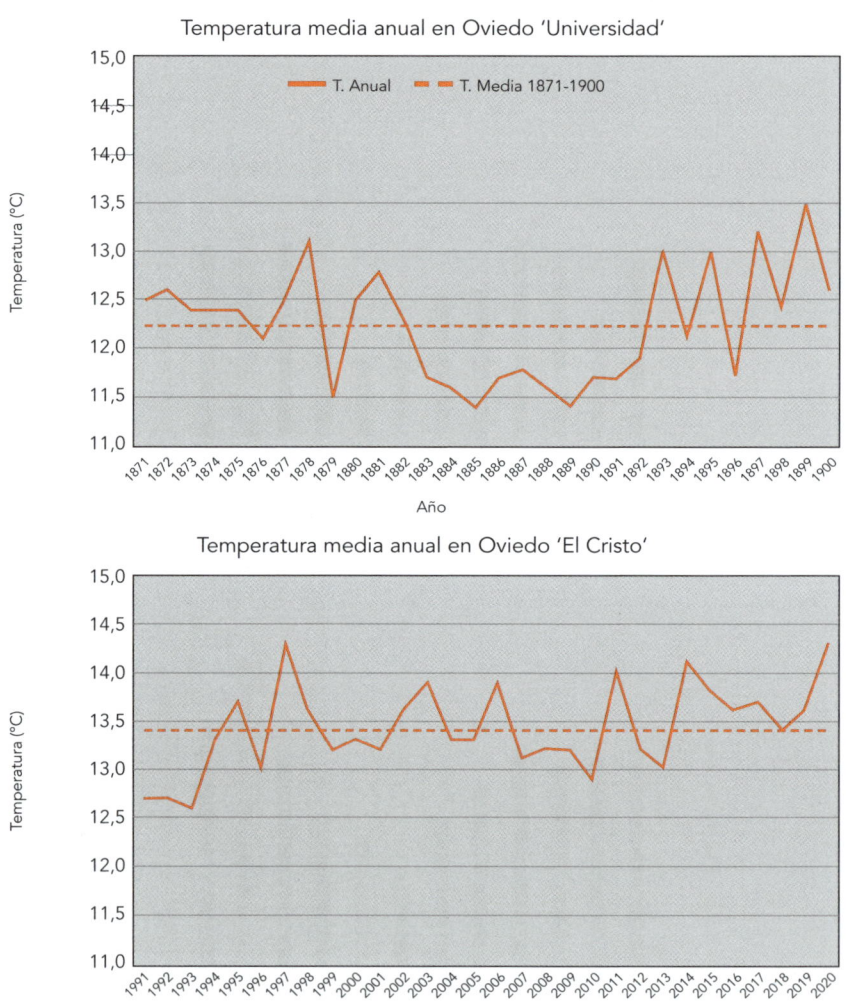

Gráficos 12 y 13. *Temperatura media anual en el Observatorio de Oviedo. Periodos 1871-1900 (arriba) y 1991-2020 (debajo).* Cesar Rodríguez Ballesteros. Datos AEMET.

En cuanto a las precipitaciones, los gráficos 14 y 15 muestran la evolución de la precipitación anual en los treintenos 1871-1900 y 1991-2020. A finales del siglo XIX la precipitación media (línea discontinua) en el Observatorio de la Universidad era de 842,5 mm, con un periodo extraordinariamente seco entre 1875 y 1877, con precipitaciones inferiores al valor de referencia 1871-1900. Sin embargo, en nuestros días, la precipitación media (línea discontinua) en el Observatorio de Oviedo es de 1028,3 mm, muy superior al valor de referencia de finales del siglo XIX, observándose fuerte variabilidad interanual.

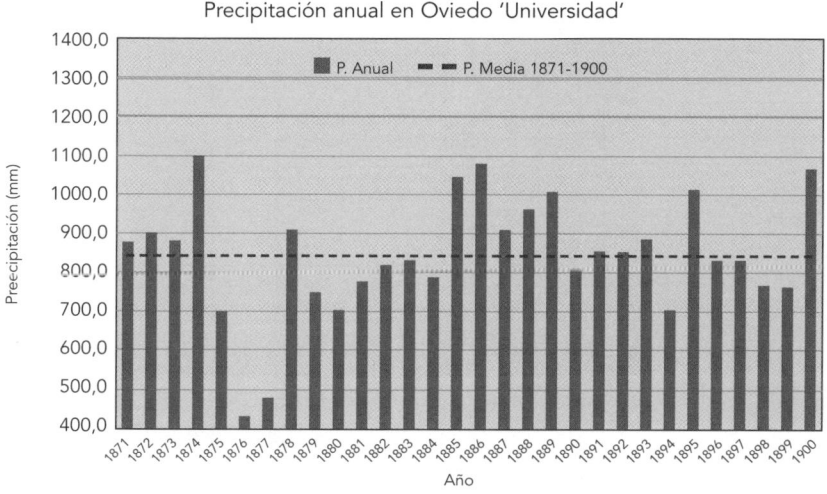

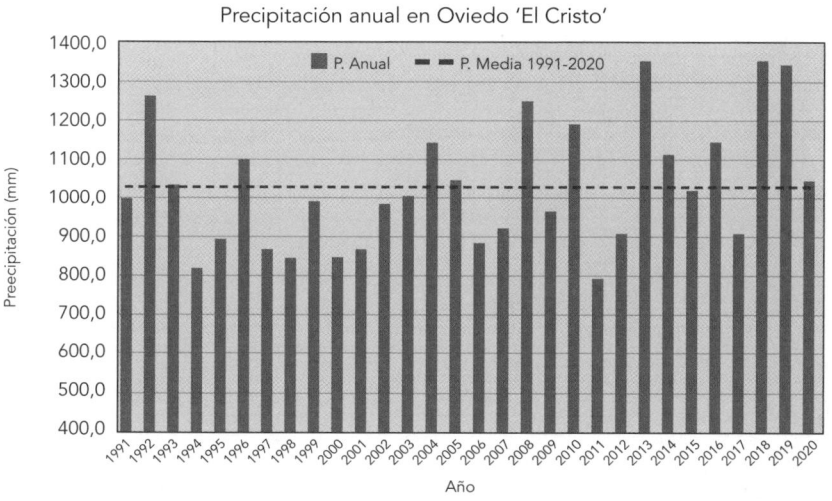

Gráficos 14 y 15. *Precipitación media anual en el Observatorio de Oviedo. Periodos 1871-1900 (arriba) y 1991-2020 (debajo).* Cesar Rodríguez Ballesteros. Datos AEMET.

237

En la tabla 2 aparecen los datos mensuales de ambos periodos de referencia. Se puede concluir que a finales del siglo XIX el clima era más frío, con una temperatura media de 12,2 °C, lo que supone una anomalía de -1,2°C respecto al clima actual, siendo ligeramente más notable en las mínimas (anomalía de -1.2°C) que en las máximas (anomalía de -1.1 °C).

	Valores medios del periodo 1871-1900 (P1)				Valores medios del periodo 1991-2020 (P2)				Diferencia entre ambos periodos (P1 - P2)			
	T. Med	T. Máx	T. Mín	Prec	T. Med	T. Máx	T. Mín	Prec	T. Med	T. Máx	T. Mín	Prec
Ene.	7,1	11,1	3,2	78,7	8,4	12,1	4,8	101,5	-1,3	-1,0	-1,6	-22,8
Feb.	8,5	12,7	4,3	55,8	8,7	12,8	4,7	89,1	-0,2	-0,1	-0,4	-33,3
Mar.	9,0	13,1	4,8	84,1	10,6	15,0	6,2	87,8	-1,6	-1,9	-1,4	-3,7
Abr.	10,7	14,9	6,6	89,2	11,7	16,2	7,3	96,5	-1,0	-1,3	-0,7	-7,3
May.	12,6	16,8	8,4	65,8	14,3	18,7	9,8	80,2	-1,7	-1,9	-1,4	-14,4
Jun.	15,5	19,6	11,3	63,3	16,9	21,1	12,6	61,8	-1,4	-1,5	-1,3	1,5
Jul.	17,6	21,7	13,5	46,2	18,8	23,0	14,7	43,8	-1,2	-1,3	-1,2	2,4
Ago.	17,8	22,2	13,2	37,2	19,4	23,7	15,0	57,4	-1,6	-1,5	-1,8	-20,2
Sep.	16,6	21,1	12,1	61,8	17,6	22,0	13,2	66,4	-1,0	-0,9	-1,1	-4,6
Oct.	13,3	17,3	9,2	86,1	14,8	19,0	10,6	104,5	-1,5	-1,7	-1,4	-18,4
Nov.	10,4	14,3	6,6	90,4	10,8	14,4	7,2	134,0	-0,4	-0,1	-0,6	-43,6
Dic.	7,7	11,5	3,9	83,9	9,0	12,5	5,4	105,3	-1,3	-1,0	-1,5	-21,4
Primavera	10,8	14,9	6,6	239,1	12,2	16,6	7,8	264,5	-1,4	-1,7	-1,2	-25,4
Verano	17,0	21,2	12,7	146,7	18,4	22,6	14,1	163,0	-1,4	-1,4	-1,4	-16,3
Otoño	13,4	17,6	9,3	238,3	14,4	18,5	10,3	304,9	-1,0	-0,9	-1,0	-66,6
Invierno	7,8	11,8	3,8	218,4	8,7	12,5	5,0	295,9	-0,9	-0,7	-1,2	-77,5
Anual	12,2	16,4	8,1	842,5	13,4	17,5	9,3	1028,3	-1,2	-1,1	-1,2	-185,8

Tabla 2: *Valores medios de temperaturas y precipitación mensuales (periodos 1871-1900 y 1991-2020) y diferencias entre periodos.* Cesar Rodríguez Ballesteros. Datos AEMET.

Mayo y agosto son los meses con una mayor anomalía en temperatura media respecto a la actualidad (-1.7 °C y -1,6 °C respectivamente). Respecto a las temperaturas máximas, la mayor anomalía corresponde a marzo y mayo (-1.9 °C), seguido de octubre (-1,7 °C), mientras que en febrero y noviembre apenas hay diferencias (anomalía de -0,1 °C). En cuanto a las mínimas, la mayor anomalía es en agosto (-1,8 °C), seguido de enero (-1.6 °C) y diciembre (-1.5 °C). En el análisis estacional, la primavera y el verano presentan una mayor anomalía (-1.4 °C), mientras que en otoño la anomalía es de -1,0 °C y en invierno de -0.9 °C.

A estos valores habría que añadir las diferencias al tratarse de emplazamientos diferentes: a finales del siglo XIX en la torre del edificio histórico de la Universidad, sobre suelo probablemente enlosado y en entorno urbano, y en la actualidad en el observatorio meteorológico ubicado en El Cristo, a mayor altitud, sobre tierra y en un entorno menos urbano. Según las observaciones paralelas realizadas en ambos emplazamientos durante los años 1975 y 1976, la diferencia en los valores medios de temperatura es de 0.4 °C, siendo más cálido el emplazamiento ubicado en la torre de la Universidad. Así pues, es probable que la diferencia estimada entre la temperatura de finales del siglo XIX y la actual se encuentre en torno a -1,6 °C —en lugar de -1.2 °C como se mencionaba anteriormente—, valor más en consonancia con el actual cambio climático.

En cuanto a la precipitación acumulada, como se puede observar en la tabla 2, a finales del siglo XIX (periodo de referencia 1871-1900) la precipitación media anual era de 842,5 mm, bastante inferior a la del actual periodo de referencia (1991-2020), que es de 1028,3 mm. El déficit de precipitación es más acusado en los meses de noviembre (-43.6 mm) y febrero (- 33.3 mm), sin embargo, en los meses de junio y julio llovía más a finales del siglo XIX, aunque los diferencias son mínimas (anomalías de +1.5 mm y +2.4 mm respectivamente). En el análisis estacional, todas las estaciones presentan anomalía negativa a finales del siglo XIX, especialmente en invierno (-77,5 mm) y en otoño (-66,6 mm)

El cambio de ubicación del Observatorio también influye en la medida de la precipitación. Según las series paralelas realizadas por Pedro Mateo, llueve más en el emplazamiento universitario, con una diferencia de precipitación media anual de 60,9 mm en los dos años comparados. Si se aplicara esta corrección a los datos, llegaríamos a la conclusión de que a finales del siglo XIX la precipitación media anual estimada era en torno un 24 % inferior a la actual.

El análisis de los datos nos ofrece también notables diferencias en otras variables climáticas, como podemos observar en las tablas 3 y 4. En el treinteno 1871-1900 se registraba una media de 35,6 días de helada, mientras que en la actualidad (periodo de referencia 1991-2020) el número es muy inferior (7,5 días). Destaca el mes de diciembre con 22 días a finales del siglo XIX (en la actualidad menos de 2 días), una muestra de los duros inviernos que se producían a finales de la Pequeña Edad de Hielo. El calentamiento actual también se observa en el número medio anual de días con temperatura máxima superior a 25 °C, que se ha duplicado, pasando de 17 días a 34.

También se observa la mayor pluviosidad actual en el número anual de días de precipitación superior a 1 mm, que ha pasado de un valor medio de 115 días a finales del siglo XIX a 125 días en la actualidad, en consonancia con la mayor precipitación anual actual. Únicamente los meses de marzo (11,5 días) y septiembre (8,3 días) superaban ligeramente en días lluviosos a finales del siglo XIX los valores actuales (10,8 y 8 días respectivamente). Los días especialmente lluviosos, con precipitación acumulada superior a 10 mm, también se han incrementado, pasando de 27 días anuales a 33 días. A finales del siglo XIX, únicamente el mes de julio presentaba un número ligeramente superior de días de precipitación notable (1,3 días) a la actualidad (1 día).

En cuanto a los meteoros, hay que tener en cuenta que en la actualidad se mantiene una vigilancia continua de la atmósfera, a diferencia de finales del siglo XIX, cuando se realizaban tan solo 2 observaciones diarias, a las 9 y a las 15 horas locales. Quizás por ello no se observan diferencias en cuanto al número medio anual de días de nieve (4 días en ambos periodos de referencia), aunque la lógica invita a pensar que las nevadas serían más frecuentes a finales del siglo XIX que en la actualidad. De igual forma, el número medio anual de días de granizo es inferior en el treinteno 1871-1900 (2 días) frente al periodo de referencia actual (5 días), algo que igualmente se puede justificar por la limitación horaria de las observaciones que se realizaban en el siglo XIX.

Respecto a la nubosidad, también se debe tener en cuenta la frecuencia de observaciones indicada anteriormente y la metodología aplicada para su cálculo. A finales del siglo XIX el número medio anual de días despejados ascendía a 54 días, frente a los 29 días de la actualidad. Ello implica un mayor número de días nubosos y cubiertos en la actualidad que a finales del siglo XIX, en consonancia con la mayor precipitación actual. Como hipótesis —difícil de contrastar— se podría plantear que la mayor nubosidad en la actualidad es resultado de la industrialización, que incrementa el número de núcleos de condensación presentes en la atmósfera, favoreciendo la formación de las nubes.

	Valores medios del periodo 1871-1900								
	Número de días de:								
	Helada	Mx≥25 ° C	Prec≥1 mm	Prec≥10 mm	Nieve	Granizo	Despejados	Nubosos	Cubiertos
Ene.	2,9	0,0	10,0	2,5	1,3	0,1	5,3	12,9	12,8
Feb.	2,3	0,0	8,4	1,7	1,2	0,2	5,2	12,5	10,5
Mar.	0,2	0,1	11,5	2,7	0,8	0,3	5,1	12,4	13,5
Abr.	0,0	0,2	11,7	2,9	0,2	0,4	4,0	13,3	12,7
May.	0,1	0,7	10,0	2,0	0,0	0,1	4,0	14,9	12
Jun.	0,0	1,9	8,3	1,7	0,0	0,0	3,3	14,4	12,4
Jul.	0,1	4,1	7,0	1,3	0,0	0,1	3,3	15,4	12,3
Ago.	0,1	5,7	5,6	1,1	0,0	0,0	5,5	15,6	9,9
Sep.	0,0	3,8	8,3	2,0	0,0	0,0	4,4	14,7	10,9
Oct.	1,0	0,8	11,6	2,8	0,0	0,1	4,2	13,9	13
Nov.	6,9	0,1	11,1	3,1	0,1	0,1	4,2	13,0	12,9
Dic.	22,0	0,0	11,3	2,8	0,6	0,2	5,8	12,2	12,9
Primavera	0,3	1,0	33,2	7,6	1,0	0,8	13,1	40,6	38,2
Verano	0,2	11,7	20,9	4,1	0,0	0,1	12,1	45,4	34,6
Otoño	7,9	4,7	31,0	7,9	0,1	0,2	12,8	41,6	36,8
Invierno	27,2	0,0	29,7	7,0	3,1	0,5	16,3	37,6	36,2
Anual	35,6	17,4	114,8	26,6	4,2	1,6	54,3	165,2	145,8

Tabla 3: *Valores medios mensuales y anuales de variables meteorológicas (periodo 1871-1900). Cesar Rodríguez Ballesteros.* Datos AEMET.

| | Valores medios del periodo 1991-2020 | | | | | | | |
| | Número de días de: | | | | | | | |
	Helada	Mx≥25 ° C	Prec≥1 mm	Prec≥10 mm	Nieve	Granizo	Despejados	Nubosos	Cubiertos
Ene.	2,6	0,0	12,3	3,4	1,1	0,5	2,6	16,9	11,3
Feb.	2,2	0,0	10,1	3,0	1,6	0,9	2,5	14,3	11,3
Mar.	0,7	0,3	10,8	3,0	0,7	0,7	3,0	15,6	12,4
Abr.	0,0	0,5	12,1	3,1	0,2	0,6	2,1	14,2	13,7
May.	0,0	2,2	11,5	2,4	0,0	0,4	1,6	15,3	14,1
Jun.	0,0	4,7	8,9	2,0	0,0	0,2	2,2	13,1	14,7
Jul.	0,0	8,5	7,2	1,0	0,0	0,1	2,3	14,2	14,5
Ago.	0,0	10,2	7,7	1,6	0,0	0,2	2,5	16,0	12,4
Sep.	0,0	5,9	8,0	2,1	0,0	0,0	2,3	16,9	10,5
Oct.	0,0	1,8	11,6	3,4	0,0	0,1	2,2	16,3	12,5
Nov.	0,1	0,0	13,5	4,8	0,1	0,5	1,9	15,1	12,8
Dic.	1,9	0,0	11,6	3,4	0,5	0,4	3,3	16,0	11,7
Primavera	0,7	3,0	34,4	8,5	0,9	1,7	6,7	45,1	40,2
Verano	0,0	23,4	23,8	4,6	0,0	0,5	7,0	43,3	41,6
Otoño	0,1	7,7	33,1	10,3	0,1	0,6	6,4	48,3	35,8
Invierno	6,7	0,0	34,0	9,8	3,2	1,8	8,4	47,2	34,3
Anual	7,5	34,1	125,3	33,2	4,2	4,6	28,5	183,9	151,9

Tabla 4: *Valores medios mensuales y anuales de variables meteorológicas (periodo 1991-2020). Cesar Rodríguez Ballesteros.* Datos AEMET.

Leopoldo Alas *Clarín* muy probablemente escribió *la Regenta* entre 1883, 1884 y 1885. Podría pensarse que el tiempo y el clima de estos tres años, en especial a partir del verano de 1883, fecha en que *Clarín* reside de forma definitiva en Oviedo, y en concreto en 1884, año en que se centra en la redacción de la novela, condicionaron las referencias meteorológicas que aparecen en *La Regenta,* en particular la elevada pluviosidad. Sin embargo, esta hipótesis no parece acertada, ya que los datos de la serie histórica de Oviedo nos muestran que precisamente los años 1883 y 1884 fueron años secos.

En la tabla 5 y gráficos 16 y 17, podemos ver que tomando como referencia el periodo 1871-1900, los años 1884 y 1885 fueron muy fríos, con una temperatura media de 11,5 ºC y anomalía de -0.7 ºC respecto al periodo de referencia. Si nos ceñimos al verano y el otoño de 1884 y la primavera, verano y otoño de 1885, fueron estaciones muy frías.

También es destacable el mes de diciembre de 1883, con una temperatura media de 5,2 ºC, muy inferior al valor normal (7,7 ºC).

En cuanto a precipitación, tomando como referencia el mismo periodo (1871-1900), 1883 y 1884 fueron años secos, con una precipitación de 830 mm y 786 mm respectivamente (139 y 134 días de lluvia respectivamente), mientras que 1885 fue muy húmedo, con una precipitación de 1043 mm (162 días de lluvia), destacando la primavera y verano como estaciones muy húmedas.

	Valores del año 1884 (Invierno 1883-1884)							
	T. Med	Carácter	T.Máx	Carácter	T.Mín	Carácter	Prec	Carácter
Ene.	8,0	C	12,9	MC	3,1	N	16,1	MS
Feb.	9,0	N	14,2	C	3,8	N	79,1	MH
Mar.	8,8	N	13,4	N	4,2	N	77,3	N
Abr.	8,4	MF	12,8	MF	4,0	MF	107,7	H
May.	12,1	F	16,5	N	7,7	F	100,0	MH
Jun.	13,9	MF	18,1	MF	9,7	MF	21,3	MS
Jul.	17,5	N	21,9	C	13,1	F	41,3	N
Ago.	17,4	F	22,7	C	12,1	MF	43,6	H
Sep.	15,3	MF	20,2	MF	10,4	MF	71,5	H
Oct.	12,4	F	15,2	MF	9,6	N	49,8	S
Nov.	8,6	MF	12,8	MF	4,4	MF	73,3	S
Dic.	6,2	MF	10,4	F	2,0	MF	105,3	H
Primavera	9,8	F	14,2	F	5,3	MF	285,0	H
Verano	16,3	MF	20,9	N	11,6	MF	106,2	S
Otoño	12,1	MF	16,1	MF	8,1	MF	194,6	S
Invierno	7,7	N	12,1	C	3,3	F	153,2	S
Anual	11,5	MF	15,9	F	7,0	MF	786,3	S

	Valores del año 1885 (Invierno 1884-1885)							
	T. Med	Carácter	T.Máx	Carácter	T.Mín	Carácter	Prec	Carácter
Ene.	6,4	F	9,5	F	3,3	N	57,2	N
Feb.	10,5	MC	15,4	MC	5,6	MC	36,5	N
Mar.	8,1	F	11,7	F	4,5	N	120,4	H
Abr.	9,0	MF	13,1	MF	4,9	MF	195,2	MH
May.	11,6	MF	15,7	MF	7,5	MF	41,8	S
Jun.	15,8	C	19,8	C	11,8	C	158,6	MH
Jul.	16,3	MF	20,0	MF	12,6	MF	66,4	H
Ago.	17,1	MF	21,1	MF	13,1	F	87,0	MH
Sep.	15,5	MF	19,8	MF	11,2	MF	90,0	H
Oct.	11,2	MF	14,5	MF	7,9	MF	92,7	H
Nov.	10,0	F	14,5	N	5,5	F	41,2	MS
Dic.	5,9	MF	10,8	F	1,0	MF	55,9	S
Primavera	9,6	MF	13,5	MF	5,6	MF	357,4	MH
Verano	16,4	F	20,3	MF	12,5	F	312,0	MH
Otoño	12,2	MF	16,3	MF	8,2	MF	223,9	N
Invierno	7,7	N	11,8	N	3,6	F	199,0	N
Anual	11,5	MF	15,5	MF	7,4	MF	1042,9	MH

Tabla 5: *Valores de temperatura media, máxima y mínima, y de precipitación media mensual, estacional y anual, así como caracterización respecto al periodo de referencia 1871-1900 (MF-Muy Frío, F-Frío, N-Normal; MH-Muy Húmedo, H-Húmedo, N-Normal, S-Seco, MS-Muy Seco. Cesar Rodríguez Ballesteros. Datos AEMET*

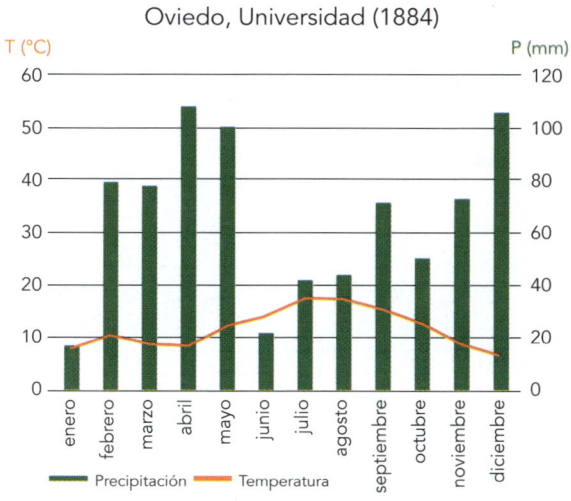

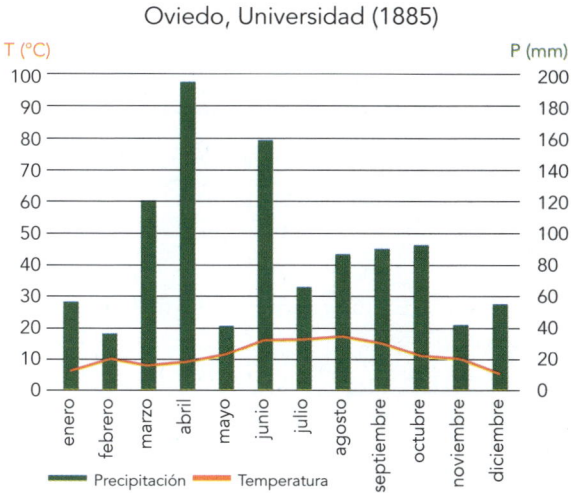

Gráficos 16 y 17: *Climogramas del Observatorio de la Universidad de Oviedo*. (arriba: 1884; abajo: 1885). Cesar Rodríguez Ballesteros. Datos AEMET.

En las tablas 6 y 7 aparecen resumidos datos de otras variables meteorológicas. En el año 1884 hubo 29 días de helada, destacando el mes de enero con 14 días, y en el año 1885, se registraron 26 días. En cuanto a los inviernos, hubo 31 días de helada en el invierno 1883-1884 y un valor muy inferior (19 días) en el invierno 1884-1885. Respecto a los días de nieve, hubo 4 días en diciembre de 1884 y otros 4 en enero de 1885, además de un día en diciembre de 1885. Destaca que en 1884 y 1885 no se cifrara granizo, algo que es comprensible por la escasa frecuencia horaria de las observaciones.

	Valores del año 1884 (Invierno 1883-1884)								
	Helada	Mx≥25 ° C	Prec≥1 mm	Prec≥10 mm	Nieve	Granizo	Despejados	Nubosos	Cubiertos
Ene.	14	0	6	0	0	0	6	12	13
Feb.	1	0	11	3	0	0	1	20	8
Mar.	0	0	13	2	0	0	2	17	12
Abr.	0	0	15	4	0	0	0	17	13
May.	0	1	11	5	0	0	7	13	11
Jun.	0	0	4	1	0	0	1	22	7
Jul.	0	5	10	2	0	0	3	22	6
Ago.	0	10	6	0	0	0	2	20	9
Sep.	0	1	10	3	0	0	2	22	6
Oct.	0	0	9	1	0	0	1	17	13
Nov.	6	0	9	3	0	0	3	21	6
Dic.	8	0	16	3	4	0	1	19	11
Primavera	0	1	39	11	0	0	9	47	36
Verano	0	15	20	3	0	0	6	64	22
Otoño	6	1	28	7	0	0	6	60	25
Invierno	31	0	27	4	0	0	16	43	32
Anual	29	17	120	27	4	0	29	222	115

Tabla 6. *Valores medios mensuales, estacionales y anuales de diversas variables meteorológicos durante el año 1884 y el invierno 1883-1884 en el Observatorio de la Universidad de Oviedo.* César Rodríguez Ballesteros. Datos AEMET.

	Valores del año 1885 (Invierno 1884-1885)								
	Helada	Mx≥25 ° C	Prec≥1 mm	Prec≥10 mm	Nieve	Granizo	Despejados	Nubosos	Cubiertos
Ene.	9	0	9	2	4	0	2	21	8
Feb.	2	0	6	1	0	0	1	21	6
Mar.	0	0	18	3	0	0	1	13	17
Abr.	0	0	19	9	0	0	1	19	10
May.	0	0	11	1	0	0	2	22	7
Jun.	0	4	11	6	0	0	0	18	12
Jul.	0	2	13	2	0	0	1	12	18
Ago.	0	3	7	2	0	0	1	25	5
Sep.	0	1	12	2	0	0	5	17	8
Oct.	0	0	17	1	0	0	1	17	13
Nov.	0	0	13	0	0	0	4	17	9
Dic.	15	0	11	1	1	0	9	11	11
Primavera	0	0	48	13	0	0	4	54	34
Verano	0	9	31	10	0	0	2	55	35
Otoño	0	1	42	3	0	0	10	51	30
Invierno	19	0	31	6	8	0	4	61	25
Anual	26	10	147	30	5	0	28	213	124

Tabla 7: *Valores medios mensuales, estacionales y anuales de diversas variables meteorológicos durante el año 1885 y el invierno 1884-1885 en el Observatorio de la Universidad de Oviedo*. César Rodríguez Ballesteros. Datos AEMET.

En cuanto a los valores extremos de los años 1884 y 1885, aparecen en las tablas 8 y 9. Las temperaturas más elevadas en 1884 se registraron el 7 de julio (32,0 °C) y en 1885, el 3 de junio (28 °C). Las más bajas en 1884 ocurrieron el 28 de noviembre (-5 °C) y en 1885 el 18 de enero (-5,5 °C).

Efemérides de 1884		
Variable	**Valor**	**Fecha**
Temperatura máxima absoluta	32,0 °C	7 de julio
Temperatura mínima absoluta	-5,0 °C	28 de noviembre
Temperatura media mensual más alta	17,5 °C	julio
Temperatura media mensual más baja	6,2 °C	diciembre
Temperatura media de las máximas más alta	22,7 °C	agosto
Temperatura media de las máximas más baja	10,4 °C	diciembre
Temperatura media de las mínimas más alta	13,1 °C	julio
Temperatura media de las mínimas más baja	2,0 °C	diciembre
Precipitación máxima diaria	25,5 mm	14 de septiembre
Precipitación máxima mensual	107,7 mm	abril
Precipitación mínima mensual	16,1 mm	enero
Máximo número de días de nieve en el mes	4	diciembre

Tabla 8. *Efemérides del año 1884 en el Observatorio de la Universidad de Oviedo.* Cesar Rodríguez Ballesteros. Datos AEMET.

Efemérides de 1885		
Variable	**Valor**	**Fecha**
Temperatura máxima absoluta	28,0 °C	3 de junio
Temperatura mínima absoluta	-5,5 °C	18 de enero
Temperatura media mensual más alta	17,1 °C	agosto
Temperatura media mensual más baja	5,9 °C	diciembre
Temperatura media de las máximas más alta	21,1 °C	agosto
Temperatura media de las máximas más baja	9,5 °C	enero
Temperatura media de las mínimas más alta	13,1 °C	agosto
Temperatura media de las mínimas más baja	1,0 °C	diciembre
Precipitación máxima diaria	42,3 mm	24 de septiembre
Precipitación máxima mensual	195,2 mm	abril
Precipitación mínima mensual	36,5 mm	febrero
Máximo número de días de nieve en el mes	4	enero

Tabla 9. *Efemérides del año 1885 en el Observatorio de la Universidad de Oviedo.* Cesar Rodríguez Ballesteros. Datos AEMET.

Como resumen del periodo de referencia 1871-1900, el siguiente cuadro recoge los valores extremos del periodo.

Efemérides del periodo de referencia 1871-1900		
Variable	Valor	Fecha
Temperatura máxima absoluta	36,0 °C	30/08/1880
Temperatura mínima absoluta	-8,0 °C	17/01/1894
Temperatura media mensual más alta	20,1 °C	agosto 1899
Temperatura media mensual más baja	3,5 °C	febrero 1888
Temperatura media de las máximas más alta	25,0 °C	julio 1876
Temperatura media de las máximas más baja	6,6 °C	febrero 1888
Temperatura media de las mínimas más alta	15,7 °C	julio 1881
Temperatura media de las mínimas más baja	-1,3 °C	enero 1886
Precipitación máxima diaria	76,9 mm	18/03/1873
Precipitación máxima mensual	321,7 mm	diciembre 1874
Máximo número de días de nieve en el mes	14	febrero 1888

Tabla 10. *Efemérides del periodo 1871-1900 en el Observatorio de la Universidad de Oviedo.* Cesar Rodríguez Ballesteros. Datos AEMET.

Luis González Frades, en su obra *Resúmenes generales de las observaciones realizadas desde el año de 1851 hasta 1890 inclusive (1891) - Estación Meteorológica de Oviedo,* señala algunas efemérides del siglo XIX, no solo meteorológicas, también astronómicas, como el avistamiento de bólidos, que quedaba reflejado en los cuadernos de observación. Entre las efemérides meteorológicas, destacamos los siguientes temporales de viento asociados a profundas borrascas.

Noviembre 25 de 1865. — Notable huracán cuyos primeros efectos principiaron á sentirse á la una de la madrugada, ofreciendo su máxima intensidad á las tres de la misma: su dirección fué de SO. á NE. — Causó grandes destrozos en los árboles de la población, entre los cuales pereció el conocido con el calificativo de *negrillo* (ulmus campestris Lin.), que ofrecía una longitud de 35 metros y una circunferencia de 5,50 metros en su parte más gruesa.

Figura 195. *Resúmenes generales de las observaciones realizadas desde el año de 1851 hasta 1890 inclusive (1891) - Estación Meteorológica de Oviedo.* Imagen procedente de la Biblioteca Virtual del Principado de Asturias.

El reanálisis de presión reducida al nivel del mar muestra la profunda borrasca centrada al noroeste de la Península, con un fuerte gradiente de isobaras en el noroeste peninsular.

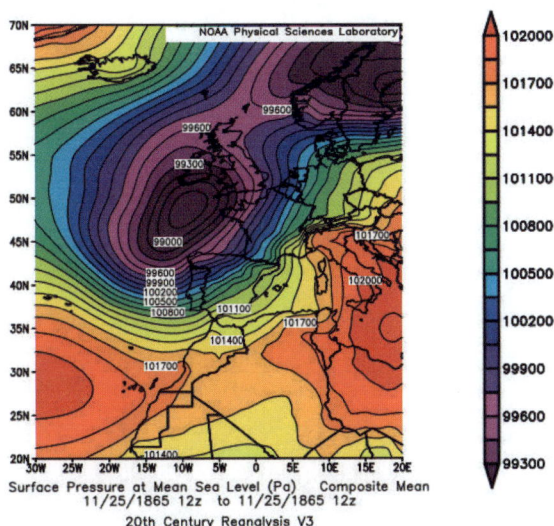

Figura 196. *Reanálisis de presión reducida al nivel del mar (Pa) del 25 de noviembre de 1865 a las 12 UTC.* Fuente: 20th Century Reanalysis v3. NOAA. NOAA/OAR/PSL, Boulder, Colorado, USA, https://psl.noaa.gov/

Enero 29 y 30 de de 1869 — Poderoso huracán que causó bastantes desperfectos en los edificios y en el arbolado.

Figura 197. *Resúmenes generales de las observaciones realizadas desde el año de 1851 hasta 1890 inclusive (1891) - Estación Meteorológica de Oviedo.* Imagen procedente de la Biblioteca Virtual del Principado de Asturias.

El reanálisis de presión reducida al nivel del mar nos muestra una situación sinóptica similar a la anterior, aunque con un menor gradiente de isobaras.

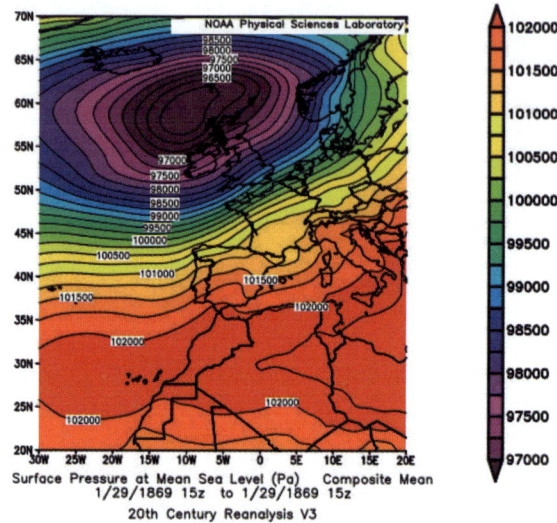

Figura 198. *Reanálisis de presión reducida al nivel del mar (Pa) del 29 de enero de 1869 a las 12 UTC.* Fuente: 20th Century Reanalysis v3. NOAA. NOAA/OAR/PSL, Boulder, Colorado, USA, https://psl.noaa. gov/

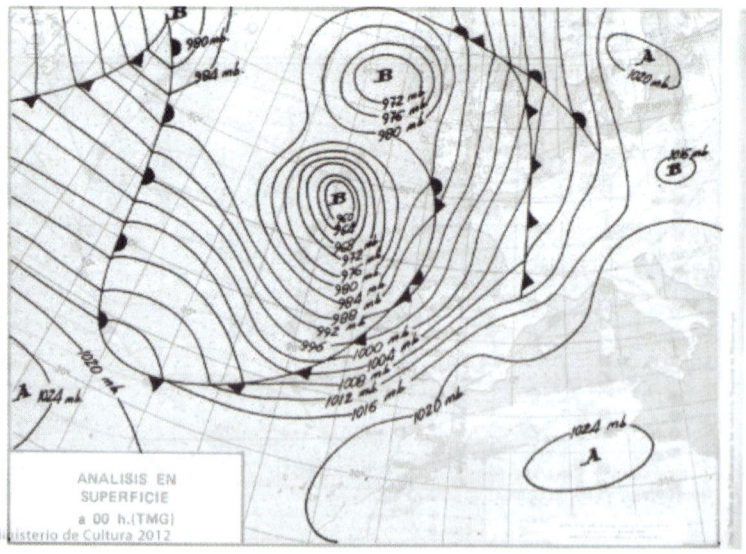

Figura 199. *Análisis de superficie del 11 de diciembre de 1978 a las 00 UTC.* Fuente AEMET.

En la historia reciente, la racha máxima de viento registrada en el observatorio de Oviedo ocurrió el 11 de diciembre de 1978 a las 02 h 45 m, alcanzándose 190 km/h de dirección sur (figura 199). El meteorólogo Pedro Mateo, en su publicación *Vientos violentos en el Observatorio Meteorológico de Oviedo (1984)*, realiza un interesante estudio sobre este singular evento.

Podríamos decir que «El viento sur, caliente y perezoso» que describe *Clarín* al inicio de *la Regenta*, se tornó en un viento sur, caliente, pero extremadamente ágil.

EPÍLOGO

La lectura de *la Regenta* en clave meteorológica nos muestra a un *Clarín* interesado por el tiempo y el clima asturiano. La novela comienza en el mes de octubre, inicio del año hidrológico, y concluye tres años después. Podemos interpretar que el tiempo y el clima son el hilo conductor de la novela y la lluvia un personaje inanimado que adquiere especial protagonismo en los momentos álgidos del relato. *Clarín* nos muestra una de las características del clima, su variabilidad anual y la secuencia de los distintos tipos de tiempo dentro de unos márgenes definidos. Los datos de la serie histórica de Oviedo, iniciada por la Universidad y que continúa en el observatorio de AEMET, contribuyen a constatar una realidad, el calentamiento global del planeta.

Para finalizar, rescatamos las palabras del ilustre escritor Benito Pérez Galdós que aparecen en el prólogo de la edición de *La Regenta* de 1901:

«Los que leyeron *La Regenta* cuando se publicó, léanla de nuevo ahora; los que la desconocen, hagan con ella conocimiento, y unos y otros verán que nunca ha tenido este libro atmósfera de oportunidad como la que al presente le da nuestro estado social, repetición de las luchas de antaño, traídas del campo de las creencias vigorosas al de las conciencias desmayadas y de las intenciones escondidas».

Transcurridos más de 100 años, humildemente nos atrevemos a adaptar y actualizar la recomendación de Galdós: Disfrutemos leyendo *La Regenta*, y aprovechemos para *hacer conocimiento* y concienciación de nuestra realidad climática, en la actual *atmósfera de oportunidad,* que nos permite adoptar medidas de mitigación y adaptación al cambio climático y evitar sus graves consecuencias en futuras generaciones.

REFERENCIAS BIBLIOGRÁFICAS

ALTENBERG, T. (2014). *El naturalismo literario francés: una mirada sobre la doctrina de Zola desde España*. New Redings. Cardiff University Press. Volume 14. Page/Article: 64-83

ANDUAGA, A. (2012). *Meteorología, Ideología y Sociedad en la España Contemporánea*. CSIC-AEMET.

ASCASO, A. Y CASALS, M. (1986). *Vocabulario de términos meteorológicos y de ciencias afines*. Instituto Nacional de Meteorología.

BOTREL, J.F. (2002). *Clarín, entre Madrid y Asturias (1871-1883)*, en: Coletes, Agustín (ed.), Clarín, visto en su centenario (1901-2001). Seis estudios críticos sobre Leopoldo Alas y su obra, Oviedo, Real Instituto de Estudios Asturianos, 2002, p. 113-130.

CABEZAS, J.A. (1936). *«Clarín», el provinciano universal*. Espasa-Calpe S.A.

CAUDET, F. Y MARTÍNEZ, F. (1993). *Pérez Galdós y Clarín*. Ed. Júcar.

CANELLA, F. (1873). *Historia de la Universidad de Oviedo y noticias de los establecimientos de enseñanza de su distrito*. Universidad Oviedo.

CERVANTES, M. (1615). *Segunda parte del Ingenioso Hidalgo Don Quijote De La Mancha*. Madrid.

DURAND, F. (1963). *Structural Unity in Leopoldo Alas' La Regenta*. Hispanic Review Vol. 31, No. 4 (Oct., 1963), pp. 324-335 (12 pages). University of Pennsylvania Press.

GARCÍA-ALAS, L. (1881). *Speraindeo*. (tres capítulos). Revista de Asturias (Oviedo), 30-IV, 30-V, 15-VI-1880.

GARCÍA-ALAS, L. (1881). *Solos de Clarín*. Madrid: Imp. Aurelio J. Alaria.

GARCÍA-ALAS, L. (1884-85). *La Regenta*. Ed. Daniel Cortezo y Cª. Barcelona.

GARCÍA-ALAS, L. (1884-85). *La Regenta*. Ed. Juan de Oleza. Tercera edición. (1987). Cátedra.

GARCÍA-ALAS, L. (1885). *Sermón Perdido*, Madrid, Librería de Fernando Fé.

GARCÍA-ALAS, L. (1886). *Pipá*. Madrid: Librería de Fernando Fé.

GARCÍA-ALAS, L. (1886). *Un viaje a Madrid*. Madrid: Librería de Fernando Fé

GARCÍA-ALAS, L. (1889). *Mezclilla*, Madrid, Librería de Fernando Fé.

GARCÍA-ALAS, L. (1891). *Su único hijo*. Madrid: Librería de Fernando Fé.

GARCÍA-ALAS, L. (1892). *Doña Berta.-Cuervo-Superchería*. Madrid: Librería de Fernando Fé

GARCÍA-ALAS, L. (1896). *Cuentos Morales*. Madrid: La España Editorial

GARCÍA-ALAS, L. (1901). *El gallo de Sócrates: colección de cuentos*. Barcelona, Maucci, 1901.

GARCÍA, L. Y GIMÉNEZ, J. M. (1985). *Notas para la Historia de la Meteorología en España*. INM.

GIMÉNEZ DE LA CUADRA, J. M. (1992). *La Meteorología en el Observatorio Astronómico de Madrid. Doscientos Años del Observatorio Astronómico de Madrid*. Asociación de amigos del OAM. Madrid.

GÓMEZ, J.M. (1998). *Leopoldo Alas «Clarín»*. en Del Romanticismo al Realismo. Actas del I Coloquio de la Sociedad de Literatura Española del Siglo XIX (Barcelona, 24-26 de octubre de 1996) / coord. por Luis F. Díaz Larios, Enrique Miralles García, 1998, págs. 465-470. Universitat de Barcelona.

GONZÁLEZ FRADES, L. (1891). *Resúmenes generales de las observaciones realizadas desde el año de 1851 hasta 1890 inclusive. Estación Meteorológica de Oviedo*. Establecimiento tipográfico de Vicente Brid. Oviedo.

KARANOVIĆ, V. (2012). *Tiempo y narración en La Regenta de Clarín*. Universidad de Kragujevac. Verba Hispanica XX/2

LABRA, R. (2021). *El caso Clarín. La memoria y el canon literario*. Oviedo. Ed. Luna de Abajo.

LISSORGUES, Y. (2007). *Leopoldo Alas, Clarín, en sus palabras (1852-1901). Biografia*. Oviedo, Ediciones Nobel.

LORENTE, J.M (1942). *Características meteorológicas en España de cada mes del año*. En *calendario meteorofenológico*.1943. SMN.

MARTÍNEZ, D. (1987). *El naturalismo de «La Regenta»*. Estudios de literatura española, Barcelona, Anthropos, pp. 91-143.

MARTÍNEZ CACHERO, J.M. (1987). *Recepción de «La Regenta» in vita de Leopoldo Alas*. en: Clarín y «La Regenta» en su tiempo: actas del Simposio Internacional, [Oviedo, 1984], págs. 71-92

MAZ-MACHADO, A., CUIDA, A. Y PEDROSA-JESÚS, C. (2021). *Tratamiento de los números negativos en las Lecciones de Aritmética y de Álgebra Elemental de Diego Terrero (1894)*. Matemáticas, Educación y Sociedad, 4(3), 1-16

NUÑEZ, J.A., RIESCO, J. Y MORA, M.A. (2019). *Climatología de descargas eléctricas y de días de tormenta en España*. AEMET.

MATEO, P. (1981). *Estudio de la serie pluviométrica de la antigua estación meteorológica de la Universidad de Oviedo*. Boletín de Ciencias de la Naturaleza del Instituto de Estudios Asturianos. Núm. 27. Oviedo.

MATEO, P. (1984). *Vientos violentos en el Observatorio Meteorológico de Oviedo*. Instituto Nacional de Meteorología.

NAVARRO, J. L. (2014). *Antecedentes de la Meteorología en Asturias*. Tiempo y Clima. Boletín de la AME, n.º 45; 6.ª etapa (julio de 2014); pp. 30-33.

OLEZA, J. (1988). *La Regenta y el mundo del joven Clarín, La Regenta de Leopoldo Alas / Coordinador* Frank Durand, Editorial Taurus.

PALOMARES, M. (2012). *Conferencia «AEMET a lo largo de su historia», Día Meteorológico Mundial de 2012* (125 aniversario del Servicio Meteorológico español). AEMET.

POSADA, A. (1946). *Leopoldo Alas «Clarín»*. Oviedo, La Cruz.

QUESADA, A. (Ed). (2008). *Bienes culturales de la Universidad de Oviedo*. Universidad de Oviedo. VV. AA.

RICO, M. (1854). *Instrucciones para la colocación y uso de los aparatos meteorológicos*. Madrid

RODRÍGUEZ, R. (2010). *La revolución de 1934 y sus consecuencias en la Universidad de Oviedo*. Oviedo.

RODRÍGUEZ-MENDIZÁBAL, A. (2008). Algunas notas biográficas relativas a los cultivadores de la Ciencia en el Ateneo de Vitoria. Sancho el Sabio, 28. págs. 166-169.

TAMAYO, J. (2012). *Contribución de D. Manuel Rico y Sinobas a la investigación meteorológica en España*. Revista del Aficionado a la Meteorología. Diciembre de 2012.

VILANOVA, A. (2001). *Nueva lectura de «La Regenta» de Clarín*. Anagrama.

The eruption of Krakatoa, and subsequent phenomena: report of the Krakatoa committee of the Royal Society / edited by G.J. Symons, F.R.S. 71-1250, Houghton Library, Harvard University.

Sexto Informe de Evaluación del Grupo Intergubernamental de Expertos sobre el Cambio Climático e informe. (2022). IPCC.

Informe CLIVAR-SPAIN sobre el clima en España. (2024). Ministerio para la Transición Ecológica y Reto Demográfico.

Publicaciones de la Agencia Estatal de Meteorología. (AEMET).

Resumen de las observaciones meteorológicas (varios años). Real Observatorio Astronómico de Madrid (ROAM) / Servicio Meteorológico Nacional (SMN).

Catálogo de la exposición «1608/2008. Tradición de futuro. Cuatro siglos de historia de la Universidad». Universidad de Oviedo.

Wikipedia.

AGRADECIMIENTOS

A Ricardo Labra, experto en la obra de *Clarín*, por su valioso y desinteresado asesoramiento y revisión del trabajo.

A mis compañeros ya retirados César Rodríguez Ballesteros, por el tratamiento de los datos climatológicos y elaboración de los gráficos y climogramas de esta obra, y a Ramón Celis, que despertó mi interés por *La Regenta*.

A José Luís Navarro amigo y compañero de AEMET por la cesión de fotografías y revisión de la obra.

A José Luís Arteche, amigo y compañero de AEMET por la revisión de la obra y sus acertados comentarios.

A los compañeros del observatorio de Oviedo, que transcribieron los datos de la serie histórica, y a los compañeros de AEMET, especialmente Rubén del Campo y Elena Morato, que me han aconsejado y han resuelto mis dudas.

A la Agencia Estatal de Meteorología, por la cesión de uso de los datos climatológicos y fotografías.

Al Muséu del Pueblu d'Asturies, archivo municipal del Ayuntamiento de Oviedo, Museo de Bellas Artes de Asturias, Museo Evaristo Valle, *La Nueva España* y demás museos e instituciones que han cedido generosamente las fotografías que aparecen en esta obra.

NC-R-2